視野 起於前瞻，成於繼往知來

Find directions with a broader VIEW

寶鼎出版

氣候賭局

THE CLIMATE

RISK, UNCERTAINTY, AND ECONOMICS FOR A WARMING WORLD

CASINO

威廉・諾德豪斯 —— 著

劉道捷 —— 譯

WILLIAM
NORDHAUS

CONTENTS

I 氣候變遷的起因

II 氣候變遷衝擊人類和其他生命系統

III 延緩氣候變遷的策略和成本

獻給安娜貝爾（Annabel）、瑪歌（Margot），

以及亞歷珊德拉（Alexandra）

人，是這場賭局的大賭徒

吳珮瑛／臺灣大學農業經濟學系教授

　　這本由2018年諾貝爾經濟學獎得主威廉‧諾德豪斯（William Nordhaus）所寫的《氣候賭局》一書，是經濟學中極少數、甚而是絕無僅有，將自然科學以科普方式融合經濟學撰寫的書籍。作者基本上並不將本書定位為學過經濟學才看得懂的書。作者以極貼近生活化方式，詳細介紹了氣候變遷對個人、國家及世界各層級之自然與社會現象可能造成的影響。因此，本書對熟識自然科學研習者，得以跳脫工程、生態與技術範疇，習得如何面對氣候變遷影響之縝密思維與各方案有效評估後之抉擇。而對社會科學（特別是經濟學）研習者，經由本書得以深入掌握氣候變遷對大自然之變化，藉此以擬定出有意義的方案。

　　作者在書中一再強調，人類面對高度不確定性的氣候，可以採取與其「和平共處」的調適手段、亦可選擇與二氧化碳排放「正面對抗」的減緩途徑。然不論採取哪一大類政策，書中建

議針對所選的政策，除了考量可以邁向什麼目標（得到什麼好處？）外，也要權衡達成目標所需的成本（付出什麼代價？）。基本上這是進行任何理性公共決策需依循的成本效益分析。而本書特殊之處在於，作者以氣候變遷可能影響的層面為對象，說明採行相關政策之成本或效益的估算原則，這些內容可作為研習成本效益分析者的良好範例。本書提及氣候變遷在每一個國家的每一個領域，或多或少均受到不同程度的衝擊；同時提及評估與衡量相關衝擊大小的方法，而這些方法目前各界並未全然達成共識。此外，它也討論相關方法的爭議所在。因此，對相關方法之研議有所需求者，本書提供了另類思索的空間。

作者自1970年初即開始關切氣候科學、生態學、經濟學等相關議題，而有一系列著作，進而於1992年發展出人們對各種燃料供給與需求改變而帶動溫室氣體排放變動的「氣候與經濟動態整合模型」（Dynamic Integrated Climate-Economy model，DICE）；此一模型是作者評估氣候變遷之損害與成本的重要依據，骰子之名由此而來。本書引述了史蒂芬・霍金（Stephen Hawking）之言：「所有證據都顯示，上帝其實是大賭徒，宇宙是大賭場，骰子一擲，輪盤旋轉不止。」讀完全書，發現或許更恰當的說法是「……人類其實是大賭徒，上帝是莊家，宇宙是大賭場……」。而賭徒擲出骰子於轉動中的輪盤，雖難以控制骰子將落於何處，然擲出骰子之力道則是掌握在賭徒手上！因此，即便面對氣候及大自然的諸多不確定性及由此衍生而來的風險，人類事實上可以掌握確定的做法！

碳定價不但有效，且簡化複雜的減碳工作，但高碳價是關鍵

李堅明／臺北大學自然資源與環境管理研究所教授、
臺灣低碳社會與綠色經濟推廣協會理事長

　　諾德豪斯教授是少數在1970年代即關注全球暖化與氣候變遷問題的經濟學者，筆者約於1990年代末，透過閱讀諾德豪斯教授發表於《美國經濟評論》（*The American Economic Review*，AER）的〈DICE模型中的最佳溫室氣體減排與稅收政策〉（Optimal Greenhouse-Gas Reductions and Tax Policy in the DICE，1993）一文，開始認識他，並有幸於2000年左右，在奧地利舉辦的一場以經濟學者為主的國際氣候與能源會議，聆聽諾德豪斯教授的專題演講。基於此因緣，很高興也很榮幸為本書撰寫推薦序。

　　諾德豪斯教授認為，直接限制全球二氧化碳排放量在一個設定的目標上，必須付出極大代價（執行成本也高），不具有經濟可行性（或是行不通）。然而，如果給予二氧化碳排放一個

價格（稱為碳定價），將是減緩全球暖化的成本有效工具，因為碳定價就是將經濟活動的排碳成本（或減碳效益）訊號，清楚地提供給所有利害關係者（包括消費者、生產者及技術創新者等），從而誘導整體社會邁向低碳科技創新、低碳生產轉型與低碳生活發展。諾德豪斯教授的見解，已落實在全球88個簽署《巴黎協定》（Paris Agreement，2015）的國家，這88個國家都規劃以碳定價機制，作為達到國家承諾溫室氣體減量目標（Nationally Determined Contributions，NDCs）的主要政策工具。

碳定價的目的是將經濟活動排放二氧化碳的外部成本（例如全球暖化觸發的氣候異常，造成他人的損害），給予內部化（由排放者負擔）。然而，如何決定碳價水準，則是碳定價制度的最關鍵課題。碳價水準有兩種衡量方式，其一為全球暖化造成的經濟損害（社會成本），其二為二氧化碳減排量（減排成本）；可知，隨著全球暖化的惡化或減排量愈大，碳價水準應要愈來愈高。實務上，有兩種方式執行碳定價制度，一種稱為課徵碳稅（carbon tax），另一種稱為總量管制與交易制度（cap and trade，或稱碳交易制度）。雖然在理想條件下，兩種執行方式均會達到相同的學理效果，包括減排量、碳價水準及經濟影響等，然而，在實務上，碳稅制度之稅率穩定，但排放量會波動；碳交易制度之市場碳價格容易波動，但排放量穩定。因此，諾德豪斯教授認為兩種碳定價制度都好（都有效，但各有優缺點），關鍵在於提高碳價水準。

筆者多年研究碳交易制度的理論與實務，深覺碳交易制度

具有穩定二氧化碳排放量的實質效果，且碳價易隨著市場而提高（碳稅稅率調整需要繁瑣行政程序），因此，相較於碳稅制度，更具有環境有效及科技創新的優越性，亦即，較能夠確保國家二氧化碳排放量目標的達成。這也說明，歐盟、中國大陸、韓國及美國加州等國家，選擇碳交易制度的原因。由於全球暖化是一個全球性議題，具有高度的外部性，因此，需要全球共同合作，解決問題，碳交易制度是開創全球共同合作的機會，同樣也說明，為何《京都議定書》與《巴黎協定》等國際氣候協定，要將碳交易制度納為減緩全球暖化的市場工具原因。

　　諾德豪斯教授指出，減碳工作很繁雜，碳定價好處是讓減碳工作簡單化，我國《溫室氣體減量及管理法》已於2015年生效，政府刻正積極規劃碳交易制度，筆者期盼本書的發行，能夠讓政府瞭解到碳交易制度對減碳工作的意義與重要性，從而，加速我國碳交易制度的實施進程，且及早達成溫室氣體減量目標。

十賭九輸的氣候賭局

胡均立／交通大學經營管理研究所教授

　　賭博是一種承擔風險以換取可能報酬的行為。如果賭輸的機率很高且損失鉅大，理性行為人應該會選擇不參加這場賭局。2018年諾貝爾經濟學獎得主諾德豪斯教授在本書中引述了大量自然科學研究作為佐證，說明全球暖化持續下去，將對自然界及人類社會產生的嚴重影響。雖然仍有極低的機率讓人類社會得以僥倖逃過全球暖化持續惡化所帶來的巨大衝擊，世界人類的理性選擇應該是立即投入努力，以追求確定性較高的安穩報酬，共同致力減緩全球暖化，以降低其對自然界及人類社會的衝擊。

　　書中列舉了四個氣候變遷的臨界點：大型冰層崩塌、海洋環流大規模變化、出現暖化引發更嚴重暖化的回饋程序、長期愈趨嚴重的暖化。一旦過了這些臨界點，氣候變遷將亂了套，例如海平面上升造成陸地被淹沒、氣溫驟冷驟熱、旱災水災頻傳、颶風出現頻率增加、海洋環境惡化……電影《明天過後》

（*The Day After Tomorrow*）失控的氣候災害場景，恐將成為未來世界的新常態。而人類及動植物的健康與壽命，亦將面臨嚴峻的削減。

全球暖化主要是經濟行為造成的結果。廠商追求利潤、消費者追求效用，人們在生產及消費過程中排放大量的二氧化碳、產生各式汙染物。這些衝擊環境的行為，背後有其經濟動機。既然是經濟行為造成的環境衝擊，還是必須從提供經濟誘因著手，以藉由經濟行為的改變，來避免地球環境快速衝破上述氣候變遷的臨界點，進而造成難以挽救的毀滅性傷害。

何以沒有治理機制的市場中，二氧化碳及汙染物有過量排放的趨勢？這是因為廠商及消費者在進行排放時，為自身帶來重大利益，但排放的成本卻是由眾人共同承擔。大家彼此互占便宜的結果，反而造成大家一起擠在愈來愈熱、愈來愈髒且日益凶險的地球上一起受苦。道德呼籲的效果，經常被自利心驅動的便宜行事大打折扣，市場經濟必須在治理機制下運行，以至少達到現實中可行的次佳境界。

諾德豪斯教授認為，具有自利心的現世代做不到以零經濟成長來極小化全球暖化的衝擊。但是現世代可以在享受經濟成長的同時，利用政策工具以減少碳排放、運用新科技以打造低碳經濟。這需要世界各國的國家政策以及協調一致的國際政策。而碳交易以及碳稅，皆是可協助形成合理碳價的經濟政策工具。

醒醒吧，氣候賭徒們！氣候賭局是十賭九輸的。忽視全球暖化嚴重性的人們，將賠上大家的身家性命。為了現世代與未

來世代的明天，我們必須立即降低產生龐大氣候災害的機率、提高人類社會得以永續發展的確定性。諾德豪斯教授指出，低碳經濟是一條相對確定、又可以兼顧經濟成長的道路。他大聲呼籲，政府和民間應共同追求低碳、零碳甚至負碳科技，推廣落實於市場經濟之中。

與其豪賭人類社會與自然界的未來，以期賺取那勝算甚低的僥倖，我們應以低碳經濟的穩進和局，取代高碳排放的氣候賭局。天下沒有白吃的午餐，低碳經濟的發展是需要付出成本與時間的；低碳政策與行動的開展刻不容緩。今日不低碳，明日徒怨嘆！

全球暖化誰不怕？

葉家興／香港中文大學金融學系副教授

今年5月贏得選舉連任成功的印尼總統佐科威（Joko Widodo）在8月底宣布遷都大計：預計斥資300餘億美元，在2024年前將首都從雅加達遷至2000公里外的婆羅洲東加里曼丹省（East Kalimantan）。因為雅加達北部部分地區已經低於海平面2至4公尺，並持續以每年2公分的速度下沉。科學家推算，如果沉降速度不變，到2050年，雅加達有三成以上土地將浸泡在海水中。

陸沉，絕對不是只有印尼需要處理的自家門前雪。面對全球暖化導致海水上升的威脅，南太平洋島國的危機感最深，但臺灣也絕對不能倖免。事實上，臺灣周圍海水升溫是全球最快速的區域之一。如果2050年全球氣溫上升2℃，臺北松山

機場、大直豪宅區都將在淹水範圍內。如果趨勢不變，臺北盆地到了本世紀末的淹水高度將達3公尺，屆時三成土地恐遭淹沒，而目前臺灣的六都更將只剩下兩都（桃園和臺中）還在海平面之上。

迫在眉睫的環境危機，讓經濟成長、甚至人類生存都充滿風險。或許正是由於這樣的背景，2018年諾貝爾獎委員會將經濟學桂冠頒給了「氣候變遷經濟之父」諾德豪斯。他長期關注全球暖化問題，很早就將氣候變遷整合納入宏觀經濟分析，並以動態模型解釋市場經濟如何與自然環境互動，從而拓展了經濟分析的範疇。多年來，諾德豪斯不斷呼籲各國政府合力對抗全球暖化，主張解決溫室效應最有效的方法，是全球統一開徵碳稅，以解決我們這個時代最重要也最迫切的問題——將自然環境的風險與不確定性融入政治經濟決策的考慮，以締造長期永續的經濟成長。

從環境科學的角度出發，探討人類經濟學的未來前景。《氣候賭局》可說是所有政治、商界菁英及環保人士必讀的「氣候經濟學」科普書。諾德豪斯在書中詳細檢視全球暖化數據、進行影響評估、分析政策工具，並探討現實中人們拖延不作為的種種原因。諾德豪斯認為，延緩全球暖化的進程，涉及公眾、經濟與科技，我們應當把重點放在：一、提高公共意識，認識並接受全球暖化衝擊人類和自然界的嚴重性；二、為碳和其他溫室氣體排放訂價，且應該促成全球一致的行動；三、加速「經濟去碳科技」的研究，追求低碳、零碳，甚至負碳科技。

美中不足的是，或許因為科學證據的欠缺，諾德豪斯在書中

較少著墨二氧化碳（CO_2）以外的溫室氣體減排課題。但一如英國廣播公司（BBC）近日報導，被新能源電力行業廣泛使用的絕緣氣體六氟化硫（SF_6），助長全球暖化的效果，高於二氧化碳2萬2000倍以上。每座風力發電機組會使用五公斤的六氟化硫，若外洩至大氣層，其暖化破壞力等於117公噸的二氧化碳！

輕忽其他溫室氣體，過於強調二氧化碳的暖化效果，自然激起某些科學家的不同意見。例如2007年的BBC紀錄片《全球暖化大騙局》（*The Great Global Warming Swindle*）就試圖說明，沒有直接證據顯示二氧化碳是全球暖化的元凶。主要理由包括：一、1940年至1975年，人類排放的二氧化碳不斷上升，但氣溫卻連續30多年下降，可見二氧化碳和氣溫上升沒有關係。二、中世紀溫暖期的氣溫比2007年高，但那時的二氧化碳排放量比現在低得多。三、人類每年排放的二氧化碳約65億噸，但自然產生的二氧化碳達1300億噸，可見人類對氣溫的影響有限。紀錄片中顯示，持這類觀點的科學家主要相信，太陽黑子等自然活動比人類活動對全球氣溫的影響更為巨大。也因此，就算大家都同意全球暖化的現象，但到底人為因素與自然因素何者更為重要，似仍欠缺具說服彼此的關鍵科學證據。而不同陣營的研究資助背後，似乎也不脫與傳統能源或新能源產業的千絲萬縷利益糾葛。

去年諾德豪斯獲獎的同一日，聯合國政府間氣候變遷專門委員會（IPCC）發表〈全球升溫1.5℃〉（Global Warming of 1.5℃）報告，言之鑿鑿認為人類控制氣候升溫的時間所剩無幾。然而另一方面，美國作為世界最大的經濟體與碳排放國，卻在近年接連退

出《京都議定書》（聯合國氣候變遷框架公約）及其後的《巴黎協定》。

　　美國是全球最富裕、受影響可能最深遠、能發揮最強影響力的大國，對全球暖化議題如此輕忽，無視其他190多個國家的減排承諾以及應對決心。彷彿是全球暖化，美國不怕全球怕。又或可謂氣候變遷，有人遷都有人聳肩。驚人的是，經濟學家諾德豪斯在本書中預見了這些劇本，點評了粉墨登場的主要角色。因此，讀完《氣候賭局》畫龍點睛的分析，大概對這場交錯著政治、經濟、科學的氣候賭局，包括來龍去脈與前因後果，都會有了氣定神閒的大度、知己知彼的從容。

很難？所以才值得做！

褚士瑩／國際NGO工作者、作家

🌏 在這認知失調的時代，我們如何捍衛地球？

2019年5月，英國《衛報》（The Guardian）內部決定在對氣候問題的表述上，引入一些他們認為能更準確描述世界所面臨環境危機的術語。比如說將原本聽起來相當被動和溫和的「氣候變遷」（climate change）一律稱為「氣候危機」（climate crisis）、「氣候緊急情況」（climate emergency），甚至「氣候崩盤」（climate breakdown），讓讀者意識到我們在談論的是一場氣氛緊張的人類災難，而「全球暖化」（global warming）也一律改稱「全球加熱」（global heating）。這些術語被放在報社內部最新版的寫作格式指南中，讓記者在編寫、編輯和英語使用時作為參照標準，這個主導風向的消息一出，立刻引起媒體界的一陣熱烈討論。

《衛報》主編卡瑟琳‧維納（Katharine Viner）解釋他們這麼

做的原因：「我們希望確保我們在科學上更加精確，同時在這個非常重要的問題上與讀者清楚地溝通……愈來愈多的氣候科學家和組織，從聯合國到氣象局，正在改變他們的術語，用更強硬的語言描述我們所處的情況。」

同一年的9月，因為發起「為氣候罷課」的16歲瑞典環保主義者格蕾塔・桑柏格（Greta Thunberg），為了參加9月在紐約舉辦的聯合國氣候行動峰會，選擇碳排放最少的方式，乘坐溫室氣體零排放的太陽能發電帆船，花了14天橫渡大西洋到紐約，呼籲人們減少溫室氣體排放。

當美國公共電視臺的記者訪問桑柏格，為什麼還一定要到紐約來不可，她的回答是：

「我每周五整天不上課，獨自一人手持『為氣候罷課』（#ClimateStrike）的標語牌，站在斯德哥爾摩的國會大樓前，抗議瑞典政府對氣候變遷無所作為，瑞典的官員只是說：『我們瑞典是小國家，對於氣候變遷問題起不了什麼作用，看看美國幹了什麼事！我們做得再多，只要美國不在乎的話，也是徒勞無功。』所以我必須來美國！」

雖然表面上看起來，桑柏格的努力簡直是螳臂擋車，起不了作用，但是看她自從八歲在學校第一次學習到關於地球暖化的問題後，因為大受震撼，決定再也不吃肉、不喝牛奶，除非絕對必要也不買新東西，確實讓滿口環保愛地球的大多數成年人汗顏。

年輕輕輕的她，卻堅定地相信，就算一個人的改變起不了什麼作用，如果每個人都可以影響身邊的人，漣漪效應夠大，就會改變世界。

雖然聽起來好像天方夜譚，家人確實深受桑柏格的影響，逐漸改變生活方式，比如聲樂家的母親，原本經常到全球各地演出，後來也因為認同減少碳排放的理念，決定放棄搭機，只在北歐國家表演；父親為了聲援女兒，也跟著一起搭帆船到紐約。她的訴求甚至已經漸漸引起注意，紐約市長白思豪（Bill de Blasio）也在推特發文支持當地學生加入桑柏格的為氣候罷課，她受邀對世界各地領袖演講，並登上《時代》（Time）、《風尚》（Vogue）等國際雜誌封面，甚至還被提名角逐諾貝爾和平獎——或許她說的是真的。

桑柏格所奉行的，正是政治學理時常強調的「個人即政治」（the personal is political）理念。

這個當初由女性主義提出的口號，成為 20 世紀婦女運動的核心主張之一，意涵就是「個人生活處境」與「社會權力結構」緊密關聯，如果保障的人權是每個人的生存權，就不應該因為這個人手上拿的護照、膚色或種族，而有所區別。

任何時機，只要世界需要我站起來發聲，我也能夠站起來行動，就是好的時機——無論面對的議題是地球暖化、難民人權、性別差異，還是網路霸凌。

🌐 很難，是嗎？正因為很難，所以才值得做。

　　桑柏格說，很多跟她一樣的年輕人，雖然知道地球氣候在拉警報，也知道地球暖化議題的重要性，但是在生活中卻還是沒有採取持續的行動，她用了一個非常精準的詞形容這個「說一套、做一套」的現象：「認知失調」（cognitive dissonance）。

　　如果讀完《氣候賭局》這本書以後，熱血沸騰，但是出門時手機充電線插頭還是沒拔，說不定你也是桑柏格口中的認知失調者之一。決定如何善用知識，作出決定，讓「意義」轉化成讓自己有感的「行動」，或許是我們應該給自己的下一個功課。

　　很難，是嗎？正因為很難，所以才值得做。

以知識降低全球暖化風險，
落實環境價值於市場之中

溫麗琪／中華經濟研究院綠色經濟研究中心主任

　　全球暖化是場全世界最大的賭局，這句話一點也不假。輸了，可能輸掉人類的經濟、文化、文明、甚至生存；而要贏，成本實在太高。在人類鴕鳥心態下，我們正一步步地失去了先機；就像2019世界經濟論壇（World Economic Forum）發布，全球暖化是對目前經濟最大的風險，其風險程度類似毀滅性的武器。然而人類為了要贏過這場環境可能帶來的浩劫，要付出的代價也可能超乎大家的想像，改變生活、生產，甚至所有的活動方式。聯合國剛在紐約舉辦氣候行動高峰會，需要在2030年前溫室氣體減量45％，而2050年前達成零排放。臺灣雖非聯合國會員，但對於此一目標，簡直就是「不可能」。因此，要人類如何犧牲以解決全球暖化，對大家來說，是個極限挑戰！

為何解決全球暖化如此之難？因為即使存在這麼多的科學證據，還是有很多的不確定性，而大家心中也總是存著僥倖，很多人認為個別的行為不會影響這麼大。事實上，我們的生活中，能源的使用方式的確決定著排放量的多寡。我曾經在一個網站回答問卷，其中有一道題目是「究竟多少個地球才能滿足我們的生活？」，答案竟是8.1個地球。原來，我天天飛來飛去，光是常坐飛機的後果就使得我成了最不環保的人，還不論吃了什麼、用了什麼。而溫度升高是不是就真的影響農業生產、讓海洋陷入險境、野生動物滅種，甚至人類健康堪憂？答案更是明顯！只是大部分的人仍然無感。我曾經在多次演說中提到，溫度上升1度和1.5度的差別是珊瑚80％滅絕和100％滅種；但底下聽眾的眼神透露出的是：珊瑚滅種和我有什麼關係？！這讓我感受到，對環境無感可能是我們這一代臺灣人最大的悲哀。因為經濟發展的決策以及重要性，永遠是在環境保護之前……。

　　《氣候賭局》這本書用更理性的方式說出了我的心聲，諾貝爾獎得主、耶魯大學諾德豪斯教授，多年來用經濟思考以及方法成功地指引方向！也許很多人仍能會有很多懷疑，但無疑地，環境「市場失靈」已有太多的案例，日本水俁市的汞汙染、臺灣重金屬汙染的綠牡蠣、RCA事件、阿瑪斯號的漏油事件，加上現在的空氣汙染PM2.5所引發的社會爭議等，都讓人覺得無力。雖然經濟學常說「看不見的手」能夠導引市場到最適的境界，可是在環境經濟學和法律經濟學中，卻早已深知市場失靈以及政府介入的重要性。就像如果沒有法律，大家可能用偷用

搶以取得資源，但偷搶不但使得社會秩序重創，連生產性質活動都將減少許多，社會因此可以享有的更是無法極大化。唯一之計便是建立規範。而在全球暖化的議題上，讓大家清楚瞭解環境的限制之處以及社會各角色應有之責任義務，更是政府的首要責任。

書中另一個非常值得探討並落實的議題，是如何落實環境價值於市場之中。特別是我國電費或水費的價格，不但從未考量內部化環境外部成本；更多的時候，還以政治考量補貼使用者，造成國際市場上環境有益的商業模式很難進入臺灣，嚴重扭曲臺灣資源市場。而為瞭解決全球暖化，諾德豪斯教授提及，以碳稅方式重新實踐市場手段。事實上，臺灣過去徵收的環境費不少，回收清除處理費即是一個成功案例；一方面對生產者徵收，另一方面，有效地建立市場誘因，補助回收處理，讓國內的資源回收成果成為國際的領先者。臺灣何時能夠從資源回收的成功案例，進一步提升到永續循環經濟？完全端賴執政者如何思考永續經濟競爭力和綠色金融問題。

《氣候賭局》嘗試以知識減少環境風險。讓我們由衷希望大家都能藉此趨吉避凶，為人類生存貢獻一份心力。

氣候變遷與世代正義

蕭代基／中央研究院經濟研究所研究員、
臺灣環境與資源經濟學會理事長

　　自1970年代以來，全球氣候變遷逐漸成為全人類共同認知與重視的風險。現在大家都知道氣候變遷的主要成因是六種溫室氣體造成的溫室效應，其中最主要的溫室氣體是二氧化碳。19世紀末期，科學家即發現人為產生的二氧化碳會改變氣候，但是當時未受到重視；直到1960年代，二氧化碳的暖化效果才逐漸為各界認同與接受。

　　自1980年代開始，各國政府與科學家大力投入氣候變遷科學研究，1988年世界氣象組織（World Meteorological Organization）與聯合國成立「政府間氣候變遷專門委員會」（Intergovernmental Panel on Climate Change，IPCC），負責對聯合國及各國政府提供氣候變遷科學意見與建議。為達此任務，IPCC推動跨學門的科學家熱烈交換意見，達成共識，提出政策建議。最後，於

1992年聯合國於巴西里約召開「聯合國環境與發展會議」（United Nations Conference on Environment and Development），亦稱為「地球高峰會」（Earth Summit），大會通過《氣候變遷綱要公約》（UNFCCC）以及其他幾項重要的國際環保公約；《氣候變遷綱要公約》經過各國簽署後，於1994年正式生效。此公約表示各國政府都認同：溫室氣體會造成氣候變遷；氣候變遷會影響人類社會；人類活動排放的溫室氣體使得氣候暖化、造成氣候變遷。此公約似乎是解決氣候變遷問題之曙光，但是事實上，我們知道現在這道曙光愈來愈黯淡。

在此過程中，諾德豪斯教授是第一位投入研究氣候變遷的經濟學家，於1970年代即開始其投入一輩子的氣候變遷經濟學研究路程，並於1977年首次發表研究四年的成果（見下頁），整合自然科學與社會科學，建立一個全球氣候變遷整合評估模型，預測氣候暖化及其對經濟與社會的衝擊，並提出政策建議。之後，諾德豪斯教授在此模型之基礎上，持續努力研究，精進發展整合評估模型，於1992年首次發表其有名的「氣候與經濟動態整合模型」（Dynamic Integrated Climate-Economy Model，DICE model）；之後迄今，他多次修正完善此模型，並且發展一個比較精確、適用於評估多個區域的版本「區域氣候與經濟整合模型」（Regional Integrated Climate-Economics，RICE model），並將DICE-2012模型置於網路上，供全球有興趣的研究者下載免費使用。

諾德豪斯教授於2018年獲頒諾貝爾經濟學獎桂冠，主要理由就是「將氣候變遷納入長期總體經濟分析之中」。經濟學之主

旨在於研究面臨資源有限、欲望無窮的情況下，人們如何使用資源、滿足己望。但是自工業革命以來，世界人口與經濟都持續成長，生活水準持續提升，此乃由於資源的限制被科學與技術之進步所解除了，以致於近代人們都似乎忘記還有資源限制的問題，都認為持續經濟成長是常態。

但是諾德豪斯教授不認為如此；早在1970年代，他就認識到氣候是社會與經濟之一個重要的資源。再加上溫室氣體在大氣中停留時間長達百年的特性，未來的氣候都必然受到過去人類活動所累積的溫室氣體排放量的影響；這就造成氣候成為過去、現代與未來人類都相互依賴與影響的天然資源，也就是全球人類共享的天然資源。由於人們通常只顧自己的短期利害，不會顧慮自身行為對其他人的影響，尤其是對於長遠以後或地球另一邊的人之影響，因此氣候變遷具有全球且跨世代外部性的特性；而且各國都不想出力，只想搭別人的便車。這就是雖然我們早已認識氣候變遷問題、也有國際公約，但是暖化問題卻愈來愈嚴重且看不到光明前景的根本原因。

諾德豪斯教授很早就認識到氣候變遷問題之重要性，也知道人性弱點，要解決問題困難重重，於是決定投入其一輩子的時間與智慧，研究氣候變遷經濟學。2013年《氣候賭局》這本科普書就是其一輩子的研究成果，非常值得我們每個人仔細研讀。透過這本書，我們不但可以習得氣候變遷的科學基礎，知道為什麼2°C是巴黎議定書設定的溫升上限、氣候變遷對人類各方面的衝擊，也可以知道經濟學對於人性之深入瞭解與分析，以及根據自然科學與經濟學基礎而提出的解決問題策略。

雖然似乎很不容易解決全球各國都想搭便車的問題，但是諾德豪斯教授仍然很樂觀，除了呼籲我們應該立刻採取行動，減少二氧化碳和其他溫室氣體的排放，並且以零淨排放作為最後目標，他更在諾貝爾頒獎儀式的演講中，特別提出氣候俱樂部（Climate Club）的政策建議，也就是結合認同氣候變遷問題必須解決的國家，簽訂國際俱樂部公約，會員國都共同課徵相同稅額的內國碳稅，自主使用碳稅稅收，並認真深度減碳，以零淨排放為目標，同時對於非會員之進口品課徵關稅，作為加入俱樂部的誘因。

　　此政策構想甚具創意、值得採行。在此我及研究伙伴們也提出另一個解決搭便車問題的政策構想，供大家思考。由於氣候變遷有關世代間福祉及利益之衝突，但是未來世代在現代政治衝折中不具發言權，其權益受到忽視而犧牲，氣候變遷問題就是顯例。面對這個難題的根本治理方案是，在全球或國家治理機構中創設「虛擬的」未來世代的代表，以「代表」未來的世代發言，把未來世代的利益明確地納入當代決策的程序之中，而與當代人利益的代表者相互制衡。

・William D. Nordhaus, "Strategies for the Control of Carbon Dioxide," Cowles Foundation Discussion Paper No. 443, 1977.

・William D. Nordhaus, "Economic Growth and Climate: The Case of Carbon Dioxide," The American Economic Review, 1977.

人類應當正視全球暖化難題的存在，攜手共同解決

趙相科／清華大學經濟學系教授

　　氣候變遷、全球暖化是當今人類面臨的重要議題，全世界的科學家們已經投入相當多的資源在研究全球暖化的現象，以及如何改善目前地球面臨的生態危機。其中，經濟學家的貢獻也相當地顯著，特別是以本書作者、2018 年諾貝爾經濟學獎得主威廉·諾德豪斯為代表。諾德豪斯於 1967 年於麻省理工學院（MIT），在另一位諾貝爾經濟學獎得主，亦是經濟成長理論大師梭羅（Robert Solow）的指導下，完成關於內生經濟成長理論的博士論文，這是最早對於內生經濟成長理論的研究之一。諾德豪斯畢業之後，就開始關心氣候變遷對於經濟成長的影響，而他對氣候變遷研究的貢獻，表現在使用經濟模型作成本效益分析進行能源消耗決策的制定。這特別呈現於本書所介紹的「氣候與經濟動態整合模型」（Dynamic Integrated Climate-Economy model），此模型

是由他自己在1970年代的早期作品隨著時間而演變而成，且被政府間氣候變遷專門委員會（IPCC）和美國國家環境保護局（EPA）所使用。

　　諾德豪斯的研究切實地代表 MIT 學派的經濟分析特徵：以模型作為推理和分析工具，並且根據模型分析所得出的結果作為政策制定之依據。而這些特徵正與以科學模型為基礎的當代氣候變遷的科學研究相符，所以當我們閱讀本書，瞭解關於氣候變遷的經濟面向分析時，亦可以同時思考氣候變遷研究本身的特性與不足之處。當今關於全球暖化的爭論，大多在於人類行為所導致的暖化現象是否真實存在，支持者和懷疑論者對於是否有證據顯示人為消耗能源的活動是造成地表溫度上升的原因莫衷一是。因為科學家們使用模型作為分析工具，即代表了他們使用模型模擬了一個真實世界的簡化版本，而模型中必須放入哪些真實世界存在的影響因素、已獲得的資料是否充分，這些都是模型分析時會遇到的不確定性，導致爭論模型是否能夠完全代表真實的世界，以及模型的推論和預測的結果的不確定性，這些是科學力有未殆之處。然而不論眾說紛紜，各界的評估的結果如何，諾德豪斯都呼籲社會及各國政府都應該正視全球暖化的存在。

　　本書的特別之處在於作者並非高舉環保的旗幟，抨擊各國政府作為的立場鮮明的書籍，而是詳細說明自然與社會科學家們對於氣候變遷模型評估的方法論，解釋以此得到的證據是否可能高估或是低估某些真實情況，對氣候變遷帶來的衝擊保持著平衡的論述。他提出「氣候賭局」的概念，說明人類經濟成長在無意當中，為整個氣候與地球系統帶來危險的變化。他亦綜

合這些模型分析的結果，從經濟學的角度切入，充分考量了人類經濟行為，提出既不會付出過多成本，又能夠延緩全球暖化影響的決策建議。

全球暖化是全體人類需要共同承擔的責任，唯有正視全球暖化的議題，人類才有辦法同心協力去處理這個難題。諾德豪斯的思想與關懷足以作為社會科學家之典範，亦值得讀者細思。

國外好評

「諾德豪斯在氣候變遷政策上，是世界上頭腦最清楚、最博學、最認真的思想家。本書所含見地與明智建議之多，超過很多座圖書館。本書在氣候政策辯論上的重要性，應該就像氣候變遷對人類前途一樣重要。」

——勞倫斯・桑莫斯（Lawrence H. Summers）／哈佛大學查爾斯・W・艾略特校級教授（Charles W. Eliot University Professor）暨榮譽校長

「諾德豪斯教授客觀分析全球氣候變遷的衝擊與成本，他以經濟學為本，透過洞觀全球的分析和研調，建議如何應付延緩未來氣候變遷的重大挑戰。」

——雷夫・希瑟隆（Ralph J. Cicerone）／美國國家科學院（National Academy of Sciences）院長

「透過諾貝爾經濟學獎得主的視野，盡窺氣候變遷全貌。」

——弗烈德・安德魯斯（Fred Andrews）／《紐約時報》（New York Times）退休資深主編

「威廉‧諾德豪斯是世界上將經濟學應用於氣候變遷問題的先驅之一。他的核心結論是我們現在必須採取行動，並清晰正確地解釋原由。諾德豪斯反覆提醒讀者，災難性臨界點的風險以及社會和生態系統適應未來變化的能力，存在著巨大的未知數。通過投資，減緩並最終停止二氧化碳和溫室氣體的排放，是人類為人類福祉支付的合理『保險費』。」

——傑佛瑞‧薩克斯（Jeffery D. Sachs）／哥倫比亞大學地球研究所（The Earth Institute）教授暨所長

「諾德豪斯可說是全球暖化經濟學領域的世界領先思想家……他的結論很清楚：採取行動阻止氣候變遷需要花錢，但忽視這個問題將花費更多的錢……最後，這個訊息是由一個運算數字的經濟學家所提供，而不是道德上憤怒的環保主義者，可能會更有效地喚起行動。」

——《紐約時報》書評

1
PART

氣候變遷的起因

風險的高低與知識的多寡成反比。

——爾文・費雪（Irving Fisher）

變化大夢初醒

如果你讀報紙、聽廣播或日常瀏覽部落格，幾乎一定會碰到有關全球暖化的報導，下列例子出自各種來源：

過去十年是有紀錄以來最溫暖的一次。

最難堪的是：全球暖化有十幾年沒有出現了。

北極熊可能在一個世紀內滅絕。

全球暖化的說法是騙局。

格陵蘭冰層融解速度創下新紀錄。[1]

全球暖化今天顯然深受矚目，同樣明顯的是，全球暖化是真是假、重不重要、對人類社會有什麼意義等問題卻議論紛紛。有識之士從這些互相矛盾的訊息中，應該得出什麼結論？如果答案是全球真的在暖化，那麼這件事有多重要？在我們面臨和關心的眾多問題，例如持續性失業、公共債務飛升、低強

度戰爭、核武擴散等議題中，我們對全球暖化的關注應該排在第幾位？

簡單的答案是：全球暖化對人類和自然界是重大威脅。我要把這件事比喻成我們正進入「氣候賭局」，我這樣說，意思是經濟成長在無意中為氣候和地球系統帶來危險的變化，而這種變化會導致無法預見、很可能又相當危險的後果。我們正冒著孤注一擲的風險，拿氣候來豪賭，後果會令人驚訝，有些後果還可能帶來危害。但是我們才剛剛進入氣候賭局，還有時間轉頭退出。本書意在描述其中牽涉的科學、經濟和政治因素——以及消除我們所造共業的必要手段。

⬤ 我們未來要走的路

全球暖化是這個時代的決定性議題，跟暴力戰爭和經濟蕭條等量齊觀，是未來會無限期左右人類和自然景觀的力量。全球暖化也是複雜的課題，涵蓋從基本氣候科學、生態學、工程學，到經濟學、政治學和國際關係等學門，結果是產生一本篇章浩繁的書籍。讀者在展開漫長的旅程前，或許會發現，看看未來要走的路，可能會有幫助。下面要說明本書五個篇章所探討的主題。

第一篇要檢視全球暖化科學。氣候學是蓬勃發展的科學，但基本因素在20世紀地球科學家的發展下，已經確立不移。

全球暖化的終極來源是燃燒化石（或碳基）燃料，如煤炭、石油和天然氣，造成二氧化碳排放。二氧化碳之類的氣體稱為溫室氣體，會積聚在大氣層中，長久留存。大氣層的溫室氣體

濃度升高，將導致陸地與海洋表面升溫。最初的暖化效應會藉著回饋效應，在大氣層、海洋、冰層和生物系統中放大，產生的衝擊包括溫度變化、極端溫度、降雨型態、風暴位置與頻率、積雪、徑流量、供水量和冰層，這些衝擊都會對於對氣候敏感的生物與人類活動產生深遠的影響。

　　過去地球的氣候在無冰到雪封之間變化，推動變化的力量是天然因素；現在氣候變遷卻日漸受到人類活動的左右，全球暖化的主要推手是燃燒化石燃料排放的二氧化碳。1750年，大氣中的二氧化碳濃度為280ppm（280 parts per million），今天已經升高到390 ppm，除非我們採取有力行動，減少利用化石燃料，否則預期到2100年，大氣中的二氧化碳濃度會升到700至900 ppm。根據氣候模型，到時候這會造成全球平均升溫攝氏3到5度，而且還會進一步大幅升溫。因此，除非經濟成長大幅減緩，或採取強力行動大幅抑制二氧化碳排放，否則預期排放到大氣層中的二氧化碳會繼續積聚，帶來全球暖化造成的一切後果。

　　第二篇要分析氣候變遷的衝擊。本篇關切的重點不是氣溫本身，而是對人類與自然系統造成的衝擊，分析衝擊時的核心觀念是：人類是否能夠管理某種系統。高所得國家的非農業領域受到嚴格管理，這種特色至少會在幾十年內，讓非農業領域用相當低的成本，因應氣候變遷。

　　然而，很多人類與自然系統沒有人管理，或是無法管理，非常容易受到未來氣候變遷的危害。雖然有些領域或國家可能從氣候變遷中得到好處，有些地區卻因為緊密結合對氣候敏感的物理系統，可能受到重大破壞，而潛在的破壞最可能集中在

低所得和熱帶地區，例如熱帶非洲、拉丁美洲、濱海國家和印度次大陸。容易受害的系統包括靠天吃飯的「雨養農業」、季節性積雪、海岸社區、徑流量和自然生態系統，這些地區可能受到嚴重衝擊。

科學家特別關心地球眾多系統的「臨界點」，臨界點涉及系統跨越門檻時、發生突然或無可挽回變化的過程。很多系統以極大的規模運作，以致於人類無法用現有科技有效的管理。四大全球性臨界點包括大片冰層（如格陵蘭）快速溶化、墨西哥灣流（Gulf Stream）之類海洋環流的大規模變化、暖化造成更多暖化的回饋程序，以及長期暖化的增強。這些臨界點特別危險，因為它們一旦觸發，就不容易逆轉。

第三篇要從經濟角度探討減緩氣候變遷的策略。有好幾個策略可以減緩氣候變遷，但最有希望的策略是「減緩」或減少二氧化碳和其他溫室氣體的排放。不幸的是，這種方法代價高昂。研究指出，即使以效能良好的方式推動，要達成國際氣候目標，每年要耗費世界所得的1％到2％（以今天的水準來算，每年要動用6000億到1.2兆美元）。我們可以想像，科學家可能會找到若干神奇的科技突破，大幅降低這種成本，但專家認為，最近的將來不可能出現這種突破。

氣候變遷經濟學簡單而明白，我們燃燒化石燃料時，會在不經意之間，把二氧化碳排放到大氣層，形成很多可能有害的衝擊。這種過程是一種「外部性」（externality），外部性之所以發生，是因為排碳的人沒有為這種特權行為支付代價、受到傷害的人沒有得到補償。經濟學的一大教訓是：混亂的市場不能

有效應付有害的外部性。在排碳這個事情上面，混亂的市場會產生太多的二氧化碳，因為排碳造成的外部傷害代價為0。全球暖化是特別棘手的外部因素，因為它是全球性的問題，而且會延伸到未來幾十年之久。

經濟學說明了一個跟氣候變遷有關、但大家都不願面對的真相：任何政策要有效，都必須提高二氧化碳和其他溫室氣體排放的市場價格。為排放訂價，可以矯正市場上外部性訂價過低的弊病；要提高訂價有兩種方法，一是針對容許排放的數量，訂出法定的交易限制（碳交易），二是針對碳的排放徵稅（碳稅）。經濟史的核心教訓是誘因很有力量，要減緩氣候變遷，必須提供誘因給每一個人──幾百萬家企業和支出以數兆美元計算的幾十億消費人口，促使他們逐漸以低碳活動取代現有靠化石燃料驅動的消費行為。最有效的誘因是高昂的碳價。

提高碳價會達成四個目標：第一是發信號給消費者，告訴他們應該減少使用哪些碳密集的產品與服務。第二是發信號給生產商，告訴他們哪些輸入因素具有碳密集屬性（煤炭和石油就是例子），哪些輸入因素屬於低碳或無碳屬性（例如天然氣或風力發電），從而誘導企業改採低碳科技。第三是提供市場誘因給發明家、創新者和投資銀行，讓他們發明、資助、開發和引進新的低碳產品與製程。最後，碳價會讓推動所有這些任務所需要的資訊，得到有效利用。

第四篇要檢視氣候變遷政策的核心問題，包括各國減排二氧化碳和其他溫室氣體應做到什麼程度？減排時程表應該如何安排？在不同產業和國家之間應該如何分配減排？什麼政策工具最

有效？是租稅、以市場為基礎的排放上限，還是法規或補貼？

根據氣候歷史或生態原則，把氣候目標訂為硬性目標，是很吸引人的做法，這種簡單目標的方法忽視達成目標的成本，因此行不通。經濟學家支持一種稱為成本效益分析（cost-benefit analysis）、藉著權衡成本和效益來擇定目標的方法。

因為氣候變遷與衝擊涉及的機制極為複雜，經濟學家和科學家要依靠電腦化的綜合評估模型（integrated assessment models）來預測趨勢、評估政策和計算成本效益。綜合評估模型的一個重大發現是：減緩排放的政策應該儘快推出。最有效的政策是把每個領域、每個國家減排的遞增或邊際成本均等化的政策。有效的政策應該具有最高的「參與率」，也就是說，應該儘快拉攏最多的領域和國家參與，同時，應該攔阻搭便車的行為。此外，長期間逐漸升級的政策才是有效的政策，這樣才能讓大家有時間適應高碳價，也有時間逐漸加強管制碳排放。

雖然所有方法都同意三大核心原則——普遍參與、任何年度所有用途的邊際成本均一化、長期日趨嚴格——分析師對於政策的嚴格程度看法卻大相逕庭。我們的分析顯示，政策應該根據成本、參與率和折現率，把限制氣溫升高的目標，訂為比工業化前的水準（這裡認定為公元1900年的氣溫）高出攝氏2到3度；如果成本低落、參與率很高、對未來經濟衝擊的折現率低落，就適於選擇上述較低的目標；如果成本高昂、參與率低落、折現率居高，就應該選擇較高的目標。

政策要有效，涵蓋範圍必須廣及全球，《京都議定書》之類過往的公約所以會無效，是因為沒有提供鼓勵參與的誘因，各國因而

具有搭便車、享受其他國家努力成果的強烈誘因，因為減排具有局部性，成本高昂，效益卻在廣遠的空間和時間上分散開來、隱而不顯。有效的全球協商需要有效的機制，以便鼓勵參與、阻止搭便車。最有希望的方法是針對非參與國的產品與服務開徵進口關稅，使負擔變成重到足以鼓勵大多數國家參與國際氣候體制。

第五篇要討論的是：務實的評估必須承認有效延緩全球暖化的政策前途多艱，即使氣候學家在瞭解基本趨勢上，已經獲得長足進展，事實卻證明，延緩氣候變遷的政策實施起來還是困難重重。

進展這麼緩慢，一大原因是國家民族本位主義導致搭便車的困境──不參與全球減排協議的國家可以搭便車，享受其他國家耗費巨資締造的減排成果。這種誘因造成不合作的搭便車均衡，其中只有少數國家推動強而有力的氣候變遷政策，這種情形很像目前的國際政策環境，聲勢浩大，卻完全沒有懲罰。透過國際貿易關稅處罰非參與國的做法，應該會減輕搭便車的重大弊病。

此外，現在還有一種當前的世代搭便車，把處理氣候變遷成本推到後代身上的傾向。大家會搶搭世代便車，是因為今天減排的大部分好處，要到未來很多年之後才能收穫。

利益團體從中攪和、混水摸魚，提供誤導大眾的氣候科學和經濟成本分析，使得雙重搭便車的問題更為惡化。這些持相反意見者強調異常且尚未解決的科學問題，忽視有強而有力的證據支持氣候變遷的基礎科學和現行預測。在美國，要制定有效的政策特別困難，因為科學上的憂心雖然日益嚴重，意識形態上的反對卻愈來愈堅決。

🌏 今天的三大步驟

有識之士自然想知道我們現在應該怎麼做，才能延緩全球暖化的進程，這一點是涉及公眾、經濟和科技的繁複過程，我要強調我們應該把重點放在三個特殊項目上。

▣ 第一、世人必須瞭解並接受全球暖化衝擊人類與自然界的嚴重性，科學家必須從科學、生態學到經濟、國際關係等所有層面，繼續深入研究。世人對唱反調者捏造的說法應該保持警覺，他們會找出上千個理由，要大家等待幾十年後才採取適當行動。

▦ 第二、各國必須建立政策，提高二氧化碳和其他溫室氣體的排放價格。這種做法就像我們討厭吃味道噁心的藥品一樣，一定會遭到大家的抗拒，卻是控制排放、促進低碳科技、促使地球免於遭到暖化失控威脅的根本要素。此外，我們需要確保大家推動全球性的行動，而不只是推動限於一國的國內行動。雖然政治可能具有局部性，而且反對採取強力行動、延緩暖化的態度出自國家民族本位主義，延緩氣候變遷卻需要協調一致的全球性行動。

▤ 第三、情形清楚顯示，能源領域的科技快速變化，對轉型為低碳經濟十分重要。目前的低碳科技無法取代化石燃料，在經濟上又不能嚴厲懲罰碳排放，開發經濟實惠的低碳科技將可降低我們達成氣候目標的成本。此外，如果其他政策失效，低碳科技是我們達成氣候目標的最後寄託。因此，政府和民間部門必須盡力追求低碳、零碳、甚至負碳科技。

提高公共意識、為碳和其他溫室氣體排放訂價、加速進行「經濟去碳科技」研究三種主題，將貫穿整本書。

🌏 氣候變遷、衝擊與政策的循環流動

我們從下頁圖1可以想見本書探討的內容，圖中顯示合乎邏輯的循環流動是從排放到衝擊，最後回到排放，結束整個循環流動。

大家值得花一分鐘時間，檢視圖1的邏輯。全球暖化問題始於左上方格，即經濟成長和市場發出的扭曲價格信號，造成排放到大氣層的二氧化碳濃度快速升高。然後箭頭移到右上方格，顯示二氧化碳濃度和其他力量導致氣候系統的重大變化。

右下方格顯示氣候變遷對人類與自然系統產生衝擊。最後，左下方格顯示社會對氣候變遷威脅的反應。

圖1的箭頭代表「經濟—氣候—衝擊—政治—經濟」連結中不同部分的關係。然而，最後兩個箭頭是用虛線表示，還加上問號，代表其間的關係還不存在。到2013年為止，限制二氧化碳和其他溫室氣體排放的有效國際協議尚未出現。如果我們繼續走在幾乎毫無政策的現行道路上，那麼虛線箭頭將會消失，世界會繼續走在全球暖化不受限制的危險之途。

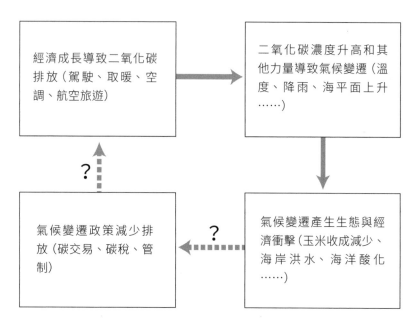

圖1　全球暖化科學、衝擊與政策循環流動

兩座湖泊的故事

雖然我們的世界廣袤無垠，似乎不受人類粗魯對待的影響，其實地球上的生命系統很脆弱，地球上充滿了有機體（organism），彼此靠著繁複的關係網路連結在一起，太陽的溫暖和大氣層的保護是這一切能夠安然存在的原因。我們只需要看看接受的太陽輻射量和地球相同的月球，就可以看出地球眾多系統的偶然機遇；要不是大氣層罩著我們，地球應該會像月球一樣淒慘。生命系統或許會在宇宙的其他地方發展出來，但是看來像我們地球這樣的生命系統，包括我們的動植物、人類和人類文明，非常不可能在任何其他地方發現，地球上出現生命的戲碼只會上演一次。[1]

我可以用兩座湖泊的故事來說明地球上的生命有多麼脆弱。第一座湖泊是一小串鹹水池（salt pond），位在美東的新英格蘭（New England）南部，是我夏天愛去的地方[2]。2萬年前的上次冰期（ice age）期間，新英格蘭埋在冰山下，冰河退

去後，留下這些位在海岸河口的池塘，成為今天笛鴴（piping plover）、小燕鷗（least tern）、鱟（horseshoe crab）和五顏六色水母的棲地或中途站；長長的海灘屏障著池塘臨海的一側。

這些池塘是很脆弱的地方，受到各方的摧殘。開發商、颶風和汽艇全都侵襲這處脆弱的海岸線，環保人士、生態學家和環保機構努力反擊；近年來，保護和破壞的力量一直相持不下。

一世紀後，這些池塘會是什麼樣子？答案要看我們將來的行動而定。如果我們阻止了氣候變遷，100年後，這些池塘可能像今天一樣漂亮。然而，如果二氧化碳排放繼續不受約制，暖化、海洋化學（ocean chemistry）變化和海平面上升聯合起來，可能會把這裡變成死氣沉沉的鹽沼（salt marsh）。

死神已經迫近第二座湖泊。中亞（Central Asia）的鹹海（Aral Sea）曾經是世界第四大湖，但是半個世紀以來，鹹海的面積已經從2萬6000平方英里，大約縮小到原本面積的十分之一〔差不多類似從紐約州縮小到康乃狄克州（Connecticut）的大小〕。[3]為什麼會這樣？原因不像颶風、戰爭或失控資本主義無情的剝削那麼戲劇化，主要是因為異常誘因推動的差勁經濟計畫：實施中央計畫經濟「社會主義」的前蘇聯，決定把注入鹹海的河水改道，引去灌溉邊際地（marginal land）。[4]這座湖就像營養不良的孩子，逐漸地消亡。

這兩座湖泊的故事用最簡單的方式述說本書的內容。人類控制了地球的未來，也控制了上面生意盎然的湖泊、森林與海洋的未來。生機勃勃的地球有很多敵人——其中全球暖化是我們的焦點，但是全球暖化和不受約制的市場力量、戰爭、政治

上的愚蠢及貧窮同時發生，我們首先必須瞭解有哪些破壞力量正在發揮作用。然後，結合科學分析、慎重規劃、良好制度和市場力量的適當引導，就可以保護身邊獨一無二的遺產。

要保護我們的世界，我們必須解決眾多問題，本書只探討其中的全球暖化問題。千百年來，人類一直小規模地促使全球暖化，但本世紀是我們必須遏止溫室氣體（greenhouse gas）無限制成長的關鍵期，尤其是遏止化石燃料（fossil fuel）所產生溫室氣體成長的關鍵期。如果我們在本世紀結束之前沒有大幅減少這些氣體的衝擊，地球環境的前途將不堪設想。

🌏 個人觀點

本書的目的是正確看待全球暖化，以便有志之士能夠瞭解，得出跟全球暖化有關的明智判斷。我在書中要從頭到尾探討這個問題——要從最初暖化起源於我們個人利用能源的方式，探討到最後社會應該採取行動，降低暖化危險為止。

對本書有興趣的讀者，主要應該是想知道科學和經濟學界對全球暖化的看法如何的人。閱讀本書時，保持心胸開放會有幫助；如果你深信全球暖化只是左派的龐大陰謀，是由意圖微管理（micromanage）我們生活的人所發動，那麼這本書不可能改變你的看法。反之，如果你已經斷定世界正走向氣候末日，你可能指責這本書低估了威脅的嚴重性。

但大部分人的看法介於兩者之間，受到對立的議論影響，指向不同的方向，可能認為這種辯論很像法庭上律師的攻防。

本書的做法是聽取雙方的說法，儘量不偏不倚地審視證據，呈現科學和經濟學界提出的最明智說法。

請注意，我把這一節稱為〈個人觀點〉，其中內容就像所有科學研究的主題，包含確確實實的事實；但無可避免的是，每個人一定會從不同的角度來看待這些事實。我們根據自己的觀點，慎重研究這個主題，再把我們的觀察跟不同的觀察融合在一起，瞭解起來會比較完整。

我抱持什麼角度呢？我是經濟學家，在一所研究與教學大學服務，在經濟學的很多領域中、尤其是在環境經濟學和總體經濟學方面，負責教學和寫作。我是一本已經發行 19 版的經濟學導論教科書的共同作者，這種經驗讓我特別瞭解正在跟新觀念抗爭的人。

我在全球暖化經濟學上，研究和寫作的時間超過 30 年。我從暖化開始變成嚴肅議題以來，參與過美國國家科學院（U.S. National Academy of Science）支持的很多研究。我寫過三本書和幾十篇專業學術論文，探討全球暖化經濟學，也教授大學部的能源經濟學（economics of energy）和全球暖化課程。此外，和全球暖化有關的辯論也是我熟悉的領域，因為我曾經目睹經濟學不同領域和國家預算政策的類似爭辯。我的經驗告訴我，我們需要冷靜對待煽動性的言論，才能瞭解潛在的問題。

你可能會自問：我們是否真的需要另一本探討全球暖化的書；如果需要，為什麼要看經濟學家所寫的這種書？全球暖化難道不是科學議題嗎？

沒錯，要瞭解氣候為什麼會變化，要確定氣候變遷的速度

和涵蓋範圍，一定要瞭解自然科學；不研究地球科學家的基本發現，我們顯然不能希望自己能夠瞭解暖化問題。

但是全球暖化從頭到尾都跟人類活動有關，暖化起初是種植食物、住屋取暖、甚至上學之類的經濟活動無意間形成的副作用。要瞭解經濟活動和氣候變遷的關係，必須分析我們的眾多社會系統，而這些系統正是經濟學之類社會科學探究的課題。

此外，要設計有效措施，延緩或防止氣候變遷，不但必須瞭解二氧化碳所遵循的物理定律，也必須瞭解涉及人類行為、比較善變的經濟學和政治學法則。我們的政策必須深具科學基礎，但即使是世界上最好的科學，也無法改變大家花用所得或為屋子取暖的方法。要改變經濟成長的方向、走向低碳世界，必須運用充分瞭解人類行為之後所制訂的政策。因此，瞭解科學是量度人類如何改變未來氣候的第一步，但是，瞭解經濟和政治層面，才是設計方法、解決這個問題過程中的關鍵要素。

我特地為年輕人寫這本書，還把本書獻給我的孫子，他們和他們那一代將繼承這個世界，而且可能活到21世紀以後。本世紀結束時，地球將和今天大不相同；到時候，地球的樣貌如何，取決於我們在這段期間裡採取過什麼行動，但對自然界而言，延緩全球暖化的行動可能是頭等大事。我希望我們的孫輩將來回顧時，會說我們這一代確實下定了決心，力求扭轉我們所採行的危險路線。

氣候變遷的經濟起源

大多數人認為，全球暖化是自然科學問題，主要跟熱浪、冰層融解、乾旱和暴風雨有關。的確，科學上的爭議一直是大家辯論全球暖化問題時的焦點，其實全球暖化的終極來源和解決之道，存在於社會科學的領域。

為什麼氣候變遷是經濟問題？

首先請後退一步，問一個基本問題：為什麼全球暖化問題這麼特別？為什麼這件事是全球性問題，而不是單一國家或家庭的問題？為什麼這個問題如此陰魂不散？

氣候變遷經濟學簡單而明瞭。我們做的每一件事情，幾乎都直接或間接牽涉到燃燒化石燃料，並把二氧化碳排放到大氣層；二氧化碳累積了十年、百年，改變了地球的氣候，造成很多可能有害的衝擊。

問題是，產生排放的人並沒有為這種特權付出代價，受害的人也沒有得到補償。你買一棵生菜時，會為生菜的生產成本付錢，農民和零售商會因為自己的辛勞得到補償。

但是生產生菜時必須燃燒化石燃料，以便抽水灌溉生菜田，到最後，還要為運送生菜的貨車加油；這段過程當中，卻沒有考慮一項重要的成本，也就是排放二氧化碳所造成傷害的成本。經濟學家把這種成本稱為「外部性」，因為這種成本不包括在市場交易內（也就是沒有反映在裡面）。外部性是經濟活動的副產品，會傷害無辜的旁觀者〔經濟學文獻中也把這種事物叫做公共財（public good），但外部性這個詞比較簡便，書中會繼續採用〕。

生活中充滿了外部性。有些外部性有害，例如把砷（arsenic，砒霜）倒入河裡，會把魚毒死。有些外部性有益，研究人員發現的小兒麻痺疫苗就是顯例。但全球暖化是所有外部性當中的龐然大物，因為全球暖化牽涉到極多的活動，它影響整個地球，發揮了幾十年、甚至幾百年的作用；最重要的是因為所有個人單獨行動時，絲毫不能延緩這種變化。

全球暖化是特別棘手的外部因素，因為暖化是全球性問題。今天人類面臨的很多關鍵問題，其實同樣是抗拒市場及政府控制的全球性問題，全球暖化、臭氧層破洞、金融危機、網路戰爭、油價震撼和核武擴散等等，都是這樣的例子。這種全球外部性（global externality）的衝擊遍及全世界、無法分割，卻不是全新的現象，反而還因為科技快速變化和全球化過程的關係，變得愈來愈重要。

全球暖化之所以變成特別的問題，其實是出於兩大主因。第一、全球暖化是全世界人口在日常活動中，利用化石燃料和影響氣候的其他手段，造成的全球外部性；二是全球暖化為未來投下一道長長的陰影，影響全球、世界人口和自然系統幾十年，甚至幾百年。

經濟學教導大家一個和外部性有關的教訓，就是市場不會自動解決自己製造的問題。在二氧化碳之類的有害外部性中，不受約束的市場會過度生產，因為市場並未為二氧化碳排放造成的外部傷害訂出價格。噴射燃料油（jet fuel）價格不包括排放二氧化碳的成本，我們因此會過度飛行。

經濟學家談到，市場上有一隻「看不見的手」會訂定價格，以求平衡成本和欲望。然而，重要的外部性出現時，不受約束、看不見的手會訂出錯誤的價格，因此政府必須介入，加以規範，或是針對具有明顯有害外部性的活動課稅。全球暖化和其他外部性沒有不同，需要政府的積極行動，以便減輕始料未及的有害影響。

全球外部性會變成特殊的難題，是因為我們沒有可行的市場或政府機制可以處理這種問題。我們沒有世界政府（world government），不能要求世界上的每一個人參與解決方案；沒有世界政府，害我們難以阻止過度捕鯨、控制危險的核武技術、延緩全球暖化。

如果決策官員希望延緩並避免未來氣候變遷的危險，氣候變遷同時具有市場外部性和全球性的事實，將變成決策官員未來必須克服的主要障礙。

二氧化碳排放量為什麼會增加？

探討全球暖化時，大家通常從二氧化碳和其他溫室氣體在大氣層中的排放和累積開始談起；然而，人類及其日常活動才是真正的起點。我要以身為美國中型都市居民的經驗開始談起，但是大家可以同樣順當地談論奈及利亞的石油工人、德國的啤酒釀酒商或印尼的織布工人。

假設我受邀到康乃狄克大學演講，那裡離我在紐哈芬（New Haven）的家大約80公里。去那裡最方便的方法是開自己的車北上再開回來，來回路程約160公里，考慮困在車陣和市區駕駛的因素後，我的車每加侖油大約可以行駛32公里，因此我要消耗掉5加侖汽油，產生約100磅的二氧化碳，再經由排氣管排放到大氣層。我看不到、聽不到、也聞不到這些氣體，通常我甚至連想都不會想這種氣體。如果我像大部分人一樣，我很可能會認為自己的行程對世界氣候毫無影響，也會忽視這麼做所造成的後果。

但是全世界有70多億人，每天、每年都要做很多次類似的決定；假設每個人都像我一樣每周開車兩次，消耗等量的化石燃料能源（fossil fuel energy），用來取暖、照明、烹飪以及從事其他活動，所有這一切會像2012年的全球排碳量（global CO_2 emissions），每年為大氣層增加約300億噸的二氧化碳。我們做每一件事情的過程中，幾乎都埋藏了一些二氧化碳。你可能認為騎自行車不會排碳，但是製造自行車時會排出一些碳；鋪築道路或人行道時，會排放相當大量的碳。[1]

為什麼我們會使用這麼多的化石燃料？我們用化石燃料來駕駛、飛行、給房子和學校供暖、讓電腦運作、做我們所做的每一件事。我們所用的能源當中，有將近90％是化石燃料，燃燒化石燃料會排放二氧化碳。

假設使用這麼多能源讓我們深感震驚，希望減少用量，而且既然我們也知道全球暖化的問題，我們為什麼不乾脆停止使用化石燃料呢？這個問題將在第三篇探討，但這個問題極為重要，因此在這裡說上幾句應該會有幫助。事實是因為別的能源比較貴，我們不能只扳一下開關就改用別的能源。仰賴再生燃料（renewable fuel，例如太陽能發電）過日子，成本通常比較高；有時候，使用低碳燃料（low-carbon fuel）需要和現有設備完全不同的資本存量（capital stock），例如不同的發電廠、工廠、引擎和爐子，將使得開銷大大增加。

回頭說我駕駛汽油動力車去康乃狄克大學的例子。我可能決定買一輛電動車，電動車完全不會排放二氧化碳，卻很可能要利用天然氣發出來的電力，這樣一來發電還是會排放二氧化碳。同樣地，我家的暖爐只燒天然氣，把暖爐換成靠太陽能發電加熱，需要一大筆投資——還不說我住的地方並非總是豔陽高照，何況夜裡太陽絕對不會高掛天上。

所以目前我和大部分的美國人一樣，務實地深深依賴化石燃料過活。此外，我喜愛目前的生活型態，喜歡自己的汽車、電腦和行動電話，希望屋子冬暖夏涼，我絕對不願意恢復穴居人的生活水準。

右頁圖2所示，是全世界所有這些決定所產生的淨效果（net

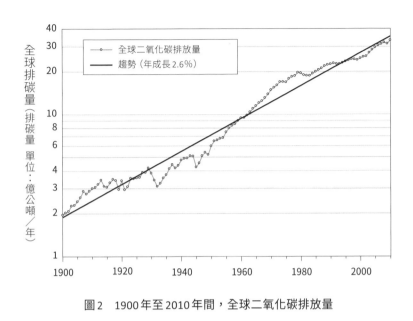

圖2　1900年至2010年間，全球二氧化碳排放量

effect），也就是1900年至2010年間，全球二氧化碳排放量的長期趨勢。[2] 其中間雜快速成長期和成長緩慢期，但平均說來，每年排放量成長2.6％，這種上升趨勢正是我們所擔心的；排放量上升會導致大氣層的二氧化碳濃度升高，造成氣候變遷。

　　我必須指出，這張圖裡面有一個令人討厭的地方，就是圖中和書中若干其他圖表的垂直比例，採用的是比例尺度；在這種圖裡，同樣的垂直距離具有同樣的比例。例如，從200到400的垂直距離和從400到800的垂直距離相同。比例尺度很方便，因為直線（具有相同的斜率）的成長率或衰退率固定。如果檢視下頁圖3，你將看到，不管一定百分比的成長位於圖表的哪個位置，看起來總是相同。

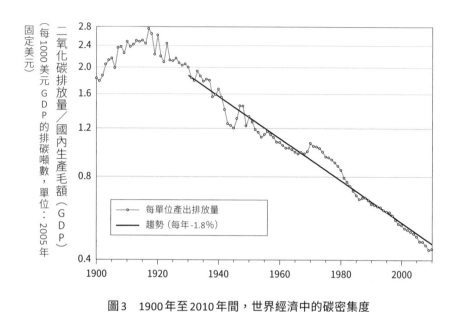

二氧化碳排放量／國內生產毛額（GDP）
（每1000美元GDP的排碳噸數，單位：2005年固定美元）

每單位產出排放量
趨勢（每年-1.8%）

圖3　1900年至2010年間，世界經濟中的碳密集度

　　在這裡說明全球整體統計數字會很有幫助，因為全球經濟一直在成長，全球二氧化碳排放量也一直在增加。世界人口大約從1900年的20億人，擴增到2012年的70億人以上；大部分國家產品與服務（國內生產毛額）的每人產出也在成長。幸好因為所謂的去碳化（decarbonization），全世界二氧化碳排放量的成長速度，沒有全世界的產出那麼快。這只是表示，長久以來，我們使用較少的富含二氧化碳的能源來生產一定數量的產出，這點表現在經濟活動的「碳密集度」（carbon intensity）趨勢上，而這個趨勢是以二氧化碳的排放量及產出的比率來衡量。

　　去碳化的原因很多，但主要因素有三個。一是我們今天生產大部分產品時，每單位產出使用的能源比早年少；不論產出是襯衫、一加侖牛奶還是一通電話，情形都是如此。另一個去

碳化的來源是我們成長最快的經濟領域（例如電子業和醫療保健業）每單位產出所用的能源，通常都比成長比較慢或是正在萎縮的領域少；換句話說，我們的經濟組合已經從產業和活動比較能源密集的型態，轉變成比較沒有那麼能源密集的型態。去碳化的最後一個來源是從利用碳密集度最高的能源（如煤炭），改用碳密集度較低的燃料（如天然氣）和再生與非化石燃料來源（如核電和風電）。

圖3所示，是美國經濟活動碳密集度下降的情況；在這方面，美國擁有可以回溯一個世紀以上且相當完善的資料，因此本圖十分難得，顯示美國經濟的碳密集度上升到1910年前後（這段期間是第一個煤炭時代）。從1930年起，美國的二氧化碳對GDP比率開始每年平均下降1.8%。

雖然生產的碳密集度下降，速度卻不夠快，不足以減少二氧化碳的總排放量，全世界或美國皆然。過去80年間，美國的實質產出平均每年成長3.4%，但碳密集度每年只下降1.8%，這表示每年排碳量成長1.6%（3.4%－1.8%）。完善的世界性資料雖然不易取得，但最正確的估計顯示，過去半個世紀以來，全球產出平均每年成長3.7%，每年減碳比率為1.1%，亦即排碳量每年成長2.6%。

因此，二氧化碳問題可以扼要地說，就是世界各國快速成長（排除長期表現差勁的若干國家，並將經濟衰退視為痛苦的暫時性挫折）。而且各國利用煤炭和石油之類的碳基資源，作為推動經濟成長的主要動力。長期的能源效率雖然有所成長，改善速度卻不足以壓低排放曲線，因此二氧化碳總排放量繼續上升。

🌐 模型是理解工具

我們估且退後一步來評估整體形勢。我們已經看到，因為經濟成長和增加化石燃料的使用，人類正把愈來愈大量的二氧化碳排放到大氣層，全球的科學監測已經證實二氧化碳濃度升高。我們需要知道溫室氣體濃度升高的後果，因為我們不能在腦海中計算所有這些複雜的公式，我們必須利用電腦模型，預測過去和未來的經濟成長對排放、氣候、進而對人類與自然系統產生的影響。

經濟學家和自然科學家如何預測未來的氣候變遷呢？這樣做一定是分成兩個步驟的程序。第一個步驟將在本章解釋，做法是估計二氧化碳和其他重要溫室氣體未來的排放量。第二步是把這些排放量估計輸入氣候和其他地球物理模型，以便預測二氧化碳濃度、氣溫和其他重要變數，這個步驟將在第四章討論。現在我要先討論現代自然與社會科學中的一個重要因素，就是模型的應用。

完整的未來氣候變遷情勢需要納入經濟、能源使用、二氧化碳和其他溫室氣體排放、不同的氣候變數，以及各個領域受到的衝擊。預測（projection）是一種條件式（conditional）或「若……則……」式的陳述，敘述「若一套特定的輸入事件發生，則我們估算下述產出事件會發生。」經濟學家經常做這種預測，形式有如「在現行財政、貨幣政策與歐元危機的衝擊下，我們預期明年實質產出將成長2％。」同樣地，科學家和經濟學家會預測未來的氣候變遷。我們需要的主要輸入是二氧化碳和其他

溫室氣體年度路徑之類的變數。有了這些輸入和相關物理學、化學、生物學和地理學知識，氣候學家可以計算氣溫和降雨量時徑（time path）、海平面、海冰與其他很多變數。

人類無法在腦中計算這種預測，所以這些預測都是用電腦模型計算。模型是什麼？模型有不同的種類，從火車模型、建築模型到科學模型都是；基本上，模型是把比較複雜的現實簡化後的景象。經濟學家利用「總體經濟模型」，呈現產出、通膨和金融市場之間的複雜關係，這種電腦化數學工具讓政府和企業可以預測和計畫及聯邦預算有關的事情。

同樣地，氣候模型利用代數或數值方程式，呈現大氣層、海洋、冰雪和其他相關系統的動態。[3]因此，只要把氣候模型想成是用數學方式表現出來的地球就可以了，其中包括以幾分鐘到幾小時時步（time step）運行、分成若干層次的大氣和海洋。氣候模型規模很大，配置了幾十萬行由多個國家的數十個科學家團隊開發的電腦程式碼，你可以在書籍和網路上找到很多如何開發模型的妥善說明。[4]

你可能會問，氣候模型是否經過簡化，而這點其實正是模型的目的；也就是經過簡化，而不過度簡化。畢竟現實狀況複雜之至，例如美國經濟涵蓋3億多人口，每個人每天都要做好幾百個決定，從「確確實實」的角度來說，我們不可能「精確」描述這種系統，我們製作經濟和氣候模型時，需要為了有待處理的目的而簡化整個情勢；需要相關的細節，而不是所有的細節。

下頁圖4說明簡化模型和完整現實狀況之間的差別，左邊所示是「現實狀況」，是將電力從發電機輸送給用電戶的高壓電

```
* This is an excerpt from the DICE-2013 model, version DICE2013_042913.gms

parameters
** Economic parameters
        elasmu    Elasticity of marginal utility of consumption    /  1.45  /
        prstp     Initial rate of social time preference per year  /  .015  /
        gama      Capital elasticity in production function        / .300   /
        pop0      Initial world population (millions)              / 6838   /
        popadj    Growth rate to calibrate to 2050 pop projection  /0.134490/ ;
parameters
** Modeling parameters
        pbacktime(t) =pback*(1-gback)**(t.val-1);
        cost1(t) = pbacktime(t)*sigma(t)/expcost2/1000;

VARIABLES
        MIU(t)         Emission control rate for CO2
        TATM(t)        Increase atmospheric temperature (deg C from 1900)
        YGROSS(t)      World output (trillions 2005 USD per year)
        UTILITY        Welfare function;

EQUATIONS
        CCACCA(t)      Cumulative carbon emissions
        MMAT(t)        Atmospheric concentration equation
        TATMEQ(t)      Temperature-climate equation for atmosphere
        YGROSSEQ(t)    Output gross equation
        UTIL           Objective function ;

** Equations of the model
ccacca(t+1)..  CCA(t+1)      =E= CCA(t)+ EIND(t)*5/3.666;
mmat(t+1)..    MAT(t+1)      =E= MAT(t)*b11 + MU(t)*b21 + (E(t)*(5/3.666));
tatmeq(t+1)..  TATM(t+1)     =E= TATM(t)+c1*((FORC(t+1)-(fco22x/t2xco2)
                                   *TATM(t))-(c3*(TATM(t)-TOCEAN(t))));
ygrosseq(t)..  YGROSS(t)     =E= (al(t)*(L(t)/1000)**(1-GAMA))*(K(t)**GAMA);
util..         UTILITY       =E= tstep*scale1*sum(t,CEMUTOTPER(t))+scale2;

** Model definition and solution
model  CO2 /all/;
solve CO2 maximizing UTILITY using nlp ;
```

圖4　比較左頁的輸電線和右頁的能源與經濟系統電腦模型，兩者都很有用，但在
　　瞭解趨勢與不同政策的衝擊上，電腦模型是非常重要的工具。

線相片。右邊所示，是用GAMS語言寫的能源系統和經濟的電腦程式碼（其實是下文即將討論的DICE模型）。模型是呈現電力領域跟能源系統其他部分複雜互動的觀念，你喜歡哪一種？建築師可能選擇相片，有興趣處理氣候變遷的人應該會喜歡電腦程式。

　　不論是高壓電塔、經濟模型還是地球氣候模型，好的模型應該都可以掌握程序的精義，卻不會讓使用者錯亂。例如，我們在經濟學領域建立產出和所得的模型，幫助政府預測歲入和歲出，提供可靠的基礎，以便判定政府債務之類的事項會有什麼變化。今天良好的財政狀況模型不必納入二氧化碳排放的資訊，因為這一點對現行預算只有微小的衝擊。我們在思考氣候變遷時，建立模型，估計未來的排碳量、排碳量對大氣層中二氧化碳濃度的影響，以及因此而產生的氣候變遷。政府赤字沒有納入氣候模型，原因是政府赤字對氣候變遷只有第二級或第三級的影響。

　　建立模型是藝術，也是科學；之所以是科學，是因為需要精確的觀察和可靠的科學理論。你可以根據地球和所有生命是1萬年前創造的想法來建立模型，但是這種理論應該極為難以解釋長島（Long Island）的歷史，因為長島大部分是由超過1萬年前冰河期留下的碎片構成。而且你應該無法瞭解南極洲的冰蕊（ice core），因為這些冰蕊含有的冰環（ice ring）可以回溯到50多萬年前。

　　但是建立模型也是藝術，因為你必須設法簡化，以便掌握基本細節。有些模型包含美國所有發電廠和傳輸線路的資訊，

但是連這麼巨大的模型都無法描繪其他國家的發電、國際電力貿易以及和美國其他經濟領域的交互影響或碳循環。正如大家常引用達文西所說的名言「簡單是複雜的最高表現」，重要的物理學公式都極為簡單。

氣候變遷的核心理念也出奇簡單，就是地球的平均溫度會隨著大氣層中二氧化碳的相對濃度（relative concentration）而改變，預期二氧化碳濃度倍增（doubling）時，將導致平均溫度大約上升攝氏三度；再倍增預期將帶來另外三度的暖化。不幸的是，這時升溫和萬有引力定律之間的相似之處會失效；首先，我們不知道二氧化碳每倍增一次，氣溫究竟會上升多少。此外，影響如何，可能要看其他因素而定，尤其要看出現升溫所需要的時間尺度而定。

最後，就像地圖是為健行、駕船、駕車或飛行等不同用途而設計的一樣，模型也是為不同的目的而設計。很多氣候模型極為詳細，要用超級電腦計算所追蹤要素的軌跡。簡化的模型則把重點放在特定結果上，例如，放在對農業產出、海平面、或瘧蚊地理分布的衝擊。不同的問題需要不同的模型。

🌍 綜合評估模型

分析氣候變遷有一種重要方法，叫做「綜合評估模型」（IAMs），這種綜合模型不但涵蓋氣候，也包含氣候變遷科學與經濟學的其他面向。這種模型從經濟成長、排放量和氣候變遷開始，到經濟所受的影響，最後到延緩氣候變遷政策預期效果

的整個過程，全都熔於一爐。

如圖4電腦程式碼所示，綜合評估模型也包含高度簡化的氣候模型，目的是要掌握排放與氣候變遷之間的關係，卻不包含所有的基本架構細節。綜合評估模型的主要優點是可以描繪從頭到尾的整個過程，主要缺點是簡化了在比較完整模型中更詳細分析的若干過程。

很多大大小小的綜合評估模型是由世界各地建立模型的團隊所開發，這些模型在瞭解延緩氣候變遷政策的影響方面，已經證明非常有用。我在整本書裡，描述氣候變遷的經濟層面時，廣泛仰賴綜合評估模型。

此外，我經常參考由我自己、學生和其他同事在耶魯大學所開發、稱為「氣候與經濟動態整合模型」（Dynamic Integrated model of Climate and the Economy，DICE）的結果，這種模型還有比較精確、適用於區域的版本，稱為「區域氣候與經濟整合模型」（Regional Integrated model of Climate and the Economy，RICE）。[5]

DICE模型的邏輯結構類似圖1的循環流動，其中的「能源－經濟」模組會製作未來數十年不同區域的經濟成長和排碳量；碳循環和氣候模組的規模比較小，會作出全球氣溫趨勢。DICE模型包括損害的計算，損害取決於經濟規模和氣溫升高程度。最後還有一個政策模組，讓各國限制排放，或是訂定二氧化碳排放價格，從而壓低排放軌跡。

最簡單的全球性模型只包括少數方程式，相當容易瞭解；比較完整的區域性模型涵蓋美國、中國和印度等12個大區域，

包含幾千行的電腦程式碼，比較難以掌握。在此鼓勵想檢視簡單氣候與經濟動態整合模型的讀者，看看線上版的DICE-2012模型。你可以改變參數和假設（例如，長期世界人口或氣候敏感度），藉以瞭解綜合評估模型的運作方式，知悉模型對基本假設的敏感度。[6]

🌏 預測的基本原則

想瞭解未來的氣候變遷，要從瞭解納入氣候模型輸入因素的一套預測開始，這些預測主要是二氧化碳和其他溫室氣體的排放路徑。為了讓討論便於管理，我把重點放在二氧化碳，因為二氧化碳是最重要的溫室氣體，但是完整的評估也包括其他氣體。檢視實際預測時，我採用的是二氧化碳當量（CO_2-e，e指equivalent），把所有溫室氣體的貢獻加總，以二氧化碳當量所造成影響的方式表現出來。

統計學家和經濟學家如何預測？首先是利用歷史資料、基礎物理定律和經濟關係，估計統計關係，然後，人口學家或經濟學家可以根據這些結果，做出以統計為基礎的未來趨勢預測。統計法的好處是可以複製或更新，也就是說，因為每一個步驟都可以利用公開資料和電腦軟體執行，估計可以禁受其他科學家的查核和詰難。

前面說過，二氧化碳總排放量是由人口、人均GDP和GDP的碳密集度而定。從數學的角度來說，二氧化碳成長率等於上述所有三大因素成長率之和。下頁表1是美國和全世界2010年

表1　2010年至2050年間，預測美國與全球不控制排碳量的後果

	2010	2050	年成長率
	美國		
人均GDP（單位：2005年固定美元）	42,300	83,700	1.7
每百萬美元GDP排碳量（單位：公噸）	432	226	-1.6
人口（單位：百萬人）	309	399	0.6
總排碳量（單位：百萬公噸二氧化碳）	**5,640**	**7,550**	**0.7**
	全球		
人均GDP（單位：2005年固定美元）	9,780	22,400	2.1
每百萬美元GDP排碳量（單位：公噸）	522	278	-1.6
人口（單位：百萬人）	6,410	9,170	0.9
總排碳量（單位：百萬公噸二氧化碳）	**34,900**	**57,600**	**1.3**

的資料以及2050年的預測[7]，其中2050年的預測假設各國沒有制定減排政策。這些估計出自耶魯大學的DICE模型，但是和我們在其他研究中所看到的估計沒有顯著差異。

　　首先請看看上半部美國的資料。如表1所示，預測的人口年成長率為0.6％，人均GDP年成長率為1.7％，排碳量每年會下降1.6％。根據這些假設推估，排碳量每年應該會成長0.7％；到本世紀中期，排碳量大約會增加三分之一。

　　模型可以為不同的區域做類似的計算，大多數經濟模型都有為不同重要項目設計的模組，可能包含精細的能源領域模型，用來預測不同燃料的供應量和用量；產出預測可能考慮結構和設備的資本、軟體、科技變化和其他因素，但這個例子可以掌握基本理念。

表1下半部所示，是全球的預測（包括土地用途改變釋出的二氧化碳，也包括工業排放量）。如果各國沒有推動抑制排放的政策，預測到本世紀中期，全球的二氧化碳排放總量每年大約會增加1.3％。上下兩部分的預測之間之所以有差異，主因是一般預期開發中國家的成長速度會比美國快。

　　表1顯示，有三種方法可以降低排放量，分別是降低人口成長率、降低「生活水準成長率」（growth in living standard）、降低二氧化碳密集度（去碳化）。大家有時候認為表1所示成長率是鐵則一條，對經濟政策不會起反應；更悲觀的看法是，要壓低排放軌跡，除了嚴格限制生活水準成長率或嚴格限制人口成長之外，別無他法。

　　這種悲觀結論是對歷史和政策的錯誤解讀。社會可以靠著加速去碳，壓低二氧化碳的成長曲線，而且要是我們善於執行的話，我們還可以用低廉的成本完成這項任務。現在有很多科技可以生產產品與服務，卻又能夠減少排碳，甚至完全不排碳。例如，我們可以用天然氣之類的低碳燃料發電，或用核能、太陽能和風力之類的無碳燃料發電。我們可以開發比較高效能的家電和汽車，可以更妥善地做好住家溫度隔絕。到了某一個時候，我們甚至可能用成本低廉的方法，從排放流（emission stream）或大氣中移除二氧化碳。因此，經濟學家通常不會把重點放在令人難過的限制經濟成長措施上，而是強調引導經濟向低碳科技的方向前進。

　　表1說明排碳量的標準預測及其決定因素，不受控制的二氧化碳排放基線或「毫無政策」的路徑，在這裡是重要的起點，為

政策提供了參考標準或起點，讓我們可以瞭解未來數十年內，世界在正常經濟成長和排碳量不受限制的狀況下，將出現什麼變化。基本上，這種估計結合了上面討論過的經濟成長預測和基本去碳化趨勢，卻對二氧化碳的排放沒有施加任何限制。

不同的綜合評估模型顯示的狀況有什麼差別嗎？要討論這一點，請先檢視在史丹佛大學（Stanford University）能源建模論壇（Energy Modeling Forum，EMF）支持下，針對一組綜合評估模型所做的調查。[8]這項計畫叫做EMF-22，參與的建模小組來自世界各國，其中有六個亞洲與澳洲的小組、八個西歐國家的小組、五個北美洲的小組。其中有11個建模小組提交了預測排碳持續到2100年這種基線情境造成的結果，圖5所示，即為這些小組的預測。

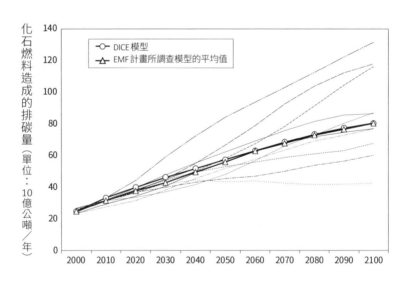

圖5　基線排碳量預測

此外，我用兩條黑線分別代表EMF模型的平均值和書中常用的耶魯大學DICE模型預測的結果。這裡應該指出，DICE模型預測的未來一個世紀全球排碳量成長率，和EMF-22模型預測的平均值幾乎完全相同。

加註三角形的黑線是EMF-22計畫所調查11個模型的平均值，加註圓圈的黑線取材自耶魯大學DICE模型，淺色線條是EMF-22個別模型的調查結果。[9]

🌐 氣候賭局中不確定的排碳量軌跡

左頁圖5所示是氣候賭局發揮作用的例子。圖中顯示的第一個重點是：所有模型——每一個模型——都預測排碳量會繼續成長；2000年至2100年間，年成長率介於0.5％和1.7％之間。雖然這種成長率看來很小，因為長期複合成長的關係，加總起來卻累積成龐大的變化；例如，1.2％的平均年成長率就代表一個世紀會增加3.3倍。這些模型代表今天經濟與能源專家最高明的研究，他們指出，二氧化碳問題不會憑空消失，也不會由不受約束的市場力量神奇地解決。

第二點涉及未來排放量的不確定性，由於經濟與科技系統動能的關係，近期預測的結果差異很少。然而，隨著我們向未來推進，不同預測之間的差異會分叉開來，圖5所見就是預測呈現多條細線的景象。模型預測的2100年排碳量，會比2000年高出1.6倍到5.4倍之間；之所以出現這種差異，原因可以追溯到排放量成長率的決定因素，也跟未來歲月的經濟成長、科技和能源的使

用有關。

　　我們可以更精確地確定這些差異的起因嗎？仔細分析後會發現，最大的未知數是未來的世界經濟成長率無法確定：未來世界會像1950年至2005年間那樣，創造強勁的經濟成長？還是停滯不前，伴隨著緩慢的科技變化、經常性的金融危機與蕭條、四處蔓延的流行疫病和偶發的廣泛戰爭呢？這些事情是排碳量估計值不同背後最重要的問題。

　　基本上，此刻這些深奧問題的答案是未知數——就像氣候賭局裡輪盤的轉動。沒有人能夠穩當地預測輪盤賭、股市或未來的科技。請記住，最近的嚴重衰退幾乎讓所有預測專家都大吃一驚。因為將來的經濟成長十分不確定，未來幾年內，圖5所示的排放量預測值差異不可能大幅縮小。

　　制定氣候變遷政策時，大家自然想知道如何因應這種驚人的不確定性。100年難道不是很久以後的事情嗎？有一種反應是延後行動——這樣做是基於生命並不確定的假設，因此應該等到情勢更清楚時才行動。有時候，如果涉及的利益太低，而且正確答案很快就會知曉，那麼，等到輪盤停止轉動就是合理的方法。

　　但就氣候變遷而言，等待正確答案是危險的做法，就像在霧茫茫的夜裡不開大燈，以168公里的時速開車卻希望不遇到彎路一樣。不確定性不可能很快解決，經濟和氣候系統又會對我們的行動延後反應，因此，等待多年才行動的代價很高，把投資在長期間分期投入，比等到雲開霧散、看清楚路上的災難時才一股腦地全部灌注下去，所花的成本會比較低廉。

　　處理不確定性的經濟研究引導我們得到下述結論：從最合

理推測的產出、人口、排放和氣候變遷情境開始下手，採用最能夠在這種合理猜測中，最善於處理成本和衝擊的政策。然後考慮在氣候賭局中出現的機率低、但發生高風險後果的可能性，再採取進一步的措施，為這些危險後果提供保險，但是絕對不要假設問題會就此消失。

未來的氣候變遷

要瞭解氣候變遷的危險,第一步是在氣候科學方面擁有堅實的基礎訓練。只閱讀主流新聞或只聽電視辯論的人或許認為,氣候變遷是最新流行的科學話題,是幾年前由某位具有企業雄心的科學家想像出來的話題。事實正好相反,二氧化碳引發全球暖化背後的科學,已經發展一個多世紀,是現代地球科學的重大成就。研究這個主題的科學家只注意豐富的研究成果,不理會這個議題的政治性,會覺得這門科學很重要,又深具挑戰性。

我要強調的是,本書主要是從社會的角度探討氣候變遷,討論氣候變遷在經濟上的起因、成本和損害、有關延緩變遷的政策,以及始料未及的國際影響與折衝。讀者如果想看這個議題更完整的處理,坊間有很多從科學角度探討全球暖化的佳作,希望徹底瞭解的人應該去看看。[1]但是我們在處理社會層面之前,有必要先為後面的章節奠定與氣候變遷科學有關的基礎。

🌏 氣候變遷科學

切入正題前，我首先要解釋一個名詞。氣候變遷的意思是什麼？起先，下述簡要說明很重要：

氣候的定義通常是指幾個月到幾千年期間氣溫、風力、濕度、雲量、雨量和其他數量的統計平均值和變化。氣候變遷是這些統計特質從長期角度考慮時的變化。氣候和天氣不同，天氣是氣候過程短期內的具體表現，你可以把天氣和氣候的不同，看成氣候是你期望的事情（例如寒冬）、天氣則是你得到的事物（例如偶爾一見的暴風雪）。

我在本書裡，大致會交互使用「全球暖化」和「氣候變遷」兩個詞。要求精確的話，就必須採用冗長、拗口的詞句，如「二氧化碳和其他相關氣體與因素升高的影響」。「氣候變遷」或許比較貼近，因為相關議題涵蓋的範圍遠遠超出暖化，例如，包括海平面上升、乾旱、風暴頻率增加、對健康的衝擊。但是，連氣候變遷都不能夠掌握海洋碳化的衝擊。有人提議採用「全球變遷」，但是這個詞實在太含糊了，因此，我只用全球暖化和氣候變遷這兩個詞；我們必須瞭解的是，這兩個詞是代表二氧化碳和其他溫室氣體積聚，結果導致一整套複雜的力量發揮開來的意思。

我通常依據標準科學慣例，採用攝氏作為溫度量度，美國人通常聽到的是華氏的量度。大致上，把攝氏度數的溫度變化

乘以二，即可得華氏度數的變化，如果你希望得到絕對精確的數字，把攝氏度數乘以五分之九（9/5）即可。

🌏 從排放量到濃度

第三章分析了以前和未來的二氧化碳排放量；排放量本身不值得擔憂，如果這些排放快速地消失，或是變成若干無害的岩石，我就不需要寫這本書，大家也可以去擔心其他問題。

科學家關心的是大氣層中二氧化碳和其他溫室氣體的濃度，不是排放量。因此從排放量到氣候變遷之間，還有一個中間步驟，而第四章要探討的，就是排放量和濃度之間的關係。

排碳在地球上散布的過程稱為「碳循環」（carbon cycle），這個過程是大家熱心研究的領域，很多碳循環科學家研究碳如何在不同的碳儲藏庫（carbon reservoir）移動。為聯合國政府間氣候變遷專門委員會所做的研究中，顯示氣候模型的平均估計是：21世紀排放的碳，到世紀結束時，約有50%至60%仍然會留在大氣層。不同的模型之間差異很大，取決於排放量的成長率而定。[2]

在我開始詳細探討前，要先問一個簡單的問題：人類活動真的可能大到足以改變地球氣候嗎？畢竟在全球的活動中，人類活動只占很小的一部分。要回答這個問題，我得把重點放在紀錄最詳盡又最重要的地方——大氣層中的二氧化碳濃度升高。

大氣層的二氧化碳濃度升高是無庸置疑的事情。多虧科學家有遠見，早從1958年起，就在夏威夷大島（Big Island）開始監測

大氣層中的二氧化碳，我們擁有的數據涵蓋的時間超過50年。下頁圖6所示，是莫納羅亞天文臺（Mauna Loa Observatory）開始觀測到2012年的月線紀錄；這半個世紀內，大氣層的二氧化碳濃度上升了25%。[3]

我們確信二氧化碳濃度升高是人類活動造成的嗎？難道這種情形不是出於自然變異嗎？歷史資料模型和測量，都強烈支持圖6的濃度升高是由人類活動造成的看法。氣候學家在冰蕊中找到一項有趣的發現；他們利用冰蕊，估計出過去100萬年間，二氧化碳濃度介於190到280 ppm之間。因為目前的濃度超過390 ppm，表示現況遠遠超過智人在地球上出現期間的濃度區間。

前面說過，到21世紀結束時，估計略超過一半以上的碳還會留存在大氣層，其他二氧化碳到哪裡去了？其中一部分可能進入生物圈（如樹木和土壤），表示由全球的植物吸收。科學家根據密集的測量和建立模型，相信大部分非大氣層的二氧化碳最終將進入海洋，逐漸散布到海洋深處，只是這種過程非常緩慢。

你自己可以做個實驗，設想在海洋中擴散的速度有多慢。先在透明玻璃杯內注入清水，再在水面上滴幾滴紅色食用色素，然後計算要花多少時間，才有數量多到可以感知的色素沉到杯底，你也要計算色素近似均勻散布狀態所花的時間。現在假設這個杯子有1828.8公尺深，這樣你會知道二氧化碳要花多少時間才會沉入深海。

這些科學發現的主要結果是：排放到大氣層的二氧化碳會在大氣中長久停留，這一點對我們如何思考氣候變遷具有非常重要的意義。停留時間長久，表示今天行動的效果會為未來投

下一道長長的陰影，不會在幾天或幾個月內就沖刷乾淨；從這個角度來看，二氧化碳和其他溫室氣體比較類似核廢料，比較不像正常的空氣汙染。我們考慮成本效益折現問題時，這種長期停留時間會回頭來困擾我們。[4]

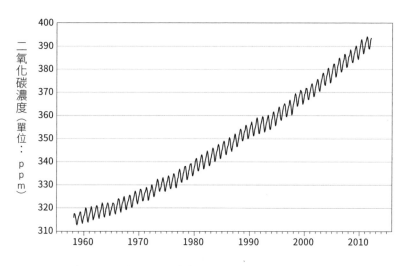

圖6　1958年至2012年間，夏威夷莫納羅亞天文臺監測的二氧化碳濃度

二氧化碳濃度升高如何改變氣候

　　一旦得出二氧化碳和其他溫室氣體濃度，以及其他重要輸入資料的預測數字，氣候學家就把這些資料輸入氣候模型。氣候模型是以數學方式呈現大氣層和海洋環流的東西，模型的基礎是寫入電腦程式的物理學若干基本定律和地球地理學的細節，但你可以把它們視為代表大氣層與海洋動態的方程式。因此，要瞭解氣候模型，必須瞭解方程式背後的基礎科學。

我們感受到的太陽熱力是輻射能或輻射。如果把臉孔對著太陽，你會感受到輻射的溫暖襲上皮膚。輻射以不同長度或頻率的光波形式呈現。大部分太陽能是「熾熱」的短波可見光，大約30%的熱輻射會反射回太空，其他的能則由大氣層和地球表面吸收，保持地球的溫暖；射入和射出的能會維持平衡，因此地球會把輻射排放回太空，但是因為地球溫暖而不炎熱，射出的地球長波輻射波長將高於射入地球、稱為「入日射」（incoming solar radiation）的太陽輻射。

有趣的地方出現了：二氧化碳、甲烷和水蒸氣之類大氣層中的某些氣體，吸收從地球向外射出的溫暖輻射量，高於射入的熱輻射。這種選擇性吸收的作用，好比寒冬夜裡的毯子捕捉我們身體的一些熱量、保持我們的溫暖一樣，這是我們將大氣層稱為天然「溫室」的原因——因為水和二氧化碳之類的氣體會捕捉熱量。由於輻射保留在地球附近，地球的均溫因此上升，這種情形稱為「天然溫室效應」（natural greenhouse effect）。科學家計算，人類開始在大氣層添加氣體前的這種天然溫室效應，會為地球加溫，使溫度達到比沒有大氣層時大約高出攝氏33度。換句話說，要是沒有溫室氣體，地球表面的溫度應該是攝氏-19度，但地球的實際平均溫度是攝氏14度。我們其實可以利用這種關係來計算月球溫度，上述式子相當符合月球的實際情形。

人類介入、添加更多溫室氣體後，就出現「人為加速的溫室效應」。大氣層的溫室氣體現有存量吸收了一部分外射的「出長波輻射」（outgoing long-wave radiation），卻沒有全部吸收

掉，隨著愈來愈多的溫室氣體添加於大氣層，大氣層吸收的出長波輻射數量增加，進而推高地球的溫度平衡。二氧化碳引發的全球暖化過程，表示人類正以額外添加二氧化碳的方式，為大氣層添加更多的「毯子」，從而提高地球表面的平均溫度。預測指出，大氣層的二氧化碳濃度以似乎很微小的比率（從大約280 ppm增加到560 ppm）提高，將使地表平均溫度大約升高攝氏3度。

但是人為強化溫室效應的報酬率會遞減。二氧化碳阻止愈來愈多的出輻射時，再增加二氧化碳進去的影響會縮小，吸收出輻射的能力將逐漸飽和。因此大氣層中的二氧化碳數量加倍，可能會把氣溫提高攝氏3度，但再增加同量的二氧化碳，可能只會使氣溫上升攝氏1.8度。

未來二氧化碳引發的暖化確切速度和程度十分不確定，在接下來的幾十年尤其如此。然而，科學界對於人類引發地球物理幾萬年來的空前重大變化這件事，卻幾乎沒有人懷疑，科學家已經在好幾個領域偵測到變化的結果，包括我們剛剛看到的排放量和大氣層中溫室氣體濃度升高，地表平均溫度也在上升；其他「足跡」也很清楚，包括海洋暖化、冰河和冰層（ice sheet）融解、極地加速暖化、平流層（stratospheric）降溫和北冰洋（Arctic Ocean）的冰冠（ice cap）縮小。[5]這些現象大都像是溫室氣體引發暖化的情形，比較不像自然變異。

炎炎夏日坐在黑色或白色汽車裡的概念，更適於拿來跟二氧化碳造成的暖化相比。白車會反射比較多的陽光，維持相當涼爽的感覺；黑車會吸收比較多的陽光，變得非常熱。增添二

氧化碳到大氣層，就好比有一隊隱形的巨魔把你車子的顏色漆得愈來愈黑。還有另一個原因使這個比喻變得很有用，就是考慮到如果你住在寒冷的氣候中，你實際上可能喜歡深色的車子。然而，如果你住在亞歷桑納州或印度之類的地區，你可能不會喜歡車子顏色愈變愈深、車內愈來愈熱的想法。[6]

預測未來的氣候變遷

前一節提供了氣候變遷科學背後的基本直覺。從務實的角度來看，我們需要知道暖化和降雨量、海平面上升之類其他影響發生的規模和時機。首先，我們考慮大氣層的二氧化碳濃度倍增的影響，氣候學家研究這個問題已經超過一個世紀，這個問題已經變成標準的計算；實際上，由於這門科學很複雜，我們目前的瞭解還不夠完整。

下頁圖7所示，是最近氣候模型比較研究中發現的氣候敏感度估計圖表。[7]雖然模型不斷改善和精進，但在過去30年，計算得出的氣候對二氧化碳增加的敏感度，卻沒有什麼變化。[8]在一次如圖7所示的標準模型比較中，好多個氣候模型都根據相同的情境運作，首先試算大氣層中二氧化碳沒有增加的情境，接著試算大氣層中的二氧化碳平順增加、而且在70年間倍增，然後無限期持穩在倍增水準的情境。這是人為的狀況，卻很適於用來比較不同的模型。

這些模型進行了兩種重要的計算，首先估計的是「暫態反應」（transient response），即二氧化碳濃度經過70年增加或倍增

時的溫度，左邊的曲線顯示平均值攝氏1.8度的暫態反應分布。

這些模型也計算「平衡反應」（equilibrium response），就是一旦所有調整發生後，長期溫度的增加幅度。圖7右邊曲線所示分配圖，就是平衡的結果，所有模型平均平衡或長期溫度增幅略高於攝氏3度，離短期或暫態反應增幅的兩倍還相當遠。

拿這些理想化實驗跟二氧化碳和其他溫室氣體的濃度預測比較，會有什麼結果？大多數綜合經濟／氣候模型顯示，到2050年左右，二氧化碳當量（所有溫室氣體的二氧化碳當量）將增至前工業時代水準的兩倍。因此，圖7左方的實線等於根

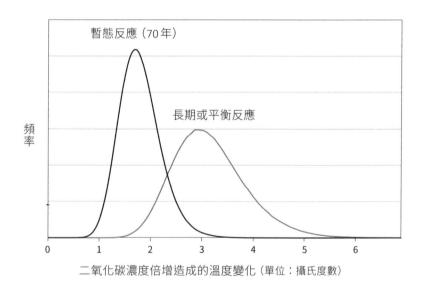

圖7　IPCC第四次評估報告中，氣候模型估計的溫度反應。曲線所示是根據18個模型計算的升溫反應常態分配，左方深色線條代表暫態升溫，右方淺色線條代表平衡升溫。

據最佳猜測排放路徑大略估計的溫度反應。如果我們檢視經濟模式，會看到結果接近左邊曲線的中間，顯示模型估計到2050年時，將升溫攝氏1.8度。

我們也可以拿這個估計值和迄今為止實際發生的狀況比較。儀器紀錄指出，過去100年內，全球氣溫實際上升大約攝氏0.8度；因此模型顯示，未來40年內，溫度會再升高攝氏1度（但是不同的模型之間歧異頗大）。

現在看看圖7右方，這條淺色曲線顯示的是長期或平衡升溫。眾多模型預測的長期平均升溫為略高於攝氏3度，幾乎是暫態反應的兩倍。很多世紀以來，往平衡溫度過渡的過程進展緩慢。[9]長期暖化的進程極為漸進，原因出在海洋深處緩慢升溫。這麼厲害的慣性使升溫和氣候變遷變得難以預測，這就好比吸菸，可能要經過很長的時間才會看出其影響。幸好這種緩慢反應當中有著好的一面，就是如果今天的二氧化碳濃度升高可以相當快速地逆轉，就表示氣溫也會下降，原因在於深海還沒有升溫。

很多不是科學家的人看到氣候模型之間的歧異，會問為什麼這些不確定性無法解決。「如果你問五位經濟學家，會得到六個答案」，這則和經濟學家有關的笑話，同樣適用於此，因為有些氣候模型後來經過修正後，會提出不同的答案。

這些歧異其實很有理，大家對上面說過的基本溫室效應十分瞭解，幾乎沒有什麼疑義。和升溫幅度有關的主要疑慮之所以出現，是因為建立模型的人把可能抑制或放大基本效應的額外因素，納入了模型。例如，如果地球暖化造成冰雪融解，暴露的土地和海洋表面會增加，使地球變得更暗；表面變暗後，

會吸收更多的陽光,然後造成表面升溫、放大溫室效應,這種情形稱為「反照效應」(albedo effect),和你的車子顏色加深所造成的影響完全相同。

溫度升高後,水的蒸發會增加,導致大氣層中的水蒸氣增加,這點是最重要的放大因素。請記住,水蒸氣是強而有力的溫室氣體。雲是另一種重要的疑慮來源,建立模型的人對雲很頭痛,因為雲同時具有冷卻和加溫的功能:雲把陽光反射回太空時,可以冷卻地球,雲捕捉從地表輻射的熱能時,卻會為地球加溫。為雲型(cloud formation)建立模型極為麻煩,不同的模型之間會出現大量的差異。

氣候學家估計,如果沒有回饋效應,二氧化碳濃度加倍造成的全球暖化應該會相當小,大約攝氏1.2度而已。但是因為在氣候變遷的過程中,有些非常有力的放大因素居中發揮作用,升溫的幅度可能提高到如圖7所估計的範圍。

🌍 預測下個世紀的氣溫

我們現在找到預測未來氣候變遷的兩大要素。第一、我們看到能源專家如何預測二氧化碳未來的排放量,也看到這種排放如何變成二氧化碳和其他溫室氣體未來的濃度。第二、我們曾經說明建立氣候模型的人怎麼利用預測到的濃度,計算未來數十年的溫度、降雨量和海平面上升之類氣候變數的路徑。

下一步是綜合這兩個部分,做出氣候變遷預測。為了做出這些估計值,我們要計算在沒有氣候政策狀況下的路徑,就是

通稱「基線情境」（baseline scenario）的路徑。換句話說，我們要檢視在各國不採取行動來促使二氧化碳和其他溫室氣體排放量成長率放緩的情況下，會有什麼結果。雖然沒有人會把這種做法當成適當的政策來推薦，但這種做法卻提供了重要的基準，可以在各國坐視不理氣候賭局結果時，用來估計氣溫之類氣候變數的軌跡。

儀器紀錄的溫度適於作為預測的起點。下頁圖8所示是全球氣溫的基本趨勢，是從19世紀末葉開始用溫度計所紀錄，並經過三個研究團體綜合整理的趨勢。[10]這段期間的上升趨勢清楚可見，但年與年之間的變動相當不穩定，有時候還（像股市一樣）難以解釋。

現在我們要看未來氣候的預測。有一套基線預測是利用IPCC-SRES報告所列的標準化情境做成，這些情境出自「排放情境特別報告」（Special Report on Emissions Scenarios，SRES），是很多氣候模型廣泛運用、當成納入分析中的標準化輸入因素。同時，這些情境已經利用IPCC根據溫室氣體濃度路徑所發展的一套新參考情境予以更新，但過去十年內，這些預測少有變化。標準化情境可能不是最精確的預測，卻可以像利用風洞（wind tunnel）測試飛機一樣，產生一系列排放軌跡，用來測試各種模型。

第二種方法是利用第三章討論過、稱為綜合評估模型的經濟模型。這些模型結合人口、科技、能源部門，經濟成長、碳循環和氣候模型，建構可以稱為未來歲月氣候變遷的最佳估計組合。為了做這種計算，我利用圖5所示不同EMF-22模型中的二氧化碳濃度平均值。[11]為了比較起見，我也列出IPCC利用格

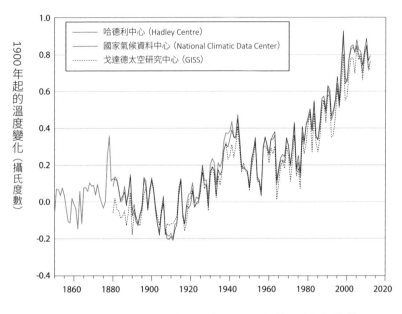

圖8　三個研究團體重建的1850年至2012年的全球氣溫趨勢

式化排放情境（stylized emissions scenario）評估過的氣候模型
當中的氣溫預測。

　　右頁圖9所示是這些估計的結果。[12]中間的兩條粗線所示，
是EMF-22模型的平均值（虛線）和RICE模型計算的結果（粗實
線）。世界各國很多建模團體針對未來氣候變遷所做的各種預
測，都清楚地顯示在這張圖上了。

　　我們要把重點放在各種綜合評估模型。雖然各個模型針對
經濟成長、人口、能源領域、新科技和碳循環，設定不同的假
設，所產生的未來一世紀溫度軌跡卻非常類似。根據EMF和
DICE模型的估計，各個模型預測到2100年時，平均溫度會比
1900年的平均溫度高出攝氏3.5度。

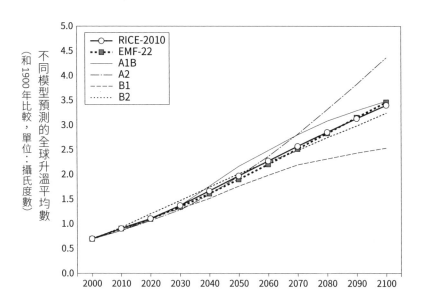

圖9 根據IPCC情境與綜合評估模型預測的全球升溫平均值。本圖比較利用IPCC情境所做的四項預測以及區域性DICE（RICE）模型所做預測，和EMF-22綜合經濟模型所預測的平均值。圖中的A1B、A2、B1、B2代表標準化的排放量。

🌐 若干重要發現

氣候模型極為詳細，因此能夠產生一系列引人入勝的結果，可以拿來評估，也可以用來研究各種衝擊。以下所列是上次完整評估得到的若干重要結果、更新資料與最新的科學文獻。

- 目前的二氧化碳濃度遠超過至少65萬年間所觀察到的水準。
- 視情境不同，從1900年到2100年間，全球增溫的最佳估計值介於攝氏1.8度到4度之間。

- 視情境不同，不計大片冰層的影響，21世紀內，海平面上升程度的估計值介於18到60公分之間。
- 預期土地的升溫速度會比較快，北極圈的升溫速度將遠高於全球平均升溫速度。
- 預期到21世紀結束時，北冰洋夏季大致上會沒有冰，而且這種情況出現的時間可能遠比預期來得快。
- 預期颶風的強度會提高。
- 大氣層中二氧化碳濃度升高會直接導致海洋酸化。
- 很多地區熱天的日子會增加，冷天的日子會減少，但其他極端事件的證據目前仍然不明朗。
- 很多預測中的重大不確定性，包括氣膠（aerosol）之類微粒的角色和影響，預測這些微粒會讓氣候冷卻，但是冷卻效果的程度和涵蓋的區域範圍，目前仍難以判定。[13]

　　不同的模型預測未來100年的增幅和區域性衝擊時，提供了不同的答案。然而，即使不同模型之間有所歧異，我們卻不該忘掉其中的主要發現，不該忘掉所有建模團體都預測如下：21世紀內將出現大規模的氣候變遷。這些發現都屬於模型氣候科學的優勢部分，我們不該忽略藏在不同歧異中的基本訊息。

　　氣候模型可以教導我們的事情多得多了，尤其是跟衝擊有關的，但是這些東西要留待後面的章節才要討論。

🌏 氣候輪盤賭

圖7和圖9警告我們,說我們所知的氣候系統知識有限。在我們最慎重研究過的氣候變遷科學中的一環、也就是氣候對大氣層二氧化碳濃度倍增的反應方面,我們對氣候系統的運作方式,仍然還有很多很不瞭解的地方。

麻省理工學院的一群氣候學家,以驚人的方式突顯氣候變遷的不確定性,他們不只是公開發表研究成果而已,而是舉行記者會,搬來一臺輪盤賭檯,說明氣候變遷的可能後果。他們的研究結果指出,到2100年,全球暖化程度應該比其他預測多出將近一半,中心估計值是升溫攝氏5.25度,而不是圖9所示的3.25度。和其他建立模型的團隊比較,他們的研究結果算是比較異常,但他們強調科學家預測時會碰到十分嚴重的不確定性。[14]

關鍵是如果世人不推動延緩全球暖化的政策,專家的中心估計值是:到2100年,全球平均溫度會比1900年的水準大約高出攝氏3.5度。這種預測含有相當大的不確定性,但是除非所有經濟模型和氣候模型都完全錯誤,否則未來數十年內,全球暖化的速度一定會加快,而且氣候狀況將快速超越最近歷史經驗的範圍。

05

氣候賭局的臨界點

大家可能想知道,自己對書中所說到目前為止的溫度趨勢應該要擔心到什麼程度。攝氏二、三度的變化似乎沒有那麼嚇人,畢竟我們經常在早晨的一小時內經歷相當大的溫差。此外,和個人在遷徙時所經歷的溫度變化相比,書中設想的溫度變化相當小。如今,大家愉快地從雪帶(snow belt)搬到陽光帶(sun belt),享受比較溫暖的生活型態;如果從明尼亞波利斯(Minneapolis)搬到鳳凰城(Phoenix),會是搬到熱了攝氏13度的氣候去。

但是這種說法忽略了真正的風險,問題不在簡單的平均溫度上升,不在隨著這種變化而來的物理、生物和經濟衝擊,尤其是可能遭遇到的門檻和非線性反應。我們的體溫從攝氏36.7度升到攝氏40到40.6度,聽起來不像很大的變化,卻可能代表致命的感染。

下例可以輕易說明門檻的重要性:想想看你在溼路上行駛

會發生什麼情形。路面溫度從冰點以上1度變成冰點以下1度，車子將在片刻之間從打滑變成可能致命的狀態。

我種在室外的羅勒每年發生的變化，是沒有那麼戲劇化的例子。這些植物會愉快地長出葉子讓我佐著義大利麵吃，直到深秋的某天夜裡，氣溫降到冰點以下，我出去採摘一些羅勒葉時，才發現葉子已經變黑凍壞了。

日常生活中的簡單事例也反映在全球的範圍內。科學家現在擔心的是，地球系統的臨界值（critical threshold）可能因為氣候變遷而遭遇跨越。但是請注意：我們對這些過程的瞭解，遠不如我們對方才說明過的事情那麼明白；我們剛剛離開自己相當清楚的系統天地，進入複雜得多卻少有測繪的領域。雖然我們透過模模糊糊的透鏡領會了這些系統，這些現象當中卻包含氣候變遷的一些最危險也最可怕的潛在效應。

🌐 過去氣候的變數

現代地球科學的重大成就之一，是發展出描繪世界氣候史的技術，這些技術包括從冰層中採取冰蕊，測量樹木年輪的寬度。科學家利用這些替代性的變數，可以建構過去氣候、海平面、植被和大氣層氣體的估計值。

從這種研究中得到的主要結論是：過去的氣候和今天我們所處的氣候截然不同。研究顯示，地球經歷過一系列的冷暖期間。在某些期間，冰層幾乎可能蓋滿整個地球；在別的時期，地球上完全沒有冰雪可言。很多最大規模的氣候變遷是由地球

軌道改變引發的，我們還不清楚出現短期波動時機的原因，卻知道這種波動曾經發生過。地球能源平衡的小小變化，可能導致冰雪、植被、動物分布和生活狀況的重大變化。

第二個同樣令人吃驚的發現，是地球大約經歷了7000年氣候異常穩定的期間。有很多方法可以判定這一點，方法之一是根據在格陵蘭（Greenland）採取的冰蕊樣品，計算溫度（參見右頁圖10）。這種重建法是以氫（hydrogen）的同位素（isotope）氘（deuterium，或譯重氫）的數量，作為溫度計。[1]

看看圖10所示的過去7000年（時間從右到左回溯），注意這段期間內溫度多麼穩定。相形之下，在此之前的3300年，溫度卻在冰河期內外劇烈波動。其他比較長期的紀錄指出，過去7000年是10萬多年以來最穩定的氣候期。

這是值得正視的發現，因為文字、城市和人類文明也是在這段期間出現。氣候穩定是農耕和城市出現的先決條件嗎？如果蘇美人（Sumerian）面對的是不穩定的氣候系統，他們會發展出第一種書寫文字嗎？如果希臘的城市國家突然淪落到冰期，希臘哲學和文學會怎麼發展呢？我們不知道，但是很多人類學家認為，過去7000年，氣候穩定是人類社會進化到今天這種樣子的重要助力。

但是未來幾乎一定會和過去的7000年不同。人口增加、經濟擴張和新科技對二氧化碳的影響，正在左右地球的氣候。這種情形會以愈來愈大的規模，改變生態系統、土地利用和水流。未來大約100年內，人類的影響幾乎一定會推高全球氣溫，推升到突破圖10所示量表的最上端。我們這樣做時，很

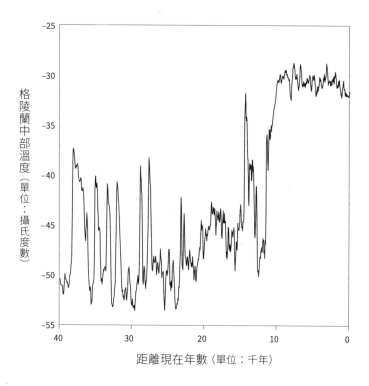

圖10　格陵蘭替代性歷史溫度估計值

可能會把地球系統改變到超出人類文明興盛發展的生物物理學限制。[2]

　　到現在為止，我探討的主要是氣候模型，但是這種領域中的尖端模型所涵蓋的遠超過大氣層，已經整合了海洋、陸地系統和冰層。除了前面檢視過的大型模型外，還有比較詳細的模型負責檢視大型冰層的動態、颶風的起源、河流徑流量型態和類似的特徵。所有這些研究匯集在一起，有助於讓科學家不但知道溫度趨勢，也知道降雨量、乾旱、積雪和接著要談的地球系統潛在臨界點。

🌏 不安定的獨木舟和氣候

如果檢視圖10的鋸齒狀氣候歷史，你可能會問：為什麼地球這麼不穩定，會從寒冷期（cold period）變到溫暖期，又變回寒冷期。地球是走在某種滑溜的斜坡上嗎？我們是不是像在結凍池塘表面溜冰的人，一旦無意間溜到薄冰上，就會冰破人摔？

這裡是臨界點的天地——是藉著分析，檢視氣候變遷是否可能誘發地球系統不穩定的領域。系統行為出現劇烈的不連續狀況時，就代表臨界點出現了。我們對日常生活中的臨界點已經很熟悉。舉個例子，如果你坐在獨木舟內並且往一側傾斜，你最終將通過臨界點；獨木舟會翻覆，把你拋進水中。我不只一次尷尬地弄翻獨木舟，卻能夠在這裡說這件事，因為翻船並沒有造成什麼慘重災難。

金融專家也很熟悉臨界點。一項經過充分研究的事例是美國早期歷史上的擠兌現象。如果太多人對一家銀行失去信心，就會急忙趕去，試圖把自己的錢提領出來。因為銀行手邊擺著的現金〔或金屬本位（metallic standard）時代的黃金或白銀〕通常只占存款的一小部分，不能滿足所有存戶的提領；一旦大家認為可能爆發擠兌，這件事就會變成自我應驗的預期（self-fulfilling expectation），大家趕在別人之前，到銀行領回自己的鈔票，別人也會反過來趕在其他人之前抵達銀行，於是銀行的現金很快就被提領一空。觀賞1946年的電影《美妙人生》（It's a Wonderful Life）不但可以得到娛樂，也可以在大銀幕上看到擠兌的情節。

很多年來，擠兌只存在經濟史的課程中，但是2007年至2008年間的金融危機期間，它卻以電子轉帳的速度重回現實世界。2008年3月，投資銀行貝爾斯登（Bear Stearns）出問題，同年9月，雷曼兄弟（Lehman Brothers）控股公司有了麻煩；放款人聽到風聲，一夜之間領走數十億美元。不信任超過關鍵門檻後，兩家公司在一周內就倒閉關門，金融市場恐慌隨之而來，造成的嚴重經濟大衰退從2008年起到現在，一直困擾著美國人。2012年，同樣的現象在希臘出現，2013年在賽普勒斯（Cyprus）重演，群眾擔心存在希臘或賽普勒斯銀行的歐元存款可能喪失價值，於是提領歐元並放在安全的地方。

最近金融危機帶來的最重要教訓之一是：沒有人知道這個系統有多麼脆弱，沒有人預期到金融恐慌的經濟成本有多麼高昂，我們應該記取這些教訓，想想自己改變氣候時，可能會跨越臨界點。

🌐 奇形怪狀的碗可以說明不安定的系統

下頁圖11以雙碗底的一個怪碗，說明臨界點問題。碗的高度代表系統的健全程度，系統可能是一家銀行、一種生態系統或一塊冰層的高度。圖(a)裡，圓球一開始處在良好或理想的均衡狀態，然後某種壓力（氣候系統中的暖化或金融體系中的恐懼）把碗的右邊向下壓。如果壓力輕微，碗只會略微動一動；壓力停止後，碗會恢復到開始時圖(a)的原狀。

但是只要壓力稍微加大、到達臨界點，圓球將如圖(c)所

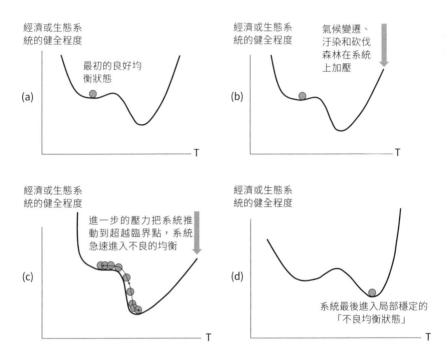

圖11　臨界點：從良好均衡變成不良均衡狀態。雙重碗底的碗，說明壓力如何緩慢改變系統到達到臨界點為止，接著出現可能釀災的快速變化。請注意均衡狀態有兩種，一種是(a)處的良好均衡，第二種是(d)處的不良均衡。

示，迅速掉進第二個碗底。這種新態勢是「不良均衡」，因為這種狀態具有不理想的特性。不良特性可能是倒閉的銀行、熔毀的核電廠或融解的冰層。問題在於圓球處於不良均衡的狀態。一旦圓球處在這種狀態，即使壓力消除，圓球仍然困在如圖(d)所示的不良均衡中，這個系統會變成擁有多個局部穩定的均衡狀態。3

　　這種奇怪行為的成因是什麼？基本原因是對壓力的非線性

反應，如曲線式雙重碗底的碗所示。系統出現這種非線性行為時，可能造成臨界點和不良均衡狀態。

臨界點有很多有趣的性質。首先，臨界點經常有多種結果或多重均衡。例如，在不安定的獨木舟和銀行擠兌中，會有良好的結果和不好的結果（前者如繼續坐在獨木舟裡，或是把錢存在具有償債能力的銀行；後者如落水，或是存款變得一文不值。）

第二個性質是，系統掉入不好結果的速度可能非常快、非常突然。的確如此，偶爾有人會把意外的氣候變遷，定義為速度遠比成因快多了的氣候狀態變化。[4] 傑出經濟學家魯迪・唐步奇（Rudy Dornbusch）指出，金融危機醞釀的時間比你想像得久多了，爆發的時間比你想像得快多了。臨界點和突發事故最危險的特性是根本無法預測。[5]

🌍 危險的氣候變遷臨界點

氣候變遷中不穩定的獨木舟是什麼？我要強調的是，這種事件像金融危機，通常不可能預測確切時機和規模，可能突然快速爆發或根本不會發生。

在這種背景下，四種全球性的臨界因素特別令人憂心：

- 大型冰層崩塌
- 海洋環流大規模變化
- 出現暖化引發更嚴重暖化的回饋過程
- 長期愈趨嚴重的暖化

第一個例子是格陵蘭和南極洲西部大冰層突然融解或崩塌，造成海平面上升。這種事件對整個地球會有不利影響，但是特別不利於經常擁有龐大人口中心的海岸地區。海平面可能逐漸上升，不致於造成突發事件，但很多專家認為，目前的冰河解體模型不能完全掌握其中的動態，上升速度可能快多了。科學家正努力為這些變化建立模型，看來我們在未來的歲月裡，將更瞭解冰層消融的速度和範圍。[6] 下一節將更詳細地討論這種臨界點。

第二個重要特點是洋流的變化，尤其是俗稱墨西哥灣流的大西洋溫鹽環流（Atlantic thermohaline circulation）的變化。在我們這個時代，墨西哥灣流把溫暖的表面水流帶到北大西洋，因此北大西洋地區比同緯度溫暖多了。例如，蘇格蘭和俄羅斯遠東地區的堪察加半島位在同緯度，蘇格蘭的平均溫度卻比堪察加半島溫暖約攝氏12度。

雖然墨西哥灣流已經穩定了幾千年，看來過去曾經發生多次大規模的快速變化，在冰期尤其如此，墨西哥灣流甚至多次改變方向。如果墨西哥灣流改為逆向流動，將導致北大西洋地區溫度急劇下降，因為灣流不會再把溫暖的海水送到北方。

目前墨西哥灣流溫暖的表水層向北流時，會把水中的熱度在北大西洋地區釋出，為這個地區的人類和其他生物帶來適宜的環境。表水層向北流時，會冷卻下來，密度會加大；到了某一個時刻，比較冷的水會下沉，像放在輸送帶那般流回南方。

墨西哥灣流為什麼會變化？如果世界變暖，輸送帶可能遭到干擾，這種情形的起因是較高緯度地區溫度和降雨量（淡水）

增加，因為海水密度高於淡水，這種變化將導致表水層密度降低，削弱表水層的下降過程，輸送帶的速度會下降，甚至可能停止或逆轉直接，這種過程通常會造成北大西洋比世界其他地區涼冷。

最新的研究顯示，未來一個世紀內，墨西哥灣流可能減弱。但是專家評估後表示，未來一個世紀，墨西哥灣流不可能突然轉變或崩潰。連顯示墨西哥灣流的洋流會弱化的模型，都指出西北歐將繼續暖化，因為洋流減速的冷卻效果小於全球暖化的效果。

第三個問題是氣候、生物圈（biosphere）和碳循環之間，一套正面或強化的反饋作用（feedback interaction），知道一些標準氣候模型的背景知識，可能有助於瞭解這些事情。很多氣候模型實驗考慮工業所產生二氧化碳和其他溫室氣體排放的一定路徑，二氧化碳會透過不同的儲氣層（reservoir），包括大氣層、海洋和生物圈（由天然植被、作物和泥土吸收）逐漸分配出去。在標準的情境中，只有燃燒化石燃料之類的人為來源會造成二氧化碳增加。

氣候暖化和二氧化碳濃度升高，將帶來重要的回饋效應，可能使工業排放增加的影響增強。其中一種回饋來自海洋，因為某種複雜海洋化學的緣故，全球暖化、海洋中的二氧化碳飽和時，海洋吸收的二氧化碳會減少。根據估計，有海洋與二氧化碳回饋和沒有這種回饋的情境相比，將在21世紀造成大氣層中二氧化碳的濃度相應增加大約20%。[7]

更具強化性的回饋是：暖化衝擊會造成閉鎖住的碳和甲烷

釋出，甲烷是逐漸轉化為二氧化碳穩定化合物的強力溫室氣體，巨量甲烷以甲烷水合物（methane hydrate）的形式儲存，成為困在冰晶（ice crystal）中的甲烷分子。大部分甲烷水合物儲存在海洋沉積物（sediment）裡，另一大部分凍結在永凍層（permafrost）寒冷地區的土地中。科學家相信，暖化將促使從這兩種來源釋放到大氣層中的甲烷釋出量增加，可能加重全球暖化問題，但釋出的時機仍然沒有標準答案。

最後的第四種機制所涉及的，是氣候對人類活動的中期與非常長期的反應並不相同。基本上，今天的氣候模型基本上是用來計算「快速回饋過程」，也就是要計算溫室氣體濃度增加所造成的直接影響與相關的快速回饋，如水蒸氣、雲和海冰的變化。從經濟學家的眼中看來，這種過程很緩慢，因為要經過幾百年才會發生，而不是經過幾分鐘或幾個月就會完成，但是從地球科學家的標準來看卻很迅速。

然而，也可能有會放大全球暖化效果的「緩慢回饋過程」存在，這種緩慢過程涉及冰層分解崩解、植被遷移與溫室氣體（如剛剛討論的自由甲烷）從泥土、凍原（tundra）和海洋沉積物中加速釋出，以及植被分解。例如，冰河和冰層融解，春雪提早消融，或地球變得比較暗，會導致較低的反照率（反射率，reflectivity），進而使地球進一步暖化。

若干模型計算顯示，把緩慢回饋過程納入計算時，氣候敏感度可能是現有氣候模組所計算結果的兩倍。換句話說，對二氧化碳倍增的長期敏感度可能高達攝氏6度，而不是今天大部分模型所發現的攝氏3度標準升溫。[8]

這種景象很嚇人，卻還沒有得到眾多模型的證實。此外，這種前景適用於長達數百年至數千年的時間，我們很可能還有時間瞭解並因應這些緩慢的回饋過程，因此，這些回饋過程可能沒有乍看之下那麼恐怖。要判定這些緩慢回饋過程對於氣候政策決策有多重要，謹慎地建立經濟、排放和比較長期的氣候模型確有必要。

上面所說四種全球規模的臨界點容易視覺化和戲劇化。很多海洋科學家認為，我們已經越過一個比較沒有那麼戲劇化，卻同樣重要的臨界點。二氧化碳濃度升高和暖化混在一起，可能正為珊瑚礁帶來毀滅性的損害，同時對依賴珊瑚礁的諸多系統造成重大衝擊。

珊瑚礁雖然只代表海洋的一小部分，在滋養海洋生物方面卻極有成效。科學家估計，全世界的珊瑚礁中，大約有五分之一已經因為棲地破壞、汙染、過度捕撈、暖化及海洋酸化而消失。未來數十年內，珊瑚的主要威脅是：大氣層中二氧化碳增加造成的海洋碳濃度升高，這是海洋酸化的現象（第九章將詳細探討）。

以今天的二氧化碳濃度來看，珊瑚礁很可能會長期減少。根據英國皇家學會（U.K. Royal Society）科學家技術小組所提的報告，二氧化碳濃度到達450ppm時（可能在30年內發生），珊瑚礁「會因為氣溫引發的白化和海洋酸化，出現世界性的末期快速衰減。」[9]

與地球系統臨界點有關的若干有系統調查已經出現，提姆・蘭登（Tim Lenton）和同事檢視重要的關鍵因素、評估其

時機的研究特別有趣。[10]他們的清單包括上列例子、季風的變動、巴西雨林的枝葉枯萎以及另外一些事例。他們認為，最重要的臨界點具有攝氏3度以上的門檻溫度臨界值（巴西雨林毀滅），或具有至少300年的時間尺度（格陵蘭冰層和西南極大冰層）。他們的檢討發現，除非全球氣溫至少增加攝氏3度，否則在低於300年的時間架構下，他們找不到重大的關鍵因素。然而，在增溫攝氏3度的情況下，我們會面臨好幾個重要關鍵因素構成的危險區。不過，因為評估關鍵事件的危險性和時機有著固有的困難，上述說法只是暫時性的結論，有興趣研究這一點的人，卷末的注釋有詳細的討論。[11]

🌍 格陵蘭冰層可能融解

分析格陵蘭冰層這個臨界點，有助於說明其中機制和備受關注的原因，這種討論會讓大家對氣候科學在知識尖端努力應付的事情，多少增加一些瞭解。

格陵蘭冰層涵蓋170萬平方公里，面積大致等於西歐，是地球上第二大的冰層，大小僅次於南極冰層。格陵蘭冰層平均厚度為2000公尺，如果整個格陵蘭冰層融解，也就是290萬立方公里或75萬兆加侖的所有冰塊都融解，就會造成全球海平面上升7公尺。[12]

測量顯示，格陵蘭冰層在20世紀的大部分期間都保持穩定，但在20世紀最後20年開始縮小。估計目前的融解速度為每年0.75公厘海平面上升當量（SLR）。最近的估計顯示，下一個

100年內，格陵蘭冰層將對海平面上升當量小有貢獻，在快速升溫的情況下，海平面上升當量的中心估計值為7公分。更詳細的模型顯示，光是因為格陵蘭冰層的融解，在非常快速升溫的情況下，例如跟圖9基線升溫有關的情況中，將在300年內造成1.5公尺的海平面上升當量；在未來1000年內，造成3公尺的海平面上升當量。[13]

我們現在可以看出關鍵因素了，全球暖化會造成格陵蘭冰層變暖、融解、縮小和高度降低。因為溫度提高和標高下降，因此縮小的冰層上層會比目前的冰層溫暖，溫度升高會讓融解進一步加速。冰層加溫時，顏色通常也變得比較暗，會吸收比較多的太陽輻射，因而更進一步地暖化。一旦冰層通過比較溫暖世界的某些門檻，大部分的冰很可能融化掉。

這種情形看來是很久以後的事情，但若干科學家擔心格陵蘭冰層是不穩定的系統，和圖11所示的碗一樣，其中可能有兩種不同的均衡——一種是寒冷、白色、高海拔的冰層，另一種是溫暖、綠色、低海拔、大致上沒有冰的格陵蘭。[14]

為什麼在一定的溫度下，可能出現多種均衡（multiple equilibria）？假設經過幾世紀的暖化後，看到的冰層會留在綠色、低海拔的均衡中。然後地球開始再度暖化，然而，因為冰層變暖、變黑，將繼續困在低海拔的均衡中。如果出現這種臨界點，變暖時間夠久之後，氣候會導致格陵蘭冰層無法逆轉的融解，海平面將不可避免地大幅上升。

第105頁圖12利用簡單的冰層模型，顯示格陵蘭冰層在什麼情況下，可能從大冰層急縮為小冰層。[15]這張圖顯示兩種數

字，上方的實線顯示，從今天的溫度和冰層開始，冰層在不同的全球溫度中的均衡量（equilibrium volume）。你可以跟著上方的箭頭，看出暖化的順序。如果世界暖化1度，格陵蘭冰層大約融解2%；暖化攝氏2度，格陵蘭冰層會縮小4%；暖化攝氏5度時，縮小程度大約是15%。全球暖化只要到略微超過攝氏5度的門檻時，暖化的不安定動能、較低的標高、變暗和融解將每況愈下；因此到了攝氏6度時，冰層將完全消融。換句話說，到了某一點，均衡將急轉直下，進入急劇縮小的新規模，如果是快速急轉直下，可能造成海平面在短時間內上升幾公尺。

有趣的地方是，這個模型顯示了一種「遲滯迴路」（hysteresis loop）的現象，這種現象偶爾稱為「路徑依賴」（path dependence）。圖12下方底線顯示另一套穩定的冰層規模，冰層從低標高、溫暖世界的狀況開始，在全球暖化之際會有不同反應。就這種情形來說，你可以跟著下方的箭頭走，假設期初開始時，地球已經暖化攝氏6度、冰層規模相當小，在地球溫度從暖化攝氏6度降溫為暖化攝氏5度時，冰層幾乎不會增大。事實上，要到降溫為暖化攝氏3度以下，冰層才會開始恢復。即使地球回到今天大約暖化攝氏1度的狀況，格陵蘭冰層也只會成長到目前數量的五分之一而已。最後，在地球足夠冷卻後，冰層才會恢復目前的大小。

圖12是科學家所擔心不穩定狀態的顯例，顯示驅策複雜的動態系統，到了越過某種臨界點的狀況下，這種系統可能進入完全不同的狀態，這種行為類似超級慢動作的不穩定獨木舟，但是在全球規模下，看來會恐怖多了，後果也會更嚴重。

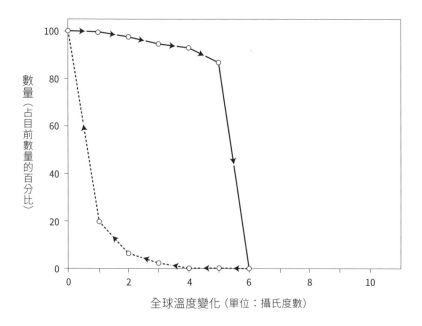

圖12　格陵蘭冰層臨界點圖示。本圖所示為格蘭特冰層模型中，格陵蘭冰
　　　層對不同溫度反應模型所做的計算。

　　我必須強調，雖然圖12取材自詳細的格陵蘭冰層電腦模
型，卻經過高度的簡化，其他模型會顯示不同的型態，科學家
不能確定是否會有圖12所示的那種陡坡，或陡坡是否會以攝氏2
度、4度或6度的方式呈現，或是否可能有很多條陡坡和很多條
不同的虛實線。然而，令人擔心的發現是：在地球多種系統中的
不同領域，都發現了圖11和圖12所示的不尋常臨界行為。[16]

　　格陵蘭冰層的例子說明了幾件事。第一、所有需要臨界點
分析的系統都令人困惑，因為大家不甚瞭解其中涉及的動態和

非線性反應。我們通常不確切知道臨界點在哪裡，或者我們什麼時候會穿越臨界點；或是如果我們夠努力，我們是否能夠回頭攀越臨界點，回到良好的均衡狀態。如果我們利用圖11雙底小碗的比喻，那麼我們必須正確瞭解碗的內側有多陡，碗的傾斜度有多大，以及第二個不良均衡有多深。事實上，我們對有關全球暖化的任何重大關鍵因素的這些細節，都不清楚。

即使我們瞭解地球系統的動態，我們還會有一個進一步的困難，就是判定後果的嚴重性。這一點可以用繼續分析格陵蘭冰層和海平面上升來說明。我們知道地球大部分地方的標高，對不同地方會受到今天海平面上升威脅的嚴重程度，也有合理的估計。

但是知道海平面上升的尺度數字，對我們瞭解其經濟與社會衝擊，幫助也不會太大。即使200、300年後海洋真的上升了，我們也難以估計這種情形的影響，因為後人要是知道海平面會升高，我們也不知道他們會住到什麼地方去、是否會採取因應措施，保護自己的住宅不受海平面上升侵害，我們甚至不知道將來他們會住什麼樣的房子。如果你想一想現代住宅和18世紀住宅的不同，就會知道要估計海平面上升之類的未來變化，對二、三個世紀後的人類社會將有什麼衝擊，是難上加難的（第三篇會回頭探討海平面上升。）

其他臨界點甚至更難評估，科學家可以估計夏天北極海冰融解的規模和時機，要衡量海冰融解對商業、野生動植物和生態系統的衝擊，卻非常困難。如果俄羅斯或加拿大的北方港口每年開放通航半年，這件事對兩國會有什麼意義？同樣令人困

惑的問題包括：亞馬遜雨林或撒哈拉（Sahara）地區的大規模變化，會有什麼衝擊。我們可能假設任何變化都不受歡迎，因為人類已經適應今天的世界，但是這樣無助於我們瞭解如果撒哈拉變綠，或亞馬遜雨林變成大草原，情況會變得有多嚴重。

臨界點的研究正處於初步階段，從本書初稿寫作以來，科學家已經發現新的潛在關鍵因素。我們可以採取行動，降低跨越這些界線的機率，這一點要在後文中討論。但是要強調的重點是：複雜系統可能出現具有潛在危險性的不連貫問題。銀行、結凍的池塘、全球氣候過程都是如此。目前的研究顯示，一旦地球暖化攝氏3度以上，在未來一個世紀裡，很多領域和地球系統可能都會受到威脅。

你可能會想我是不是小題大作。從恐龍生存的溫暖期間，到美國東北部埋在冰山下的酷寒時期，氣候變遷是地球歷史的一環，這次真的不同嗎？

過去氣候確實出現過重大變化，有些變化還是極端快速的。在大約1萬2000年前的新仙女木期（Younger Dryas），三分之一的地球顯然在幾十年內經歷了冰期；換句話說，在一場經歷幾十年的突然氣候變遷中，三分之一的地球急劇冷卻，把大部分的北美洲埋在巨大的冰層下。更早的時候，也曾經發生同樣突然的氣候變遷，只是我們還不太瞭解其中的原因。

但是這次會不同，原因是未來一個世紀以上的氣候變遷，步調是由人類誘發的。氣候學家已經斷定，人類文明發展期間（大約是過去5000年），從來沒有一次氣候變遷的速度和範圍，比得上我們目前所見到的這種變遷。雖然20世紀前，大部分時

間裡沒有可靠的儀器式溫度紀錄，我們卻可以從冰蕊、樹木年輪、古代植物花粉和鑽孔，收集替代性的紀錄。最好的猜測是未來一個世紀，人類要面對的全球氣候變遷速度，大約會比過去5000年經歷的變遷速度快十倍。因此在地質時間表上，這次變遷或許不是空前未有，但在人類文明發展期間，卻真的是前所未見。

廣泛的氣候變遷觀念介紹就到此為止，我們已經看出全球暖化的起源是經濟成長和科技，尤其是起源於利用化石燃料作為我們社會的動力。此外，我們大致上看到，二氧化碳之類無形的溫室氣體，正在改變地球的能源平衡。氣候學家解釋說，這樣會導致很多可以預測的變化，例如全球暖化、更多且更變化多端的降雨量、大陸中部地區（midcontinental region）乾燥化、海洋酸化和極地暖化增強。

但是我們也可能碰到意外，其中有些意外會令人討厭，北半球冬天的雪量可能大增，颶風威力將大大加強，而且會改變暴風路徑，巨大的格陵蘭冰層可能開始快速融解，安坐在海床上的西南極大冰層可能快速崩解、滑入海洋。

後文將檢視氣候變遷向下延伸、影響人類和自然系統的後果、減緩氣候變遷的可能手段，以及利用科學和經濟學，分析因應這種挑戰的綜合政策。

最後，我們也必須體認到，氣候變遷科學和經濟學涉及贏家、輸家、負擔的分擔和討價還價，必須超脫純粹的科學。因為這些問題需要政府採取行動，尤其是需要各國政府之間的相互合作。這些問題也涉及深入人心、和政府的正確角色及政府

規模有關的政治信念，這一切都會受到金錢、以結果為導向的
分析，以及遊說和利益團體的影響。氣候變遷不再只是地球物
理學和生態學而已，已經變成經濟學和政治學。因此，我會在
最後一篇檢視跟氣候變遷有關的言論和批評、最後會探討有識
之士應該如何看待這種論辯的問題。

2
PART

氣候變遷衝擊人類
和其他生命系統

所有證據都顯示，上帝其實是大賭徒，
宇宙是大賭場，骰子一擲，輪盤旋轉不止。

——史帝芬·霍金（Stephen Hawking）

從氣候變遷到衝擊

本書第一篇敘述科學家如何發現我們正在改變全球氣候。我們的日常生活，包括開車、在家裡取暖、烤披薩，都會對周遭世界產生巨大而持久的變化。第二篇要詳細說明這些變化對人類社會和自然系統的衝擊。

現在重點要從判定地球物理的變化，轉向預測種種變化對人類和其他生命系統的衝擊。因為我們對這個主題比較熟悉，處理起來似乎比氣候科學深奧的物理與化學輕鬆，但是情形正好相反。事實上，預測衝擊的任務最艱難，蘊含與全球暖化所有過程有關的最大不確定性。

衝擊分析會引發什麼問題？回頭看看圖1所示全球暖化、經濟和政治之間的互動。到目前為止，我們已經從第一格走到第二格，從溫室氣體濃度升高，走到處身眾多地球物理變化之間。

第二篇要追蹤這些變化的後果。氣候變遷如何影響經濟和各地居住環境？食物會變貴嗎？自然界會受到什麼影響？氣

候型態改變會破壞生態系統嗎？某些物種會滅絕嗎？海洋酸化後，海洋生物將有什麼遭遇？

閱讀氣候變遷害處評估報告時，問題規模之大可能很容易把你嚇倒。最新的衝擊評估涵蓋976頁的豐富資訊，主要章節包括淡水資源、生態系統、食物、纖維與林產品、海岸系統與低窪地區、產業、居住地點與社會，以及人類健康。這份報告探討世界每一個區域（從熱帶非洲到冰封極地）的潛在問題。[1]

本書顯然無法處理所有主題，卻可以解決一些關鍵問題。大部分人想知道有哪些衝擊很重要，和人類面對的其他問題比較，這些問題有多大；和金融危機、長期經濟衰退與非洲貧窮問題相比，全球暖化是什麼樣的問題？關鍵自然系統在變暖的世界上會有什麼遭遇？

下列章節要檢討跟氣候變遷有關的一些核心問題，也要探索預測的困難。第七章和第八章要把重點放在攸關人類社會的農業與健康兩大問題。討論氣候變遷的潛在衝擊時，這兩大主題都很重要，都具有共同特性，就是在未來數十年，將受到科技與社會的快速變化影響。此外，鑒於人類決策和科技的重要性日增，氣候在這些領域裡長期扮演的角色可能日漸式微，因此，討論會強調氣候變遷和人類適應能力之間的競爭。

第9章到第11章的重點會轉移到比較難以管理的部分，包括海平面上升、海洋酸化、颶風威力增強，以及野生動物和自然生態系統受到的傷害。這些問題之所以變成重大問題，是因為人類比較難以適應，且新科技難以減緩或阻止這些事情。

接著我要綜合不同線索，摘要說明氣候變遷的整體衝擊。

🌏 管理系統與無管理系統的比較

要瞭解氣候變遷的衝擊，核心原則是要分辨可以管理與無從管理系統之間的不同。管理的理念起源於生態學，卻廣泛應用於任何的複雜系統。

有管理的系統（managed system）是社會採取行動、確保資源有效永續利用的系統。例如，農民可能引進滴灌系統（drip irrigation system），確保葡萄藤土壤溼度的最優化。酪農業在美國亞歷桑納州（Arizona）的沙漠蓬勃發展，可能是另一個會讓你驚異的例子；農民發現，在炎熱的夏季提供遮陰和水冷系統，可以提高乳牛的生產力。有些系統可能遭到管理不善之害。例如，如果大家把紅樹林砍下來當柴燒，可能造成養殖蝦產量大減，因為蝦類在紅樹林中容易繁衍生息。

室內生活是管理系統的另一個例子。人類靠著設計和施工良好的結構、設備和監視設施，改變室內結構，以致於幾乎可以在南極洲、熱帶地區到外太空的每一種環境中生活。

相形之下，無管理系統（unmanaged system）是大致上沒有人為干預的系統，沒有管理的原因可能是人類選擇不予管理，野生動物保護區就是例子。另一個原因可能是系統太大，人類無法控制。例如，以目前的科技來說，我們無法管理威力強大的颶風和海平面上升。同樣地，一個人不穿衣服走在外面，就是無管理環境的範例；在大部分的氣候中，不穿衣服都不是什麼好主意。環境管理的重要性，可以從人類如果不穿衣服或沒有遮蔽、被迫住在戶外，那麼人類在地球上的任何地方都不可

能長久生存的這個事實看出來。

另一個對全球暖化衝擊特別重要的例子，是管理和未管理生態系統的區別。生態系統是一群生物——包括微生物、菌類與動植物——和所處物理環境互動的系統。對人類來說，農業是最重要的生態系統之一，某種型態的農業受到嚴格的管理。例如，水耕是利用水和養分，在受控制的無土環境中種植植物的方法。基本上，水耕設施是食物工廠，利用正確材料和設計的這種生態系統能夠抗熱、抗寒、抗旱又抗冰雹。

另一個極端是狩獵採集文化的食物系統。大約 1 萬年前，幾乎所有人類都奉行這種文化。這種文化高度倚賴氣候型態，在這種情況下，人類主要透過砍伐森林、過度捕撈或過度狩獵之類管理不善的方式，引進管理。人類歷史上，有很多依賴無管理的食物供應，結果碰到乾旱、寒冷或對本地資源管理不善，以致食物供應枯竭，導致文明衰微或消失的例子。

賈德‧戴蒙（Jared Diamond）2005 年出版的《大崩壞》（Collapse）[2]，是一本引人入勝、說明過去社會如何衰微的好書。戴蒙詳細敘述一系列人類社會因為砍伐森林、土壤侵蝕、水資源管理不善、過度狩獵、過度捕撈，因而陷入險境的事例，包括格陵蘭的古代斯堪地那維亞人（Norse）、復活島（Easter Island）居民、皮特肯島（Pitcairn Island）的波里尼西亞人（Polynesians）、北美洲的阿那薩古人（Anasazi）與中美洲的馬雅人。從經濟觀點來看，衰微和崩潰的主因包括經濟結構基礎狹隘、高度依賴未管理或管理不善的系統，以及取得其他區域供應的貿易關係很少。在大部分經濟活動以本地狩獵和採集

食物為基礎的情況下，碰到食物供應因為氣候和人類活動互動而枯竭時，系統中幾乎沒有彈性，人口必須遷徙，或是落入衰微或滅亡的處境。

生物或人類社會有很多策略，可以管理本身或環境，以便在面對震撼時增加彈性。其中一項策略是遷徙，鳥類和動物就是這樣跟著食物供應走。人類特別喜歡的另一個管理機制是發展科技，以便因應本地狀況。人類會建造保暖或保持涼冷的結構；會提供對抗風暴的住處；會製造左右環境的設備。很少物種能夠熬過地球40億年歷史中發生的所有震撼，但令人驚訝的是，適應策略卻讓極多物種適應了從高溫溫室期（hothouse period）到冰天雪地的一系列氣候，存活下來。

我們需要小心區分無管理系統和無從管理（unmanageable）的系統。目前颶風不受管理，原因之一是無法管理。但是隨著科技進步，將來某些國家可能嘗試削弱颶風，或促使颶風改道，吹向能夠減少損害的方向。事實上，2008年，微軟公司創辦人比爾‧蓋茲（Bill Gates）已經為一項降低颶風威力的技術申請專利。同樣地，海平面上升是氣候變遷最為既定的結果之一，想來或許可以藉由「種雲」（cloud seeding）來管理，或甚至靠某種異想天開的設備，把水抽回南極洲頂端。甚至有人提出極端的「地球工程」（geoengineering）方法，增加地球的反射率，抵銷全球暖化，這些方法在第三篇都會探討。人類科技的優勢之一是能夠控制微環境（microenvironment），人類逐漸透過肥料的使用和灌溉，管理農耕；透過回收處理木材和其他林產品，管理森林；透過新的漁業養殖技術，管理漁業；有個團體甚至

在工廠裡做出漢堡來。很多人不喜歡養殖魚類、地下購物商場和基因改造生物，但這些技術應該視為因應無管理系統風險做法中的一環。

　　管理人類事務最重要的例子是現代醫藥的興起。直到兩個世紀前，人的疾病和死亡還被認為是被惡靈或神祇找上門的結果；如果有個孩子夭折了，還有其他孩子等著取代他。今天，醫療保健業是美國經濟最大的單一領域，構成美國整體經濟產出的16％。從人體是依靠複雜生物機制驅動的角度來看，我們身體大部分是自然產物；但是我們可能會發現，我們未來的身體將由愈來愈多製造出來的零件組成。這一切聽來好像科幻奇談，但是如果你想像一下，在1000年前的時空旅人眼中，現代世界是什麼樣子，就會直覺感受到100年後的人類社會可能會有多麼不尋常。

　　為什麼對我們的主題來說，管理和無管理系統的差別這麼重要？因為這種區別有助於我們看出我們最關心的氣候變遷領域，以及氣候變遷中人類或許可以適應的領域。

　　下頁表2列出主要的領域，並分為嚴格管理、部分管理和未管理（或無法管理）三種類別。[3]大部分經濟領域列入嚴格管理領域，經歷的氣候變遷直接衝擊可能相當少。另一端則是未管理或目前科技無法管理的自然系統。本書主題之一是重大問題都起源於未管理領域，受到管理的領域只要社會利用明智的因應策略，風險就有限。

表 2 從有管理系統到無法管理系統的範圍

嚴格管理系統	大部分經濟領域，如製造業、健保業
	大部分人類活動，如睡眠、上網
部分管理系統	岌岌可危經濟領域，如農業、林業
	非市場系統，如海灘與海岸生態系統、野火
無從管理系統	颶風、海平面上升、野生動物、海洋酸化

🌐 天氣和氣候的差別

　　討論不同部門的衝擊時，我需要針對衝擊分析發出鄭重警告：氣候衝擊必須和天氣的影響劃分開來。請記住，氣候是溫度、降雨量和其他變數十年以上的統計平均數和變化，天氣是特定日期或年度的短期氣候過程的實際體現。

　　估計衝擊時，大家經常把天氣和氣候混為一談。一堆有說服力的證據顯示，特別熱的天氣會減少美國農地的收成。但是，研究顯示，氣候略微暖化很可能會提高美國農地的收成。不同之處在於農民可以藉著改變管理做法，適應比較溫暖的氣候；但是農民做完所有的種植決定後，卻無法輕易地適應劇烈和意外的酷暑乾旱。因此，和「天氣災變」有關的故事，完全沒有告訴我們跟氣候變遷有關的衝擊。洪水、颶風和乾旱之類的天災當然會帶來不利影響，但是我們需要知道，在變暖的世界會不會有更多的天災，大家是否可以為天災做好準備。

這裡的教訓是我們在分析時，必須對檢視氣候衝擊提高警覺，包括對所採取的適應行動提高警覺，同時把這些事情和日常天氣事件的背景變化區隔開來。

🌐 衝擊分析概述

我們考慮衝擊的問題時，通常不關心氣候變遷本身。地表平均溫度讓人擔心的程度，不會超過木星的表面溫度。我們反而比較擔心氣候變遷對物理和生物系統、對人類社會的影響。這個核心重點表示，有些氣候變遷影響不同人類和自然系統的方式顯而易見、有些卻隱而不顯，明智的政策要取決於我們對這些情況的評估。

有一個相關重點跟成本有關。經濟學家和工程師研究過延緩氣候變遷或減少其損害效果的方法後，斷定減緩全球暖化的行動要耗費成本。換句話說，如果我們希望減少二氧化碳排放量以減少衝擊，就必須運用比較昂貴的科技和政策，從而降低我們的實質所得。例如，我們可以改善汽車燃料經濟，降低二氧化碳排放量。目前的汽車科技確實可以改善燃油效率，卻也會提高汽車的成本，油電混合動力車或許可以降低二氧化碳排放量10%，但是電池和其他系統可能使得汽車成本增加3000美元。同樣地，我們可以用更好的絕緣材料，降低為建築物取暖或冷卻所消耗的能源，然而，這麼做需要先在材料和安裝方面投資一筆錢下去。我將在第三篇探討這些問題。但是，基本重點是減排需要犧牲今天寶貴的商品與服務，以便減輕未來的氣

候傷害。

第三個相關重點比較微妙。明智的全球暖化政策需要在成本和效益之間求取某種平衡，這表示，合乎經濟理想的政策是以最佳方式減排的政策；超過這個水準的進一步減排，會變成得不償失，不值得付出額外的減排成本。如果我們看看極端的方法，這一點其實是相當直覺的事情。我們今天可以用禁絕所有化石燃料的方法，阻止全球暖化繼續發展。沒有人會支持這種政策，因為這樣做會極為昂貴（是「毀滅經濟」的方法）。另一個極端是永遠或至少很久都不採取什麼行動；確實有人主張這樣做，但是，我覺得這種建議是魯莽的賭博（是「毀滅全世界」的方法）。

思考這兩種極端後，我們可以看出，良好的政策必須介於毀滅經濟和毀滅全世界之間。後文將討論在經濟和環境兩種對立需求之間如何權衡的問題，現在的基本重點是其中必須求取某種平衡。

最後的考慮是我們慎重地權衡成本效益後，是否會出現一個精確的政策目標。我把這種政策叫做「重點政策」，因為這種政策應該是大家顯然能夠同意和聚焦的政策。有些領域如消滅愛滋病、天花、金融崩潰或核戰，是擁有自然重點政策的領域。

在氣候變遷方面，尋找重點政策目標是一種很大的誘惑，因為這樣會大大地簡化分析和政策。制定堅定的目標會很合理，前提是其中有一個門檻，跨越門檻後，重大的危險效果就會出現。我們在第五章針對臨界點進行檢討時，曾經表示全球增溫超過攝氏3度時，就會碰到嚴重的臨界點。另一方面，國

際會議一致同意，全球增溫的最高目標是攝氏2度，若干科學家則力主如果增溫超過攝氏1.5度，就會引發危險的限制。[4]因此，核心問題之一是：我們是否能夠在現有的知識基礎上，為這些政策重點找到支持。

農業的命運

我們要先檢討農業受到的經濟衝擊。所有的主要領域中，農業對氣候最敏感，因此最可能感受到氣候變遷的衝擊。大部分植物無法在撒哈拉沙漠茁壯成長，我們自然想知道在暖化的世界上，有多少現有的農地會變成沙漠。此外，氣候變遷的其他衝擊也和農業有關。例如，第八章要討論的兩大健康衝擊——營養失調和腹瀉——起因通常是飲食不足與貧窮。有些人擔心氣候變遷對國家安全的衝擊，是因為乾旱和糧食短缺可能引發衝突，造成國際性的大規模移民。

事實證明，氣候變遷和農業之間的關係，比溫度變化只影響作物收成還微妙。其中一個重要原因是：農業活動受到嚴格的管理，在科技進步、資訊豐富的經濟體中尤其如此。第六章討論過管理的例子，說明灌溉系統如何抵消雨量的變化，遮陰如何保護乳牛免於沙漠烈日的荼毒。人類管理農業體系的可能性，引發了一些重要問題：不同的社會如何管理氣候變遷、會

採取甚至可能提高生產力的因應行動嗎？在基因改造種子和新資訊系統的配合下，一個世紀後，農業科技會變成什麼樣子？

這是另一套問題，涉及氣候變遷和經濟成長之間的互動。我們在下一節會看到，衝擊的大小主要取決於經濟成長速度，經濟成長的步調進而將決定社會對農業的依賴程度。

經濟成長、氣候變遷及其傷害

討論氣候變遷對農業的衝擊前，我們必須瞭解氣候變遷和經濟成長關係中的兩大重點：氣候變遷的程度，以及農業之類領域的受損規模和嚴重性，主要取決於未來一個世紀與以後的經濟成長速度。但是另一方面，未來的社會面對全球暖化的危險時，可能比現在富裕多了。

瞭解這種關係最好的方法，是比較兩種未來的狀況：一種是經濟仍然成長的狀況，一種是經濟沒有成長的狀況。我們先用標準的綜合評估模型，檢視每一種氣候變遷和氣候損害情境的展望。

基線情境是在沒有減排或其他氣候變遷政策的情況下，用來預測經濟成長、排放量和氣候變遷。在本書中，這種情境要當作沒有政策的標準基線。為了進行這種討論，我依靠第三章討論過的耶魯人學氣候與經濟動態整合模型。在基線的運用操作中，未來數十年內，每人消費繼續快速上升，預測21世紀內，全球每人每年產出的成長率略低於2％；22世紀內，成長率為略低於1％。經過兩個世紀的成長，用今天的標準來看，

世界將變得很富裕，美國的每人消費幾乎會變成現有水準的三倍。基線的快速成長也會促使全球氣溫快速變化，就第一篇（尤其是圖9）所說的綜合經濟與氣候模型來說，這些成長預測屬於標準預測。[1]

現在要比較標準路徑和沒有經濟成長的狀況。我用「零成長」（no growth）這個名詞，表示沒有新穎或有所改進的產品或製程——以經濟學家的術語來說，就是總要素生產力（total factor productivity）沒有成長。在這種停滯不前的景象中（不切實際，但考慮起來很有用），社會不能再從近數十年來電腦、健保、電子產品或其他領域經歷的快速成長中受益，iPhone的最新款手機將為科技奇蹟時代劃下休止符。

右頁圖13以圖形顯示兩種情境。[2]這兩種都是非寫實的情境，但用來說明所得與氣候變遷很有用。圖的上半部顯示經濟成長和零成長兩種經濟情境，兩種情境顯然截然不同。在零成長的情境中，兩個世紀以後，全球人均消費大約為1萬美元，遠低於富國今天的水準。在經濟成長的情境中，世界人均消費將成長到超過13萬美元；這聽起來像是幻想，卻是生活水準指數增長（exponential growth）的結果。[3]

現在看看圖13的下半部，圖中顯示的是暖化在成長和零成長情境下的差異。如果經濟成長，到了2100年，全球氣溫將升高約攝氏3.5度；到2200年末，將升高攝氏6度，變成科學家的夢魘情境。

在零成長的情境下，氣候變遷的幅度少多了。即使沒有排放管制，到2200年，全球平均溫度在零成長的未來也會大約升

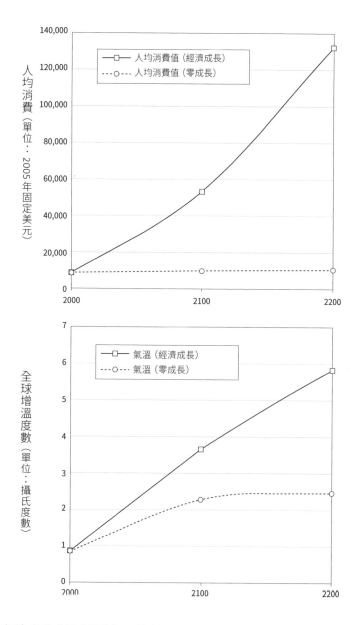

圖13　經濟成長或零成長狀況下的生活水準與氣候變遷。本圖顯示兩種可能的未來,一種是立刻停止提高生產力的「零成長」,另一種是大多數綜合評估模型內建的生產力提高預測。上圖比較人均消費(代表食物、居住、教育和其他項目的平均消費)路徑;下圖顯示在沒有任何氣候政策下,經濟在有成長和零成長狀況下的不同氣候路徑。快速氣候變遷是在沒有減排政策下,經濟快速成長無意間造成的副產品。

高攝氏2.5度。有些環保支持者如果沒有想到這樣會讓數十億人無限期困於貧病交迫，或許會喜歡零成長情境的衝擊。

這裡的重大發現是：氣候變遷問題大致上是經濟快速成長卻不減排的副產品。但是生產力持續提高的情境，也表示一般說來，未來的人將愈來愈富有——這樣進而表示各國將更有能力採取行動，減緩氣候變遷或適應氣候變遷的不利影響。

因此我們碰到了矛盾之處。經濟快速成長卻沒有減排政策，將造成氣候快速變化，形成重大傷害；緩慢成長將讓我們變窮，但是損害會比較少。然而，即使出現重大的氣候變遷傷害，在成長的世界，消費還是會遠遠超過零成長的世界。即使扣除氣候變遷的損害，在成長的世界，大家的生活水準還是高得多了。

未來的人可能更富有，不能拿來當成今天忽視氣候變遷的藉口，卻也可以提醒我們，知道我們會留給子孫經濟更有生產力、但是氣候卻比較糟糕的世界。如果你以圖13所示到2100年和到2200年的兩種經濟情境為例，比較其中預測的生活水準，就可以看出，氣候傷害要花極大的力量，才能抵銷生產力成長為生活水準帶來的果實。

我們應該根據這個例子，斷定我們的問題是太多的經濟成長嗎？我們應該追求經濟零成長嗎？今天沒有什麼人會得出這種結論，[4]因為這樣好比因噎廢食。適當的反應是藉著修補跟氣候變遷有關又有缺陷的經濟外部性，以便矯正市場失靈；我們應該消除噎住的食物，而不是丟掉所有的食物。我們將在第三篇和第四篇，探討如何完成這項任務。

🌏 氣候變遷對農業的衝擊

我們幾乎每天都會看到有關全球飢荒、十年乾旱和主要地區即將陷入危機的報導。例如,《紐約時報》(The New York Times)曾經刊出長篇報導,標題為〈暖化中的地球難以餵飽肚子〉,這篇報導詳細敘述很多軼事後,斷定「過去十年的很多歉收都是天災的結果,例如美國的多次洪災、澳洲的乾旱、歐洲和俄羅斯蒸騰的熱浪。科學家認為,人類引發的全球暖化是其中部分事件的起因,或是導致情勢惡化的原因。」[5]

著名的《史登報告》(Stern Review)提出的預測甚至更慘淡:「作物收成減少可能讓幾億人無力生產或購買足夠的糧食,世上最貧困的地區尤其如此……一旦溫度提高攝氏3度,另外還會有2億5000萬人至5億5000萬人可能陷入險境,其中超過一半的人住在非洲和西亞。」[6]

在衝擊分析中,氣候變遷對農業的衝擊是受到最慎重研究的領域,這些景象是否精確反映了目前的評估? IPCC的第四次評估報告值得大家看看,其中提供了這個領域很多專家的慎重評估。

本地平均溫度上升攝氏1度到3度之間時,預測全球糧食生產潛力會提高;但是預測超過這個範圍後,生產潛力將下降。預測乾旱與洪水的頻率,會對本地作物生產產生不利的影響,低緯度的自給自足領域尤其如此。在適度暖化的情況下,改變栽培品種和種植時間之類的因應措施,會讓低中緯度到高緯度的穀類收成,維持或高於基線產量。[7]

這種科學證據的摘要顯然牴觸流行的說詞。作物生產力或產量是每英畝耕地的產出。這裡的發現是：在「小幅暖化」的情況下，很多區域的生產力會提高，而所謂的「小幅暖化」，通常是指本地溫度最多提高攝氏3度。圖9所示的溫度預測顯示，在本世紀最後25年之前，暖化可望維持在適度的範圍內。

這些預測需要經過氣候和農業模型中變數的肯定。此外，其中顯然會有輸家和贏家。讓人甚至更擔心的是，目前的模型不包括臨界點的潛在衝擊，也不包括全球天氣型態的重大變化。不過，即使有這些變數，穀物帶（grain belt）變成撒哈拉沙漠的情景，還是用來進行遊說時使用的海報，不是慎重學術研究的結果。

全球暖化衝擊農業的不利評估，要依賴兩大因素。第一，氣候變遷可能帶來比較溫暖的氣候，世界上很多土壤溼度已經瀕臨邊限的區域，溼度將更形下降。我在耶魯大學的同事羅伯特‧孟德爾松（Robert Mendelsohn）的研究顯示，目前拉丁美洲、非洲和亞洲很多地方的氣候，已經比最適於生產糧食的溫度高，進一步暖化一定會使這些區域的產量減少。[8]

第二個因素是：氣候變遷可能對水文循環（hydrological cycle）產生不利衝擊。水文循環指提供農業用水的系統，不利衝擊的例子包括山區積雪減少、季節性逕流量（river runoff）出現重大變化。這種趨勢會減少灌溉用水的供應量，又危害農業生產力。這兩個因素已經由結合水文與作物模型的氣候預測報告，進行深入的調查研究。

🌍 適應與緩解因素

針對農業進行的預測，和針對其他領域所做的預測一樣模糊不清，但是有好幾個因素可以減輕氣候變遷的不利衝擊，包括碳施肥（carbon fertilization）、適應、貿易，以及農業在經濟體系中的比重下降。農業的一個重要緩解因素是碳的施肥效應。二氧化碳是很多植物的肥料，在田野實驗中，增加二氧化碳的投入後，尤其是又配合其他投入因素適當調整的情況下，小麥、棉花和苜蓿的產量會急劇提高。有一篇綜合評論多項田野研究的報告發現，大氣的二氧化碳濃度倍增，會使稻米、小麥和黃豆的產量增加10％到15％。玉米之類的植物透過所謂的四碳路徑（C4 pathway），會固定（fix）大氣中的碳，可望在二氧化碳誘發的情況下，呈現比較小幅度的增產。二氧化碳施肥效應如何和其他壓力互動，還有很多問題有待解答；然而，研究氣候變遷農業衝擊的先驅、康乃逖克州農業實驗所（Connecticut Agricultural Experiment Station）前任所長保羅・華戈納（Paul Waggoner）之類的專家斷定，二氧化碳施肥（CO_2 fertilization）可以抵銷較乾暖狀況的很多不利影響。

適應是第二種重要的緩解因素。適應是描述我們稱為管理的另一種說法，是指人類或自然系統因應環境狀況變化所做的調整。預測產量將大減的很多研究，對適應作用的考慮都相當有限，因此從這個角度瞭解適應，和從其他角度去瞭解一樣重要。

適應出現在很多層面。有些適應並沒有得到人類的協助，例如一個物種為了因應氣候變遷，遷移到比較友善的氣候區，

就是這樣的例子。在農業上，我們通常認為，農民所採取的做法是最重要的適應行動，短期適應行動包括調整播種與收成日期、改變種子和作物、改變生產技術，例如施肥、耕作方法、穀物乾燥和其他現場施作方法。

長遠來看，農民可以放棄貧脊土地，移往新地區，種植耐旱、耐熱的新品種種子，把土地移作他用。還有一個最重要的因應方法，就是利用用水效率更高的灌溉系統。[9]

針對農業進行的研究，已經廣泛探討有無因應措施的衝擊，檢視一個特別的例子有助於瞭解其中的進展。右頁圖14所示，是印度與巴西之類低緯度區域，小麥產量受氣候變遷影響的綜合研究。[10] 橫軸所示，是低緯度區域平均溫度的變化；縱軸所示是小麥產量（每英畝產量）。下方虛線所示，是在未採用二氧化碳施肥或因應方法的情境中，暖化造成的整體影響；上方實線所示，是採用二氧化碳施肥或其他因應方法後，暖化造成的整體影響。

在沒有採取因應措施或二氧化碳施肥的情況下，本地暖化約攝氏1.5度後，產量會開始下降。然而，採取因應方法和二氧化碳施肥的收成卻大不相同；在採取因應措施的低緯度區域，小麥產量在增溫達到攝氏3度——預期本世紀下半葉會有的氣候變遷——的情況中，都會增加。暖化超過攝氏3度後，產量開始下降；暖化攝氏5度時，產量的減少幅度高達30%。同樣的研究發現，在低緯度區域，稻米的溫度變化損益平衡點大約是攝氏4度；暖化低於攝氏4度時，預測採取因應措施的土地稻米產量將增加。這裡應該補充的是，大部分研究在假設因應措

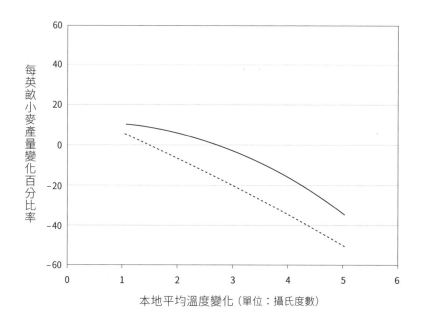

圖14 低緯度區域氣候變遷影響小麥產量的估計。線條所示，取材自大約 50項已發表研究報告當中，針對多處土地小麥產量作為本地平均 溫度變化函數所做研究的整體結果。虛線所示為未採取因應措施的 反應，實線所示為採取一套有限因應措施、包括二氧化碳施肥後的 產量變化。

施時都很保守，圖14的適應曲線很可能低估了增產的潛力。[11]

　　影響氣候變遷所有層面的主要因素之一是科技變化，本章 前面已經顯示：科技變化會透過對經濟成長的影響，左右排碳 量，也會影響我們以低成本減排的能力（詳第三篇）。但是我們 需要檢討新科技和氣候變遷的互動，以便決定食物價格。大家 會預期，不利的氣候狀況會造成產量減少、食物價格上漲；從 經濟觀點來看，供應曲線應該會出現不利的變動。

農產品價格的趨勢和展望如何？圖15所示，是過去半個世紀以來美國實質農產品價格。[12]這個指數顯示農地所生產所有產品價格與整體物價的比率。農產品價格是農民收到的價格，這種價格對氣候變遷很敏感（請注意：農產品價格走勢跟食物價格不同。食物價格是消費者付出的價格，包括包裝、運輸和零售利潤等其他因素，這些因素大致不受氣候變遷影響，屬於下游成本，走勢和農產品價格不同）。過去數十年來，農產品價格平均每年下跌3％，2011年實質農產品價格不到二次大戰後價格的五分之一。農產品價格會長期下降，主要是農業部門大規模科技改善所促成。

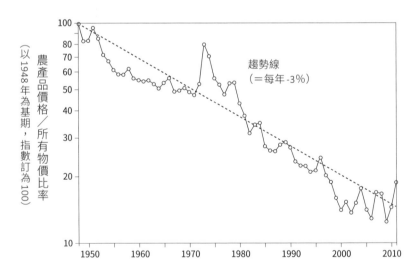

圖15　1948年至2011年間，美國農產品價格趨勢。本圖顯示農產品價格和整體物價走勢的比較。

但是將來的情形如何？我們沒有水晶球，不能預測過去食物價格的下降趨勢將持續或是逆轉。生質燃料用量增加，可能促使作物需求增加，導致食物價格上漲（參見第22章）。但是這裡的問題是全球暖化對農耕的不同影響，氣候引發的糧食短缺會造成圖15的價格趨勢往上走。

眾多研究的看法如何？IPCC第四次評估報告檢討世界糧食模型後，顯示一系列的結果。[13]考慮因應措施和國際貿易因素的研究通常顯示，和沒有暖化的基線狀態相比，最多攝氏3度的暖化將壓低世界糧食價格。這種結果符合圖14所示結果，也就是在增溫頂多攝氏3度時，農產產量會提高。因此農業模型有一個非常重要的結果，就是估計未來數十年內，全球暖化會壓低食物價格，而不是抬升食物價格。

這一點引發第三個緩解因素──國際農業貿易的角色。農業愈來愈趨近市場活動，而不是自給自足的活動。很多農產品具有世界市場，這表示，如果某個區域爆發產量震撼，世界市場會緩和這種衝擊。例如，堪薩斯州（Kansas）的小麥因為氣候變遷的關係減產10％，麻省理工學院經濟學家約翰・賴里（John Reilly）等學者的計算顯示，這種情形對食物價格或對消費者幾乎完全沒有衝擊，因為世界其他地方生產的小麥和其他作物，大致會填平這個缺口。[14]

最後一個緩解因素是長久以來，農業在經濟和工作人口中所占的比率持續下降。大部分人很驚訝地發現，美國農業領域的規模有多麼小，農業占GDP的比率從1929年的10％，降到2010年的1％以下。全世界都呈現相同的趨勢，東亞的情

況最明顯，農業所占比率已經從1962年的40％降為2008年的12％。2008年，農業占撒哈拉以南非洲（sub-Saharan Africa）經濟的比率只有13％，而且同樣快速下降。就業機會從農村移往工業和服務業為主的城市，是經濟發展過程中最重要也最常見的特色。[15]

如果這種趨勢持續下去，對其他區域很多經濟體的農業來說，氣候變遷的衝擊可能相當小，而且會像美國今天的情形一樣，影響可能逐漸降低。農業遭受衝擊的脆弱性質下降是重大關鍵，農業所占比率下降，表示農業震撼對大家所得和支出的衝擊，隨著農業比率的降低而減少。其中的直覺簡單而明瞭。假設你把所得的20％花在居住，4％花在食物，再假設這兩件事因為氣候或其他因素的衝擊，成本上升25％。為了維持相同的居住花費，你的非居住支出必須減少5％（0.25×20）；但是為了維持相同的食物花費，你的非食物支出只需要減少1％（0.25×4）。因此，隨著特定項目占你的預算比率降低，價格震撼對實質所得的衝擊大致會呈等比例的下降。

我們可以用農業占美國經濟的比率為例，說明這一點。如果我們回到1930年代與1940年代，農產品價格波動25％的震撼，大約會造成消費者實質所得減少2％，因為農產品占消費者預算的比率相當高。然而，隨著農業在經濟活動中的重要性下降，同樣25％的農產品價格波動震撼，卻只會使1990年代與2000年代的消費者所得減少0.3％。因此雖然食物對我們的安康幸福很重要，經濟卻可以吸收農業領域的重大震撼，我們的福祉不會大幅減損。[16]

我對農業進行廣泛的討論，不光是因為農業是對氣候最敏感的產業，也是因為農業說明了氣候衝擊和適應行為之間的拔河。專家對農業所受氣候變遷的衝擊輕重，看法嚴重分歧，因為其中顯然有強大的力量從不同的方向發揮影響。不錯，從本質上來說，農業生產力具有高度本土化的特質，差異很大。不錯，衝擊的大小取決於本地氣候狀況、土壤、管理做法與市場有無的因素影響。不錯，有些區域會碰到比較溫暖且比較乾燥的狀況。因此有些區域無疑會受到嚴重影響，如果因應措施有限的話，更是如此。

但是適應力量也很強大。大部分區域的農業科技都蓬勃發展。在上個世紀，農產品價格持續下跌，農業占大部分經濟體的比重持續下降。農產品賣到世界市場的比率日增，因此，地方化氣候變遷對消費的衝擊，會因為市場力量與因應措施發揮作用而減輕。此外，長期而言，人民實際上會從碰到嚴重衝擊的區域移出，移入本地的各種產業，長期尤其如此。最重要的是，社會面對狀況改變時，可以採取很多措施，以資因應。

然而，雖然研究顯示，未來半個世紀，農業所受的衝擊會相當小，我們還是必須把問題列入長期考慮。氣候變遷範圍擴大後，氣候賭局中的機率變得愈來愈不利，尤其是在全球氣溫增加攝氏3度以上時，更是如此。長期而言，如果二氧化碳的累積不受控制，隨之而來的變化也不受限制，相關的預測將變得大為不確定，季風型態改變或洋流大幅變化之類的臨界點出現的風險就會升高。

這裡的總結判斷是什麼？最好的證據是：未來的幾十年

內，氣候變遷透過農業，對整體經濟福祉產生的衝擊可能很小。隨著國家發展，把勞動力從農業部門遷離，氣候變遷的衝擊就會降低，較長期的展望比較模糊不清；如果氣候變遷沒有受到控制，情況更是如此。如果全球氣溫急劇升高，降雨量型態改變和突兀的變化，就比較可能嚴重衝擊食物生產。

對人類健康的衝擊

全球暖化有一種可怕的影響，就是可能對健康構成重大衝擊。令人擔心的包括營養失調、熱緊迫（heat stress）、空氣汙染和瘧疾之類的熱帶疾病蔓延。[1]《史登報告》發出的警告很嚴峻：「只要全球氣溫比工業化前水準上升攝氏1度，就可能造成至少30萬人因為氣候變遷而死亡……溫度升得愈高，死亡率將急劇上升，例如，每年可能另外會有數百萬人因為營養失調而喪生。」[2]

這一切聽來極為嚴重。然而，我們看待這件事時要像看待農業一樣，需要慎重檢視這些預測中的假設，還要評估減緩因素和因應措施。這些估計值隱含的經濟成長假設是什麼？和全世界健康狀況改善相比，對健康的衝擊有多大？最重要的是，經濟成長和醫療科技改善的效果，能夠減輕多少衝擊？

🌏 暖化對人類健康的潛在衝擊

估計氣候變遷對健康的衝擊是另一項艱鉅任務，需要分區域和分年度的氣候變遷估計，還要估計氣候變遷狀況對不同疾病的健康會有什麼衝擊。這樣做是重大挑戰，因為變遷是很久以後才會在未來世界發生的事情，未來世界的所得、醫療科技和健康狀態卻都會快速演進。我將在本章描述若干估計，但是我必須強調，這些估計頂多只是明智的猜測，潛在的健康結果可能廣泛分布，從沒有影響到具有嚴重衝擊。

最詳細的健康衝擊估計，是一群健康專家和氣候學家為世界衛生組織（WHO）所做的一項研究。[3]他們的報告分析兩種會產生健康衝擊的機制，第一種是熱浪、汙染與洪水等環境壓力，對人類的直接影響增加；第二種是全球暖化可能降低生活水準、擴大瘧疾之類傳染病的傳染地區，以及營養失調和腹瀉惡化等問題造成的間接影響。

研究小組首先檢視不同疾病和氣候之間關係的證據，然後估計因為氣候變遷而增加的染病風險，最後綜合這些估計，預測氣候變遷的整體健康風險。

說得更精確一點，他們首先估計無暖化情境中不同區域的健康狀況，接著利用氣候模型的一種標準暖化情境，做出新的健康狀況估計，再比較兩種情境中的差異，計算全球暖化在特定年度的衝擊。[4]研究小組看出三種主要關注領域：營養失調（源於所得不足）、腹瀉（源於衛生和健康系統不良）與瘧疾（源於瘧疾感染範圍擴大）。

這份報告採用公共衛生研究一項有趣的創新觀念——失能調整後生命年（disability-adjusted life year, DALY）[5]，「失能調整後生命年」衡量因為罹患不同疾病所喪失的健康人生歲月年數。它計算兩個因素，一是喪失的生命年數，二是喪失的健康年數所占比率。例如，如果一位平均餘命還有十年的70歲老人因為心臟衰竭而死亡，就是喪失了十年的失能調整後生命年。如果坦尚尼亞一位年輕女子感染瘧疾，她的平均餘命大約應該會減少33年，這代表她喪失33年的失能調整後生命年數。[6]

此外，如果有人健康不佳，就會列入身有殘疾名單，列入失能調整後生命年的計算中。例如，如果有人得了河盲症〔river blindness，醫師稱之為蟠尾絲蟲病（onchocerciasis）〕而失明，就等於62％的死亡；耳聾計為三分之一的死亡。雖然試圖避免死亡或疾病的一般觀念健全無誤，這種方法卻具有高度爭議性。

用來估計氣候變遷對人類健康衝擊的技術已經碰到詰難，而且並非沒有負評，因此我詳細說明這些估計數字，有關腹瀉的數據說明得更詳細。本節的技術性超過大部分的章節，想要瞭解整體形勢的讀者可以略過不看，但是對於有興趣瞭解細節的人來說，本節將提供和問題分析有關的背景。

目前還沒有氣候變遷對腹瀉有什麼衝擊的全球性研究，因此研究小組必須自行設計研究方法。這項研究假設：氣候變遷對每年人均所得超過6000美元的國家沒有負面衝擊。再假設從高估計時，每升溫攝氏1度時，低所得國家的腹瀉發病率將增加10％；從低估計的話，發病率增幅為0％。這些估計數字是根據在祕魯和斐濟的有限研究而來，但是通盤研究目前仍付之

關如。此外，這些研究假設：在低於這種門檻的情況中，所得和醫療科技的改善，不會降低人民感染這些疾病的風險。

右頁表3所示，是利用世衛組織研究小組的相對風險評估，計算得出的21世紀中期氣候變遷造成健康損失的簡化結果。研究小組估計因氣候變遷而喪失的失能調整後生命年，表中顯示兩個區域的估算結果，請注意，這些估計代表健康衝擊的上限。以這張表來說，我們只顯示兩個區域，一個是非洲，一個是高所得國家。我之所以顯示這兩個區域，是因為兩地屬於衝擊估計的兩個極端，可以涵蓋整體衝擊與趨勢的評估。[7]

表3上半部所示，是三種最重要疾病造成的失能調整後生命年喪失估計。第一排是非洲的情況，我在這張表上，只取用世衛組織健康衝擊的上限估計數字，以免低估其衝擊，衝擊的下限是零衝擊。我取用世衛組織標明2050年的溫度估計。根據他們的估計，氣候變遷會導致每1000位非洲人喪失的失能調整後生命年總共大約增加15年；換句話說，每個人的平均壽命會減少0.015年，就是大約減少5天。對非洲來說，腹瀉和瘧疾在健康風險中，大致上各占一半的風險。現在看看表3下半部第一排和非洲有關的部分，這裡顯示氣候變遷影響占基線死亡率（baseline mortality）或這一年預測死亡人數的百分比。這裡再度顯示對三種重要疾病整體和個別的影響。以非洲來說，氣候變遷造成的喪失估計總數，在所有疾病造成的失能調整後生命年喪失總數中，占了將近3%。因此，氣候變遷衝擊上限的估計數字表示健康風險小幅增加（此外，請記住，下限估計數字為零）。

表3　2050年時，全球暖化對健康衝擊的估計

氣候變遷造成的風險提高	整體風險	腹瀉	瘧疾	營養失調
	每1000人喪失的失能調整後生命年			
非洲	14.9	6.99	7.13	0.80
高所得國家	0.02	0.02	0.00	0.00

增加的風險占基線死亡率的百分比	整體風險	腹瀉	瘧疾	營養失調
	氣候變遷造成的喪失占喪失總數的百分比（單位：%）			
非洲	2.92	1.37	1.40	0.16
高所得國家	0.01	0.01	0.00	0.00

　　接著看看已開發國家的情況（主要包括美國、西歐和日本）。這裡估計的健康風險，即使是最上限的風險狀態，幾乎都微乎其微，占失能調整後生命年喪失總年數的比率大約為0.01％。低衝擊的主因是高所得和良好的公共衛生結構，溫帶氣候是次要原因之一。

　　觀察全世界，我們會發現，健康風險增加的地方主要是非洲和東南亞；北美和西歐等已開發區域，健康風險增加的幅度微乎其微，拉丁美洲之類的其他區域介於兩者之間。

　　氣候變遷引發的全球健康風險估計值中，腹瀉大約占到一半，瘧疾和營養失調約各占四分之一。請注意，表3沒有納入很多別種健康風險，例如洪水、其他熱帶疾病和熱緊迫，但是

世界衛生組織這個小組估計，其他疾病合占的風險值小多了，所有區域和全世界的結果表格請參見卷末注釋。[8]

🌏 經濟發展中的健康風險

我在這個領域奮鬥多年，已經把衝擊分析視為逐屋戰鬥（house-to-house combat）。衝擊分析會讓專心致志的分析師跟零碎的資料和模糊的未來趨勢對抗，詳細描繪未來的健康衝擊是其中最艱難險惡的任務。健康攸關眾人的福祉與經濟表現，醫療保健是全球經濟中不斷成長的龐大領域，這個領域變化快速，因為新知識、藥物、設備和資訊科技不斷地加以改變。

近年來，窮國的健康狀況快速改善，以1980年時人均國民所得不到2000美元的60個國家為例，30年來，這些國家的平均壽命提高了14年。此外，健康狀況改善顯然與所得增加有關，經濟研究指出，國民所得每增加10%，平均壽命將增加0.3年。

如果評估窮國的主要健康威脅，就會發現主要威脅不是氣候變遷，而是愛滋病。在辛巴威、波札那（Botswana）、尚比亞和南非之類的國家，其他領域的健康改善完全遭到愛滋病流行影響抵銷無遺，因為在愛滋病情最嚴重的地區，平均壽命因此下降了20年。[9]

表3所示氣候變遷帶來的健康風險，可以放在開發中國家整體健康改善的背景中評估。以撒哈拉沙漠以南非洲為例，40年來，這個區域的平均壽命大約增加了十年。表3所示，未來40年內，因為氣候變遷造成的健康損失上限，大約會使每人的

平均餘命減少一年。這表示，以歷史速率來計算，氣候變遷造成的健康風險，等於喪失大約四年的健康改善。根據估計，其他區域喪失的年數小多了。[10] 此外，下一節我會談到這些健康衝擊反映不切實際的假設，可能有誇大之嫌。

因應措施與減緩因素

表3的數字可能高估了健康衝擊，因為這些數字沒有考慮到所得會增加，而且與健康有關的科技會改善。首先，這些數字假設大家面對暖化與附隨的健康負擔，將採取最少的因應措施。例如，我們預期大家在所得增加時，針對氣溫升高的問題，會利用空調設備之類的方法，採取因應本身結構和生活型態的措施。你可能認為，這種事是好壞參半。

印度利用的空調設備急劇成長的故事，顯示電力需求會增加，空調設備用電也會造成二氧化碳的排放量增加。在上面分析的多種情境中，能源需求成長確實攸關二氧化碳排放量成長和快速的暖化。同時，我們不應該忘記，空調會提升人類的福祉——讓印度和中國之類快速成長國家炎熱區域的住家降溫，從而使人民變得更健康、更有生產力。

然而，世界衛生組織的分析假設，眾人面對熱緊迫完全不會採取因應措施。同樣地，大家的所得增加後，面對暖化可能造成瘧疾蔓延時，會有眾多因應措施可以選擇，世界衛生組織卻還是假設大家都不會採取因應措施。此外，營養不良會變得更嚴重的預測，並不符合第七章所說的農產品收成相當穩定、

價格會下跌的評估。

說得更廣泛一點，世界衛生組織的健康分析中，沒有考慮醫療保健和平均壽命方面既有的重大進步。何況隨著所得增加，預期這兩個領域還會有更多的重大進展。我們在上一節已經看到，所得和平均壽命之間擁有強勁的歷史關係：人愈富有，就會愈健康。所得提高後，國家會提升公共衛生服務，會提升和健康有關的其他基礎建設，家庭會有更多的資源用於醫療保健。所得增加可以支應更多的醫生和護士、更多的醫療院所、更高的教育水準，這一切都會強力促進更好的健康狀況。此外，因果關係是雙向道，健康改善也會使成長改善。

從表3的兩類國家承受的衝擊不同，就可以看出這一點。這張表的下半部顯示，以失能調整後生命年為計算基礎，非洲因為氣候變遷而產生的健康損失，大約只占所有損失的3%。相形之下，高所得國家的損失則是微不足道。中所得國家所蒙受衝擊的估計值（參見注8的表格）遠比非洲國家小多了。從窮國快速成長的角度來看，快速成長將為窮國帶來更像中所得國家、甚至是富裕國家所出現的衝擊。

但是，窮國的實際成長是否會快到足以壓制氣候變遷的不利健康影響？我們不能確定，但是這種假設卻潛藏於氣候預測。綜合評估模型預測，2000年到2100年間，印度的人均GDP將成長近40倍；到下一個世紀結束時，低所得區域的所得將接近今天高所得區域的所得水準。重要的是，大家必須記得，這種快速經濟成長是從頭開始造成暖化情境的重要特徵（參見圖9）。

因為這一點極為重要，我們必須詳細檢視腹瀉的重要例

子，腹瀉大約占非洲所承受健康衝擊的將近一半。請記住，世界衛生組織的研究假設，腹瀉的衝擊只發生在人均收入每年不到6000美元的國家。我回頭檢視氣候與經濟動態整合模型（DICE）的基本預測，查證其中撒哈拉沙漠以南非洲的區域性預測。DICE模型綜合這些資料和詳細的區域性估計數字，估計最近和未來所得低於6000美元門檻的非洲人口比率。2000年時，超過90％的非洲人口所得低於這個門檻。DICE模型的預測顯示，到21世紀中期，大約只有一半的人口會低於這個門檻；測到21世紀結束時，只有不到10％的非洲人口，所得會低於6000美元的門檻。[11]

雖然這些數字只是估計，卻有一個優點，就是符合用來預測增溫的綜合評估模型所做的假設。因此「氣候－健康」相關情境中營養失調與相關疾病會增加的估計，和製造排放、導致快速暖化的所得成長估計，顯然互相牴觸。

世衛組織研究中，瘧疾發生率的預測是該組織研究報告偏向悲觀的另一個例子。IPCC第四次評估報告指出，到2100年，非洲暴露在瘧疾風險的比率會增加16％到28％。[12]這種比率比表3採用的估計數字略高。然而，這種估計假設將來大家不會採用任何社經因應措施，牴觸公共衛生研究人員認定貧窮是瘧疾發生主因的觀點。所得增加後，大家通常會從蚊蠅叢生的農村移居到都市，也會有錢購買經過殺蟲劑處理的蚊帳、腎臟治療和抗瘧疾藥物。[13]此外，如果未來一世紀裡，醫學研究產生經濟實惠的瘧疾疫苗或療法，上述預測將變成完全錯誤。我們可能懷疑比爾‧蓋茲減輕颶風威力的技術專利（參見第六章），卻應該正視蓋茲基

金會（Gates Foundation）消滅瘧疾的計畫。

這些例子顯示，在所得快速成長的世界，氣候變遷造成的很多嚴重健康衝擊，可能可以管理，也會受到管理。世界衛生組織和IPCC報告中預測的有限性，凸顯了評估各種衝擊時，應該根據未來經濟狀況、根據實際造成氣候變遷情境的經濟狀況，而不是只根據目前的經濟狀況。

此外，上述討論在考慮氣候變遷衝擊之餘，說明了和管理系統所扮演的角色有關卻比較常見的觀點。醫療保健是受到最嚴格管理的人類系統，在瘧疾和其他疾病可能因為氣候變遷而加重的情況下，我們期望各國政府採取行動，透過研究、預防措施和治療計畫，降低受害程度。本分析符合過去十年的瘧疾發生率趨勢，根據世界衛生組織的說法，從2000年到2010年的十年間，危險群中的每人死亡率下降了33%。14

本章和健康影響有關論證的摘要，類似上一章有關農業問題的摘要。我們展望將來時，必須記住人類社會在所得增加之際，會投入愈來愈多的資源，讓自己的生活和財產不受環境狀況影響。人類在所有活動層面上，都是這樣做——在適應性住宅（adaptive housing）、風暴預警系統、增加受到更好訓練醫護人員的人數、改善公共衛生基礎建設等方面莫不如此。我們不能保證這種趨勢會持續下去，也不能保證這樣做始終都會很成功，不保證意外不會在偶然之間壓倒各種防護性措施。因此，排除氣候變遷對人類健康的負面衝擊固然不智，但市場經濟的脆弱程度，似乎跟第九章要討論的無管理系統的脆弱程度大不相同。

海洋陷入險境

前兩章探討的農業與健康問題和受到嚴格管理的系統有關。這兩個領域雖然可能遭遇不利的衝擊，管理不善時尤其可能如此，但風險還是侷限在正常時期所經歷的經濟震撼範圍之內。超出本書範圍的完整分析，應該納入其他受管理或可以管理的領域，例如國家安全、森林、漁業、營造和能源生產。然而，和全球暖化有關的真正問題落在別的地方，落在日漸受到管理、不受不利環境狀況侵害的經濟領域之外。

接下來的幾章，我要把心力放在最嚴重又無法管理的威脅，例如海平面上升（SLR）、海洋酸化、颶風威力增強與生態系統喪失等問題。這些問題和前面探討過的臨界點一樣，正是未來數十年內大家最關心的地方，也是背後的運作力量最無法管理，造成的衝擊傷害可能特別大、因應措施遭到最嚴重阻攔的地方。

🌏 海平面上升

我要以海平面上升為起點，開始檢視海洋遭到的衝擊，分析我們無法管理的氣候變遷衝擊。相關政策碰到的挑戰是海平面上升極為緩慢，農業和健康碰到的挑戰可能相當快速地出現，海平面的上升卻要花多個世紀的時間，原因在於海洋的熱慣性（thermal inertia）以及巨大冰層的融解曠日經久。曠日經久構成了特別的挑戰，因為這樣會要求我們，現在就要預測很久以後的地景和社會模樣，而且現在就要採取行動，然後要在遠超過本世紀之後，才能看出這些行動的大部分好處。

🌏 模糊的望遠鏡：預見未來社會

我還是小男孩時，很喜歡高倍數望遠鏡。我曾經買了一支號稱20倍的便宜望遠鏡，貨送到時，我卻垂頭喪氣，因為我雖然可以看到遠處的桑迪亞山（Sandia Peak），看到的卻是模糊且扭曲的景象。

我把這件事叫做模糊望遠鏡的問題。此時此刻，我們為了進行經濟、社會和政治方面的計算，要瞻望未來；我們看得愈遠，看到的事情愈模糊也愈不確定。因此我開始實質探討海平面上升前，要先停下來，考慮模糊望遠鏡的問題。這個問題為氣候變遷衝擊的分析造成嚴重的困難，因為進行分析前，我們必須考慮氣候變遷對已經演變數十年、甚至演進了千百年的人類社會，到底有什麼衝擊。

要瞭解這項任務的困難程度，請想像一下你家鄉1910年前後的景象，再想想從那時起出現的所有變化。那時，我家鄉阿布奎基（Albuquerque）的第一條鐵路剛剛建好，美國還沒有中央銀行、沒有所得稅、也沒有飛機，最進步的計算設備是門羅牌計算機（Monroe Calculator），每秒鐘大約可以運算三次，而我現在所用的電腦運作速度快了1兆倍。當時美國的時薪大約是19美分，社交網路是在自家後院籬笆建立的。

看看1910年的地圖，歐洲由三個已經滅亡的政權控制，就是由奧圖曼（Ottoman）、沙皇（Czarist）和奧匈帝國（Austro-Hungarian Empire）掌控；整個非洲大陸分成多個殖民地，分別由比利時、法國、英國和德國控制；原子的核子模型還沒有發現，科學家還不知道性格是怎麼由父母傳給子女的。

你可以看出來，要預測2110年全球暖化對世界的衝擊有多麼難。在主要依賴物理定律的模型領域，我們對自己的估計可以相當確定。例如，如果我們對自己的溫度預測有信心，那麼海洋熱膨脹（thermal expansion）造成的海平面上升就很清楚。事實上，和這種衝擊有關的物理模型就相當協調一致。[1]

另一端的可能衝擊卻高度取決於未來的社經結構。我們的城市將變成什麼樣子？我們如何運輸人員和物品？我們會吃什麼樣的基因改造食物（bioengineered food）？會發明什麼樣的邪惡武器？電腦是否負責從監控到金融市場的所有一切呢？

🌏 環境移民問題

以「環境移民」（environmental migration）為例，可以說明要預測截然不同的世界所受的衝擊有多麼不容易；環境移民在氣候變遷的許多討論中，都據有重要地位。有一篇報告指出「從現在到 2050 年，除非眾人採取強力預防措施，否則氣候變遷會把全球流離失所人民的數目，推升到至少 10 億人。」[2] 另一篇報告宣稱：「更多的貧窮、更多的強迫移民、更高的失業率，這種情況是極端主義分子和恐怖分子的溫床。」[3]

實際上，我們對全球暖化將如何衝擊未來的人類移民，幾乎是一無所知。請想想我們應該瞭解哪些問題，才能預測下一個世紀的移民狀況。我們必須知道主要國家的國界、人口和國民所得。歐盟和歐元區的疆界如何？甚至到時候歐元區是否還存在都是問題（我懷疑一個世紀以後，還會不會有可以辨認的歐元區存在，但是這個問題要留給未來的讀者，提供更新過的答案）。非洲的政經結構如何？運輸成本是否將大為降低，或許會有可以在瞬間飛越邊界的個人飛機吧？會不會出現假想中的虛擬社交網站「心書」（Mindbook），負責創造極為生動的合成實境（synthetic reality），以致於大家不在乎住在哪裡呢？

此外，我們必須猜測未來的移民政策，猜測執行這些政策的科技。邊界的漏洞會比今天多，還是比今天少？會出現什麼樣的個人辨識系統？電子偵監會不會變得極為先進，邊境巡邏會交給陸海空合一的先進無人機負責，準備用現在尚未發現的恐怖之至設備，痛擊違法的人，以致於連郊狼（coyote，專指從

墨西哥助人偷渡到美國的走私客）都不敢越雷池一步呢？

我們或許可以試著回答這些問題。但即使如此，我們的任務也只完成了一半。請記住，人類會遷徙，主要目的是為了改善經濟命運，因此我們必須衡量全球暖化對各國未來所得的衝擊，推斷這種所得變化如何影響移民趨勢。為了切合實際，我們很可能可以估計全球暖化對今天的世界、所得、邊界和科技的衝擊，但是這些因素在未來的一個世紀可能出現劇烈變化，因此我們評估未來全球暖化對移民的衝擊時，必須非常謹慎。

環境移民說明了預測氣候衝擊的困難，人類社會和經濟屬於嚴格管理的系統，如果氣候變遷增加大家對熱浪的曝險，或是更加暴露在海平面上升的危險中，我們應該預期社會將採取行動，利用空調設備和海岸政策以降低危險性。此外，如果大部分國家繼續改善科技和生活水準，我們應該預期大部分窮國（今天幾乎負擔不起這種投資的國家）將愈來愈有能力保護自己，對抗類似邁阿密和鹿特丹（Rotterdam）今天碰到的極端氣候。雖然沒有一條經濟定律可以保證歷史趨勢會長久延續下去，看來目前比較貧窮的國家，似乎可能追尋比較富裕國家走過的路，保護本國人民和社會不受環境壓力之害。

這裡的教訓是：如果我們只是把我們估計的氣候變遷強加在今天的社會，我們可能會高估經濟上的衝擊。我們考慮氣候變遷對21世紀末期的衝擊時，即使只是透過模糊的望遠鏡來看，還是可以看到兩大趨勢。第一個趨勢是，在產生危險氣候變遷的情境下，大部分國家會遠比今天富裕多了。顯然我們不應該假設非洲國家的所得和北美國家相當，卻也不該假設會有

大量遊牧民族仍然在沙漠上放牧牛羊。

第二，經濟發展的規律之一是，社會將逐漸把人民和各式各樣的不利衝擊隔離開來。我們在公共和個人衛生、農業衝擊、環境災難與惡化和暴力等領域，已經看到這種現象。我們應該預期，現代國家會把因應未來氣候變遷危險的事情，加入這張任務清單。

🌏 海平面上升與海岸系統

未來的幾十年和幾世紀，我們的重大問題之一，是海平面上升對海岸系統和海岸附近人類居處的衝擊。我要從科學背景和討論開始探討，接著才討論可能的衝擊。

從上次冰期以來，海平面的長期運動相當可觀。大約在2萬年前，地球的冰河達到最大值，當時全球氣溫比今天冷了攝氏4到5度，海洋表面大約比今天低約120公尺。如果你站在今天佛羅里達州的東海岸，海洋應該在100英哩外的地平線下方。

海平面上升有兩個主要原因，一是熱膨脹，二是地面積冰融解。熱膨脹發生是因為水的密度會隨著溫度、鹽分和壓力水準變化而改變。一般說來，海洋變暖時就會膨脹，從而抬升海平面。人類對這部分的海平面上升已經十分瞭解，也製作了精確的模型。

海洋從上次冰期開始就緩慢上升。目前的估計是，到2100年前，海平面每年大約會升高3公釐，只比20世紀海平面上升

的速度略快。[4]

海平面上升的另一個主因是冰河和冰冠（ice cap）積冰融解，但這方面的估計十分不確定。最讓科學家擔心的是，閉鎖在三大冰層中的龐大水量，第一塊冰層是格陵蘭冰層（Greenland Ice Sheet），這塊冰層擁有的冰，大約可以讓海平面上升7公尺當量；這表示，如果格陵蘭冰層完全融解，海平面大約應該會上升7公尺當量。第二個問題是西南極冰層（West Antarctic Ice Sheet），這塊冰層擁有的冰大約可以讓海平面上升5公尺當量；南極冰層其他部分的冰量大多了，但是裡面的冰極為寒冷，又牢牢地固定於地上，幾個世紀以來似乎都沒有什麼融解的風險。

第五章曾經探討和格陵蘭冰層融解有關的過程及可能的臨界點。這方面的專家說，為冰冠建立模型極為困難，最近的估計是：如果冰河和冰冠融解，會在2100年之前促使海平面上升0.2公尺；利用統計技術的其他預測，得出的估計比較大，卻沒有得到冰層模型的證實。[5]這個數字顯示，陸地積冰促成的海平面上升程度，可能和熱膨脹一樣多。然而，我們必須強調，這是科學研究中很活躍的領域，我們將來必須準備迎接「不可避免的驚異」。[6]

就像我上面強調的，氣候研究的主要目標是綜合經濟和環境預測，這一點也適用於海平面上升問題。標準的海平面上升情境和經濟並未結合在一起，反之亦然。

經濟和海平面上升綜合模型的表現如何？為了說明這個問題，我利用DICE模型，預測未來幾個世紀不同情境中的氣候變

遷衝擊。這個模型包括海平面上升的所有來源，但冰冠的動態卻很不確定。這些預測符合標準的海洋與氣候模型，卻也和經濟及排放模型有關。[7]

　　為了預測，我們可以檢視兩條不同的排放軌跡。其中一種情況是運用基線（不受限制的）排放量（前幾章已經討論過基線的觀念）；第二種模型運作時，假設全球增溫限於比1900年水準高出攝氏2度以內，這個目標得到《哥本哈根協議》（Copenhagen Accord）的支持，後面章節將進一步討論。

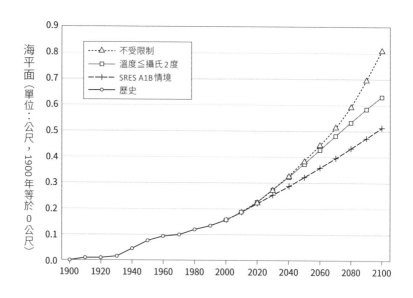

圖16　1900年至2100年間，不受控制和溫度受限的兩種情境中的歷史性和預測性海平面。本圖顯示歷史性海平面、兩種DICE模型中的海平面上升預測（排放不受限制及全球溫度升高上限為攝氏2度），和IPCC不受限制排放模型（SRES A1B）下一世紀平均升溫預測的比較。請注意，即使推動野心勃勃的限制暖化政策，海平面仍然會大幅上升。

左頁圖16和圖17顯示，氣候與經濟動態整合模型為兩種政策所做的海平面上升預測，加上跟這些預測最接近的IPCC相關預測（IPCC SRES情境中的A1B情境）。圖16所示，是過去一個世紀全球海平面的歷史，加上為21世紀所做的三個情境。[8] DICE模型為排放量不受限制情況下預測的海平面上升估計，高於IPCC相關氣候情境中所做的估計。會出現這種結果，原因在於DICE模型包括所有冰層，所用的參數對溫度升高的敏感度又比大多數模型來得高。

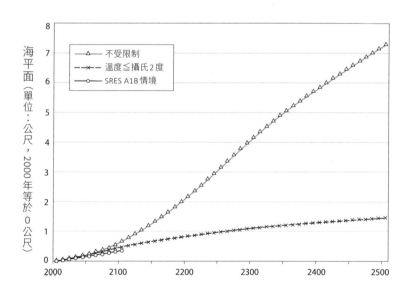

圖17　不受控制和溫度受限兩種情境中預測的海平面，和2000年海平面的比較。本圖清楚顯示DICE模型預測的未來500年海平面上升程度。請注意，即使推動強力的氣候變遷政策，預測海平面還是會因為海洋反應的慣性而大幅上升。

請注意，不同模型與情境在未來幾十年內的差異很小。本世紀初期幾十年的路徑相似，顯示很多地球系統極為龐大的慣性，這點是氣候變遷中一再出現的主題之一。

圖17清楚顯示未來500年的預測，這些預測甚至比圖16的預測更不確定，原因在於難以為冰冠的反應建立模型，但這些預測符合現在的氣候估計。[9] 這些重大的預測顯示，即使推動極為雄心勃勃的氣候政策，未來的幾個世紀，海平面仍將大幅上升。這個模型顯示，即使限制氣候變遷在攝氏2度內，未來的五個世紀，最後海平面仍然會上升大約1.5公尺，而且還會更為上升。

然而，真正令人擔心的是排放不受限制情境的衝擊。預測這種衝擊將在未來500年內，導致海平面上升7公尺以上——預測之外的歲月裡，還會進一步上升。這種高標結果的起因是熱膨脹、格陵蘭冰層大量融解、西南極冰層流出等因素湊在一起。這些預測雖然出自高度格式化的綜合評估模型，卻符合更詳細模型研究所做的預測。[10]

🌏 衝擊

在下一世紀和更久以後，海平面上升可能帶來什麼衝擊？我們知道海洋在地質史上有升有降。人類第一次到美洲時，海洋至少比今天低90公尺（人類在冰期發現新大陸，是環境變化可以帶來創新行為的範例）。在上次比較溫暖的期間，全球氣溫比今天溫暖攝氏1度到2度，海洋大約比今天高出3公尺；在更早的恐龍時代，冰河大致消失無蹤，海平面可能比今天高出

180公尺。

然而，對現階段的人類文明而言，未來100年和其後海平面上升的腳步堪稱空前。模型重建顯示，過去4000年內，海洋表面的起伏變化不到1公尺，因為海洋上升會和生態系統互動，生態學家因此特別擔心海洋上升的衝擊，下文要將重點放在社會層面上。

前面談過望遠鏡模模糊糊的問題，說我們預測的東西離現在愈遙遠，要預測衝擊就愈不容易。這一點可以從海平面上升清楚看出。一個世紀內，會有很多地方的城市建設、發展並沒落。因此雖然我們可以輕鬆衡量海平面上升對現有聚落的衝擊，看待一世紀後海平面上升造成的衝擊時，卻覺得模糊不清。

然而，我們可以看人類今天居住和工作的地方，藉以評估目前海平面上升造成的危險性高低。目前的世界人口和產出，約有4%出自海拔10公尺以下的地方，我把這種地方叫做海平面上升可能造成風險的「危險區」，不過這樣很可能誇大了瀕危人類和產出的範圍。因為人類和經濟活動通常會匯集在海岸線，海岸線的人口和產出通常比危險區來得多。

然而，危險區的危險程度並非只靠海拔決定。在容易遭到颶風和強烈風暴侵襲的地區，即使地勢比較高，洪水還是可能構成重大風險。但海拔10公尺以上地區在未來一、兩個世紀內，大致上都相當不必擔心海平面上升的風險。

如果人員、產出和生態系統可以在全世界自由移動，全球人類或許就可以少擔心一點。在這種不切實際的情況中，孟加拉受到洪水威脅的人，只要搬到印度、泰國或別的高地，在新

地方繼續過日子就好了。或者以位在河口三角洲、屬於上海一部分的浦東為例，地質學家可能擔心這裡是否適於蓋中國第一高樓，但浦東人口卻從1950年的30萬人，成長到今天的500多萬人。海洋上升時，這些人會乾脆讓這棟大樓沉下去，還是興建海堤或搬走呢？

前面我強調過，要預測長期遷徙型態很難，但在不到十年的短期間，大部分國家都沒有出現什麼國際遷徙的情形。我們可以舉一個從海平面上升期間的角度來看、很可能不切實際的極端狀況為例；在這種情況下，人民不能遷到國外，或者遷徙的成本很大。就這個問題而言，我們可以逐個國家檢視危險區人類聚落的分布狀態。右頁表4所示為具有風險的國家。[11]這張表考慮了每個國家在2005年時，住在海拔不到10公尺地區人口所占比率。表4上方所示，是潛在海平面上升風險最大的國家，這些國家有超過一半的人口和產出，位在海拔10公尺以下的危險區。面對這種風險的國家，大部分是相當小的小國，但其中的荷蘭和孟加拉人口眾多。

表4下方列出11個人口最多的國家，也顯示這些國家的人口、產出和地區面對這種風險的比率。除了孟加拉之外，這些大國面對風險的人口和產出都不到10％。然而，三個人口大國當中，有5％到10％的人口住在危險區。

表4也說明不同區域承受的氣候變遷衝擊大不相同。孟加拉、荷蘭和巴哈馬會受到海平面上升的嚴重影響；陸封的奧地利、哈薩克（Kazakhstan）和玻利維亞卻完全不受影響。衝擊和所得之間的關係很弱；影響農業、人體健康、國家安全、風暴

表4　各國海平面上升風險一覽表

國家	風險比率			2005年總人口（千人）	面對風險人口（千人）
	2005年人口	2005年產出	面積		
風險最高國家：					
巴哈馬	100.0	100.0	100.0	323	323
馬爾地夫	100.0	100.0	100.0	295	295
巴林（Bahrain）	91.9	60.3	65.9	725	666
吉里巴提（Kiribati）	91.8	91.2	9.0	99	91
荷蘭	74.9	76.9	76.3	16,300	12,200
東加（Tonga）	69.0	58.1	17.5	99	69
甘比亞	63.2	62.9	30.5	1,620	1,020
孟加拉	60.1	58.0	50.6	153,000	92,100
科威特	48.8	9.5	7.8	2,540	1,240
幾內亞比索（Guinea Bissau）	48.2	48.2	29.2	1,600	770
人口最多國家：					
中國	9.0	14.4	1.8	1,300,000	117,000
印度	7.3	7.2	2.8	1,100,000	80,100
美國	6.1	5.9	2.9	297,000	18,100
印尼	2.8	3.6	7.5	221,000	6,270
巴西	2.9	1.7	1.4	187,000	5,410
巴基斯坦	6.8	3.5	2.4	156,000	10,500
孟加拉	60.1	58.0	50.6	153,000	92,100
俄羅斯	1.8	1.0	2.4	143,000	2,520
奈及利亞	3.7	12.9	2.3	141,000	5,170
日本	0.0	0.0	0.0	128,000	0
墨西哥	3.2	2.9	3.3	103,000	3,260

請注意：表中所示為2005年時，人口、地區和產出位在海拔不到10公尺的地方。

威力增強之類的其他衝擊，和所得之間的關係同樣也很小。大家都認為窮國最可能受影響，這一點在海平面上升方面卻不正確；美國面對的風險很高，加拿大就不是如此；孟加拉的風險很高，查德（Chad）卻不是這樣。慎重研究這些資料後，會發現低海拔區域的國民所得，通常高於高海拔區域。[12]

🌏 世界文化遺址

浦東人或許可以搬遷，建築物和滑雪聖地卻不能，這就引發了全球暖化是否威脅大量世界文化與自然寶藏的問題。很多地方對眾人而言很寶貴，例如，威尼斯對藝術家很寶貴，黃石公園對美國人很寶貴，新墨西哥州的隱士峰（Hermit's Peak）對我很寶貴。這一類地方有多麼脆弱呢？

我們可以評估這個問題，因為聯合國教科文組織《世界遺產公約》（World Heritage Convention）有一套有系統的程序，可以列出主要的寶藏。根據聯合國教科文組織的說法，這些地方是「無可取代的無價之寶，不只對每一個國家如此，對全人類一樣如此。」這份清單現在包括153個國家的936個宗教、生態和建築地標之類的遺址。

如果這些遺址像《保護世界文化與自然遺產公約》（Convention Concerning the Protection of the World Cultural and Natural Heritage）所定義的一樣，「受到嚴重特定危險威脅」，就會列入危險名單。[13] 公約訂定時，有35處遺址列在瀕危名錄。某次檢討顯示，重大威脅包括武裝衝突和戰爭、地震和其他天災、汙染、盜獵、

不受控制的都市化和不受約束的旅遊發展。公約沒有提到全球暖化是造成遺址瀕危的問題，但是這點可能反映設定優先順序和判定威脅時的惰性（inertia）。

《世界遺產公約》的檢討已經迎頭趕上今天的問題，有關方面最近檢視了氣候變遷對不同類別地標遺址的衝擊，報告斷定大型冰河、海洋與陸地生物多樣性、考古遺址和歷史城市聚落四類遺址面臨重大風險。至於海平面上升的風險，列入受到重大威脅名單上的遺址包括倫敦與威尼斯等城市，以及幾個低窪地區的海岸生態系統。[14]

從經濟觀點來看，此處的挑戰是為這些獨一無二的系統評定價值，我會在第11章討論物種保護時，回頭處理估價的棘手問題。從後面的討論所得到的結論是：為獨一無二的自然與文化遺產遺址的經濟損失，訂出可靠的價值極為不易。但是我們權衡成本效益時，必須把這些事情列入考慮，列為這個領域中經濟學家的重大課題。

氣候變遷衝擊中，海平面上升的衝擊最讓人擔心，因為海平面上升會影響全球，一旦展開又難以阻止。大多數報告發現，和整體產出或若干其他損失相比，海平面上升的經濟成本顯得相當微小。[15]然而，從全球角度來看，雖然經濟和土地損失可能微小，受威脅地區卻屬於自然與人類遺產中最寶貴的部分，因此海平面上升造成的損失，根本不能像銀行提列房貸呆帳損失一樣打銷掉。

雖然海平面上升難以阻止，社會卻可以採取行動，減輕損害。針對海平面上升，選擇「撤退或防禦」策略，是這方面的範

例。選擇防禦的話，通常必須興建堤防或海堤，以便保護現有的結構物和城鎮。幾百年來，荷蘭就是採取這種策略；對荷蘭或曼哈頓之類人口稠密或價值高昂的地方來說，這麼做很明智。

　　換成別的情況時，撤退策略是比較明智的長期策略。衛斯理大學（Wesleyan University）經濟學家蓋瑞‧尤赫（Gary Yohe）在一項重大的開創性研究中，處理了應付海平面上升最佳經濟策略的問題。這種做法很慎重，不是失敗主義的做法，因為這樣做最後或許可以藉著不跟自然力量對抗，而是設法適應的方式來保護社會價值。[16]自然系統在整個地質歷史中，曾經適應比未來數十百年預測中還大的海平面變化。海濱財產不會因為海平面上升而消失，只是海濱會搬遷。唉，這樣根本不能安慰擁有海岸財產的業主，因為他們發現自己的房子被沖走，財產價值遭到摧毀，住在內陸的鄰居卻又得到暴利。但是以幾十年以上的長期而言，讓自然程序改變海濱、池塘和砂丘，在保護土地和生態系統的整體價值上，勝過寸土必守的馬奇諾防線（Maginot Line）心態。這種情形是證明在降低氣候變遷長期成本上，遷徙——通常指人口與資本的遷徙，但在這種情況下，是指沙灘和生態系統的遷徙——確實有其價值的另一個例子。

🌐 海洋酸化

　　我們研究氣候變遷衝擊時，主題之一是大多數讓人困擾的問題，都和未管理或無法管理的系統有關。從生態角度來看，人類逐漸管理自己所處環境。過去的幾千年，我們清理了田野

和森林，從山洞搬到房屋，把商品交易在市場上集中化，推出控制個人和產業氣候的科技。

但有些地方很難控制，甚至不可能控制。根據傳說，克努特大帝（King Canute）發現他命令潮浪停下來時，潮浪並不聽他的命令。到了現代，我們可以興建堤岸和海堤，但是海洋繼續沿著堤岸上升。我們在本章檢討酸化、在接下來的兩章分析颶風和物種消失時，都會看到類似的問題。

我們在人類活動造成的每一種意想不到的後果中，都可以附和克努特大帝的感嘆，「所有的人都應該知道國王的權力多麼空虛、多麼沒用，因為只有上帝的名字名副其實，天地海洋都要服從祂永恆的律法。」如果我們不採取有力措施，扭轉二氧化碳和其他溫室氣體上升的浪潮，未來的世代將發出同樣的吶喊。

🌏 碳化與酸化

二氧化碳濃度升高有另一個特別無法管理的後果，就是海洋的碳化（carbonization）和酸化（acidification）。這個問題和全球暖化大不相同，因為問題主要不是暖化造成的，而是由碳本身造成的結果。大氣層的二氧化碳濃度升高會迅速混入海洋的上層，碳送到海洋中會降低大氣層中的濃度，卻也造成海洋的化學性質變化。

這種化學性質相當直截了當。二氧化碳溶於海洋後，會使海洋變得更酸，海洋的碳酸鈣濃度會降低。[17]包括珊瑚、軟體動物、甲殼動物和某些浮游生物之類的海洋生物，都是靠著碳

酸鈣（calcium carbonate）形成外殼。因為氣候變遷和海洋酸化都是大氣層的二氧化碳濃度升高造成的，酸化有時候又稱為「二氧化碳的另一個問題」。

海洋酸化有幾個重要特性。第一、海洋酸化主要取決於碳循環，沒有和氣候建模有關的不確定性。不論是因為化學性質難以挑戰，還是因為趨勢很清楚，海洋酸化問題幾乎沒有爭議，我還沒有看到有人說海洋酸化是騙局的報導。

第二、整個現象直到最近大家才意識到其存在，第一份主要出版品在過去十年才出現。[18]事實上，連2001年出版的IPCC第三次評估報告，都沒有看出酸化的生物學問題，這是我們所說「不可避免驚異事件」的重大事例。

第三、在世界各地進行的海洋檢測，已經證實海洋酸化假說中的主要預測。大氣層和海洋的二氧化碳濃度和海洋pH值下降（酸度上升）之間，有著緊密的關係。[19]

海洋學家剛剛開始估算酸化對海洋生物和生態系統的影響。我在第五章討論過海洋生物學家所發的警告：珊瑚災難性地減少已經開始，如果二氧化碳濃度的趨勢再持續20至30年，珊瑚災難性減少可能成為無法扭轉的現象。

田野實驗顯示，生物面對酸化，已經表現出一套複雜的反應。科學家研究的很多生物（尤其是珊瑚和軟體動物）在二氧化碳濃度升高的情況下，鈣化和繁殖速度都會放緩，這種現象在高緯度區域尤其明顯。這種變化將導致重大的物種重新分布（redistribution），影響依賴鈣化下降和非鈣化加強的生物物種。有證據顯示，5500萬年前，在一場稱為「古新世—始新世氣候最

暖期」（Paleocene-Eocene thermal maximum，PETM）的事件中，海洋二氧化碳曾經急劇增加。根據古新世－始新世氣候最暖期之類早期二氧化碳激增事件的資料來看，大部分物種似乎都存活了下來，但是我們應該預期目前的二氧化碳增加現象將導致若干物種滅絕。

人類和經濟所受的衝擊在漁業中最容易看出來。最可能受害的生物包括牡蠣、珊瑚、浮游生物和貝介類。損失的規模和人類消耗的缺口，可以靠養殖漁場或其他食物來取代的程度，目前還不清楚。有些研究發現，二氧化碳濃度升高到現有水準的三倍時，魚類的死亡率將急劇增加。[20]

海洋酸化是二氧化碳累積狀況中讓人最困擾的特徵，是無法管理系統中的極端例子。2100年前，人類可能還要在海洋上層至少增加3兆到4兆公噸的二氧化碳。現在沒有輕鬆的科技解決之道可以利用，後文要看看地球工程解決氣候變遷問題的方法，是否可以延緩暖化，但是這種方法在處理海洋酸化問題上，卻幾乎是完全無可奈何的。

此外，知道地球經歷過類似人類引發的二氧化碳濃度激增事件，的確讓人安心。早期物種的分配和現在不同，我們沒有可靠的紀錄，不知道不同的物種在這麼早期裡的際遇如何。因為海洋極為複雜，即使最有才華、最勤奮的科學家努力瞭解海洋酸化的影響，我們在身歷其境之前，卻還是不可能徹底瞭解海洋酸化將造成哪些衝擊。

10
颶風威力增強

$\large 沒$有什麼東西比暖化對熱帶風暴的衝擊，更能清楚刻劃氣候賭局了。熱帶風暴開始形成時，我們不知道它的威力會變得多大、會侵襲什麼地方、會造成多少損害。現在的一個大問題是，未來幾十年內，全球暖化將為颶風的強度增強多少，將為颶風的重新分布帶來多大的影響，這些變化又將造成多大的損害。

你不可能看到海面升高的影像，因為你感覺不出有沒有升高，大部分地方幾個小時內的潮汐變化，都比未來一世紀的海平面上升幅度還大。相形之下，颶風是快速、地方化、戲劇化的事件，橫掃城市、把房子淹沒在巨大的洪水中。電視上有和「颶風追隨者」有關的節目，或許「颶風頻道」可能很快就會出現，但是即使電視臺增加到一萬臺，你還是永遠不可能看到「海平面上升頻道」。

我見過一個又一個的颶風在我家附近肆虐。有些人記得1938年的新英格蘭大颶風（Great New England Hurricane），這個颶風

橫掃低窪的沙洲嘴土地時，把羅德島（Rhode Island）西南部納帕翠角（Napatree Point）的整個社區夷為平地。2012年的超級颶風珊迪（Superstorm Sandy）侵襲紐約地區，至少造成750億美元的損害。颶風是特別棘手的問題，因為颶風是顯然受到全球暖化影響卻無法管理的系統。颶風和海平面上升及海洋酸化的不同之處，在於颶風是極為地方化、衝擊又高度美國化的事件。

🌐 全球暖化對颶風的影響

　　熱帶氣旋（tropical cyclone）是壯觀的自然現象，在北大西洋出現的熱帶氣旋稱為颶風。一旦北大西洋熱帶風暴的持續風力達到時速74英里時，就會歸類為颶風。[1] 颶風是巨型的發動機，利用溫暖海水中的熱力，推動風的翻騰。颶風靠著自相強化的回饋環（feedback loop）茁壯，在這種循環中，風力增強會造成氣壓降低，促使蒸發和水氣增加，這樣會造成風力進一步增強。產生颶風的主要因素是海洋表層溫暖的海水。要激發颶風，海面溫度至少要達到攝氏26.5度。地球暖化時，溫暖海水分布的範圍會擴大，這樣很可能會使颶風生成溫床的海面範圍擴大，也會使颶風威力更強。

　　我們可以利用基礎物理學和歷史資料，估計全球暖化對颶風的衝擊。美國的資料最完整，我也搜集了1900年到2012年間，和234個登陸美國颶風特性與經濟損害有關的資訊。這份資料涵蓋1933年前的30個颶風以及其後的所有颶風。下頁圖18所示，是1900年起經過年度標準化的颶風損害（損害的美元

金額除以GDP）趨勢。[2]這段期間裡，颶風造成的損害每年平均占GDP的0.05％，最大的損害是2005年的1.3％〔這一年損害大增，主要是卡崔娜颶風（Hurricane Katrina）造成的〕。

其中有一個有趣的特徵，和其他很多環境衝擊不同，就是颶風的損害和整體經濟相比時，似乎呈現上揚的趨勢。統計分析指出，經過颶風數目與強度修正後，每年損害上升的速度，大約比GDP高出2％。危害增加的原因還無法完全解釋，主因顯然不能歸咎於全球暖化，很可能是大家喜歡住在海岸附近而造成的結果（我承認自己也犯了這個毛病）。

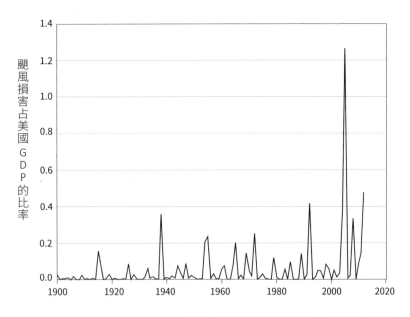

颶風損害占美國GDP的比率

圖18　1900年至2012年間，颶風為美國帶來的標準化成本。本圖顯示所有颶風在特定年度所生損害占GDP的比率，損害呈現嚴重扭曲的現象，其中幾年的損害很高，但大部分年度的損害都很小或毫無損害。

科學家已經仔細研究全球暖化對熱帶氣旋的影響，其中的基礎物理學很清楚。全球暖化可能影響颶風的很多層面，包括頻率、規模、強度、持續期間和地理分布。五個層面中，唯一和基礎物理學明確相關的，是全球暖化和颶風強度有關。在其他因素不變的情況下，海面溫度升高後，風速的潛在強度（potential intensity）或上限會提高。最近的計算顯示，溫度升高攝氏4度的話，將使平均強度大約升高一級（例如從二級颶風升高為三級颶風，或時速大約增加26公里）。

　　進一步的問題是：龍捲風或大雷雨之類的其他極端風暴事件，頻率或強度是否可能增加。這個問題的答案沒有颶風那麼明確，因為基本原因（不像海水變暖對颶風的影響）並沒有指出簡單明確的答案。有些氣候學家認為，大雷雨的強度會升高，但是這個問題仍然懸而未決。

暖化的衝擊

　　專家曾經針對全球暖化對颶風的衝擊，做過幾次評估。一如評估海平面上升，暖化的物理影響可以用模型來評估，但是社經衝擊的多寡，要取決於人類如何因應風暴強度升高和海平面上升。我估計過，21世紀內，如果美國不採取因應措施，降低本身的脆弱性，那麼，暖化的衝擊將導致美國承受的颶風損害略高於倍增，這樣大約應該等於GDP的0.08％，或以目前的產出計算，每年約等於120億美元，占美國未來一世紀國內生產毛額的比率不大。然而，衝擊會呈現高度地方化的態勢，而

且會對個別社區造成毀滅性的影響，就像2012年侵襲紐澤西州和紐約區域的珊迪颶風。

氣候學家和經濟學家仔細研究全球暖化對颶風的影響後，逐國、逐區域地估計過颶風衝擊的程度。右頁圖19所示是對主要區域的衝擊情形。[3]這些專家預測，包括加勒比海地區在內的中美洲是最脆弱的區域，其次是北美洲（主要是美國），但有些區域受到的影響微乎其微（例如西歐和南美洲）。

如果檢視國別資料（由該研究的作者提供），這項研究所預測全球暖化造成的颶風損害，比其他若干研究預測的損害少。但是其中有一個有趣的發現，就是世界變暖後，若干重要國家遭到的颶風損害可能降低。根據估計，孟加拉蒙受的颶風損害會減少。之所以出現這種矛盾的結果，原因是暖化會導致颶風重新分布，也會造成風力增強。

另一個有趣的發現，類似第九章在海平面上升方面的發現，就是颶風損害和富裕只有弱相關。美國受到嚴重影響，颶風威力增強對非洲的衝擊大致上等於0，這種結果再度顯示氣候變遷的衝擊分布很廣泛，而且無法預測。

因應措施

社會可以採取很多行動以降低威力增強的颶風帶來的危險。例如，過去半個世紀以來，更精準的預測已經急劇降低颶風造成的死亡人數。然而，更好的預測雖然可以保護人民，讓人民撤出，卻不能保護房屋和其他固定構築物。不能移動的脆

弱結構物長期會折舊，有關方面應該提供誘因，以便人民在比較高、比較安全的地方，重建自己的建築物。

比率很小的資本移動（capital migration）可以抵銷颶風威力增強的衝擊。美國大約有3%的資本存量（capital stock），位在海拔不到十公尺的大西洋海岸颶風區內，假設容易受害的主要標的是結構物，以今天的行情計算，這些建築物大約等於6000億美元的資本。構築物的平均壽命大約為50年，為了簡單起見，假設所有容易受害的資本資產（如住宅、道路和醫院），都

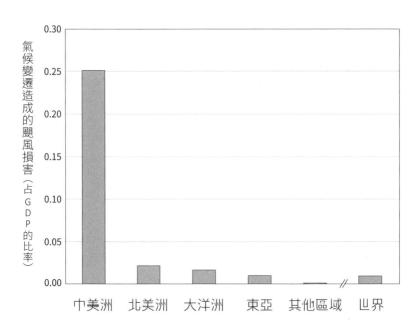

圖19 氣候變遷造成颶風威力增強及重新分布，對不同區域的衝擊。全球暖化引發的颶風威力增強對哪些區域可能造成最不利的影響？一項研究發現，中美洲是最容易受害的區域，其次是北美洲（主要是美國）。

在折舊完後，搬遷到比較安全的地點，那麼唯一的成本應該是搬遷費用。未來的半個世紀，如果搬遷成本只占資本重置成本的五分之一，那麼，要確保美國的資本免於颶風之害的成本，每年大約應該只占GDP的0.01％而已，遠比不採取因應措施的成本少多了。[4]

　　這個例子說明為氣候變遷所做的策略性規劃，可以大幅降低損害，但是這點必須通過現實中有贏家和輸家的存在，以致於有秩序的規劃難以推動的考驗。內陸居民可能一點也不同情住在海濱豪宅、財產受到危害威脅的富人；高地居民可能不願意把自己繳交的稅款，用來為受到洪水威脅的人興建防洪堤壩。繁榮發展的城鎮將不願意把寶貴的資源轉用在稅基減少的地方。把濱海城鎮的所有設施搬到比較安全的地方，或許可以降低受害的可能，卻難以告慰心繫家園和社區的人。

　　要處理濱海聚落的問題，需要在颶風和海平面上升兩方面都提出眼光遠大的策略，這點正是大家應付氣候變遷時碰到的重大挑戰。有秩序的規劃可以大幅減少大部分的危險衝擊，但是因應過程卻可能引發政治爭議和亂象。

野生動物和物種消失

最後，氣候變遷對野生動物、甚至對更廣大的全球物種和生態系統，都會帶來危險的衝擊。生態系統具有兩種有趣的特性，第一是大致上屬於未管理或無法管理的系統，第二是在經濟上遠遠脫離於市場之外。

非市場特性為衝擊分析帶來了新問題，就是我們要怎麼做，才能衡量生態系統或瀕危物種的「價值」？我們怎麼才能把這個領域的損失納入某種標準中，以便跟農業之類的市場領域損失和減排成本比較？本章首先要評估氣候變遷對物種滅絕和生態系統的可能衝擊，然後要轉向為這些衝擊估價的棘手問題。

🌏 第六次大滅絕

照生物學家的說法，過去5億年內，地球上發生過五次大滅絕（mass extinction）。保育生物學家警告我們，氣候變遷

和人類的其他影響加在一起，將在未來的一個世紀引發第六次大滅絕。[1]

生命的歷史見證過幾次地球生物明顯的激增和滅絕。海洋生物的紀錄比陸地生物的歷史完整，圖20所示，就是海洋生物滅絕率的估計。[2]尖峰線條的地方，代表發生大滅絕的時期，科學家把大滅絕歸咎於小行星撞擊、火山爆發、冰河作用和海平面上升之類的事件。大約2.5億年前的「二疊紀－三疊紀」

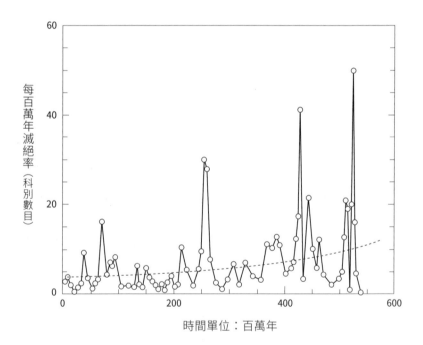

圖20　過去6億年間海洋生物的滅絕率估計。滅絕率是每單位時間內，已知海洋生物科別滅絕的數字，線條尖銳突起之處代表重大滅絕事件，虛線為時間趨勢。

（Permian-Triassic）滅絕事件中，大約有90％的物種消失一空。

圖20所示的海洋生物年表中，過去1萬5000年間的滅絕率相當低。事實上，最晚近期間的很多戲劇性滅絕事件，都是肇因於人類的干預。例如，大約1萬3000年前，人類首次抵達美洲時，超過一半的大型哺乳類物種在短期內消失，原因很可能是遭到我們帶矛的祖先消滅。證據顯示，人類對於其他大陸和海島上的物種也發揮了類似的悲慘影響。早些時候，大家對物種的維護不感興趣，像渡渡鳥（dodo bird）之類的物種消失時，沒有人會傷心，而且有時候甚至引不起大家的注意。

🐾 氣候變遷和滅絕的可能性

我們知道，過去的快速氣候變遷偶爾曾經伴隨著大滅絕。未來幾十年之後，這種情形會再度發生嗎？這方面的估計特別難以確定。首先，目前的滅絕率估計差異很大，觀察到的滅絕數字相當少，但是理論上的計算卻提出大多了的數字。[3]

研究滅絕可能性的科學家預測，在快速暖化的情況下，結果會很可怕。一項評估顯示，如下頁圖21所示，未來一個世紀內，很多族群的滅絕威脅，將從目前每個世紀占物種0到0.2％的滅絕速度，升高到占物種10％到50％的速度。[4] IPCC最新的摘要斷定，如果氣候變遷沒有受到約束，全球物種中，大約有25％會列入滅絕的高風險名單。我們針對這種展望，還應該加上海洋生物受到海洋酸化危害的風險，因為上述計算中，通常沒有把這一點計算在內。[5]

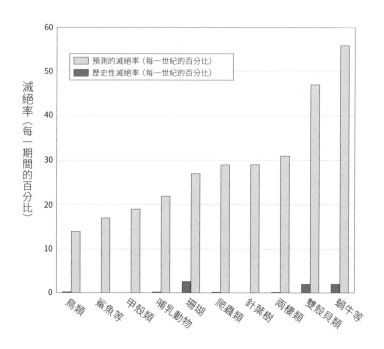

圖21 主要生物類別的歷史性與預測的滅絕率。本圖所示,是最近為主要生物類別編纂的歷史性與預測滅絕率估計值。歷史性估計值係指在野外已經滅絕物種的估計值,預測值係指受威脅物種的估計值。

　　這些數字雖然可怕,但我必須強調的是,這些估計數字也必須接受很多驗證,我們從下文中,可以看出這一點。

🌐 評估非市場服務的挑戰

　　奧斯卡·王爾德(Oscar Wilde)說過,憤世嫉俗的人知道每一樣東西的價格,卻不知道任何東西的價值。這種說法有時候

會錯誤地應用在經濟學家身上，因為經濟學家研究的東西，主要是可以用鈔票來衡量的市場流程，包括股價、利率、食物和住宅。

討論為什麼這種刻板印象錯得離譜之前，我們必須承認食物和房子並非無關緊要。只要去問在最近經濟衰退中失去家園的1000萬個美國家庭，或是去問2012年內，靠食物券過日子的4600萬個美國人，就會明白這一點。錢或許買不到幸福，卻可以買到食物。

長久以來，經濟學家就承認，人不是只靠麵包過日子而已，非市場活動（nonmarket activity）確實具有一定的價值。大家關心的很多事情並不是由市場負責生產和銷售，有些事情具有接近市場的性質，例如家常菜或自己動手做的木工作品。其他事情本質上屬於非市場性質，比方說關心自己的家人或是去大峽谷遊玩。

為了說明這一點，請你進行下述練習：拿出一張紙，寫下對你而言最寶貴的十種活動，然後自問在本地商家或網路上可以買到多少種。很多有價值的東西在市場上通常都買不到，這正是我們在這裡面臨的挑戰，因為這些東西都沒有貼上標價。

瞭解非市場活動的經濟學很重要，因為很多氣候變遷的衝擊都落在市場之外。看看前文強調的四大問題——海平面上升、海洋酸化、颶風和物種消失——主要都是屬於自然系統而不是市場流程，實際上都不是由企業生產，不能像食物和住房一樣用市場觀點來衡量。

氣候變遷的很多最重大衝擊在市場之外出現，絕非偶然。

市場是社會控制、管理天然資源和其他系統的機制。建築師設計房子，目的是要保護住戶免受冷熱、洪水、地震、昆蟲和野生動物侵害；農業專家設計灌溉系統、殺蟲劑和種子，目的是要保護作物，不受早年害慘農民的天災侵害；設計堤防和海堤，是為了預防風暴帶來的水災。所有這些系統有時候會嚴重破功，一如2011年日本海嘯的海堤，因為人類的設計雖然聰明，卻不完美。

我們檢視過的所有領域之中，氣候變遷對物種和生態系統的衝擊離市場最遠，因此在分析和評估方面，引發了最深奧難決的問題。

🌐 生態系統和物種如何估價

大部分人都同意我們應該防止物種和寶貴生態系統消失，然而，我們設法衡量這些系統的價值時，卻碰到重大困難。為了防止野生動物和物種消失，大家願意付出或犧牲多少代價？為了保護、維護北極熊這種代表性的動物，大家應該付出多少？珊瑚礁呢？我們對於保護還沒有發現的大約70萬種蜘蛛，到底作何打算？

有些人可能表示反對，說連問這種問題都展現了粗魯的唯物主義（materialism），說試圖用金錢衡量生命的價值，是不道德的行為。但是這樣說絕對錯誤，真正不道德的行為是我們計算氣候變遷的損失時，忽略這些物種的價值。有些人認為，我們權衡成本效益時，生態系統受到的衝擊，才確實是應該放在

天秤上的最重大損害。

此外，防止生態系統和物種消失，尤其是二氧化碳濃度升高以及和全球暖化有關的生態系統及物種消失，並非易事；它涉及到採取行動以改變能源系統，要耗費巨額的成本，這一點我們在後面的章節就會看到。因此其中不可避免的是，我們要在減排成本和生態系統與物種消失風險之間，有所取捨。

經濟學家和生態學家怎麼衡量這種取捨？事實證明，估計氣候變遷造成的經濟損害時，這一點是最困難的。提出維護生態系統和物種價值的可靠估計時，自然科學與社會科學都碰到重大困難。問題有兩個，先是得到損失的可靠估計，然後評估損失的價值。

我們先從第一個問題談起，這個問題是做出長期物種消失的可靠預測很難。我為了說明這種困難，檢視了湯瑪斯（Chris D. Thomas）等人針對物種消失與全球暖化所做的研究。這項深具影響力的研究斷定，在目前的氣候變遷趨勢下，有18％到35％的物種「註定會滅絕」。[6]

他們如何得出這種結論？他們首先估計特定區域現有物種（包括哺乳動物、鳥類和兩棲類動物）的氣候範圍，然後估計在特定情境下，氣候範圍的大小會有什麼樣的變化。例如，他們檢視暖化攝氏3度對南非山龍眼科（Proteaceae species）物種的衝擊（山龍眼科是一種美麗的開花植物）。

接著，他們利用通稱「物種－面積關係」（species-area relationship）的技術。這是一種經驗法則，認定物種的數目會隨著棲地增加而增加。以他們考慮的區域來說，預計大部分物種的

氣候範圍都會因為全球暖化而縮小，暗示物種的數目也會減少。例如，他們假設在南非氣溫升高攝氏3度的情況下，38%的山龍眼科物種會滅絕，因為支持這種植物的氣候範圍將下降。或許經過最慎重研究的可能滅絕領域，是建構珊瑚礁的珊瑚。[7]

雖然這些研究普遍受到引用，這一類的方法卻有嚴重限制。首先，大部分研究考慮「易危」（vulnerable）物種時，把這些物種當成瀕臨滅絕邊緣的物種一樣看待。此外，有些物種可以透過人類的干預，予以保存，因此滅絕通常指的是野生物種。何況這些研究採用的技巧相當有爭議性，可能不適用於已經適應人類居住環境的物種。在其他情況下，造成損害的原因是棲地破壞、過度利用、過度捕撈和汙染；即使沒有出現氣候變遷，這些損害也會發生。最後，氣候範圍的估計經常帶有統計上的偏誤，因為其中只假設氣候範圍只會縮小、不會擴大，從而造成物種數目下降的假設。實際上，有些氣候範圍會變動，有些地區可能成長；因此，成長範圍內的物種數目，預計應該會增加，而不是減少。

我們或許可以解決第一個問題，或許可以設計出不同物種滅絕風險的可靠估計。我們現在必須面對第二個問題，就是生態學家和經濟學家還沒有發展出可靠的技術，以便為生態系統和物種消失評估價值，物種和罕有生態系統的價值現在還沒有標價。

以北極狐（Arctic fox）、革龜（leatherback turtle）和無尾熊等受到氣候變遷威脅的若干特定物種為例。考慮澳洲大堡礁或南非好望角植物保護區，我們如何為這些物種和生態系統訂定價值，以便評估不同的氣候變遷政策的成本效益呢？

要說明這種困難，可以拿這個問題和先前討論過的小麥生產受損的經濟衝擊比較。小麥減產時，經濟學家通常以小麥的市場價格來估算損失。如果氣候變遷導致小麥減產1億蒲式耳（bushel，或稱英斗，1蒲式耳小麥等於60磅），小麥價格不變，仍為每蒲式耳5美元，這樣算出的社會成本就是5億美元（其中還有很多進一步的修正因素，例如減產是否導致小麥價格上漲，低收入戶是否受到特別嚴重的衝擊，但是我們暫時忽略這些因素）。

我們怎麼評估這些自然系統？專家注意的是市場價值、貼近市場價值（near-market value）和「外部」價值（"externality" value）。我們先來看這些損失的市場價值或貼近市場價值，在技術文獻中，這種價值通稱「使用價值」（use value）。市場價值是商品在商店裡或網路上索取的價格，貼近市場價值是在市場外取得物品的市場價格，住宅維修工作的價格就是一例。關心生態系統和物種消失的科學家，很想明定物種消失時可能產生的使用、市場或貼近市場價值的損害。有一種說法指出，潛在的損失很大，因為西方的藥品中，有很大比率是從雨林成分衍生出來的。[8] 諷刺這種說法的漫畫會宣稱，一種蕨類植物消失時，我們就得放棄潛藏在巴西森林裡的愛滋病治療神藥。

實際狀況比較複雜，最近一份針對新藥公司所做的調查發現，自然產品在開發新藥上，確實很重要。例如，過去60年內發展出來的癌症新藥中，有將近一半不是天然產品、就是直接從天然產品衍生而來。天然的來源差異很大，從實驗室發現的東西到中國古代的草藥，都算是天然產品。過去30年內，只有

一種新藥（Taxol，紫杉醇）來自雨林，而且這種新藥來自溫帶雨林，而不是出自熱帶雨林。如果我們追溯藥品的系譜圖（family tree）夠遠，我們會發現，很多藥品的原型都是天然產品，但是後來都在實驗室中優化過，而且只要天然產品的結構經過分析，後來經常都用合成的方法製造。9

整體而言，我和一群學生合作研究這個問題一個夏天後，發現自己無法評估世界雨林消失會造成醫療財富嚴重損失的假說。根本沒有令人信服的證據能夠證明正反兩方的說詞，但是我們可以信心十足地提出一點，就是你在市場上，不會找到大部分受威脅物種和生態系統的市場價值。保護物種可能很重要，但是你在股市找不到保護的價值。在今天的市場經濟中，生態系統和物種根本沒有太多的付現取貨（cash-and-carry）價值。

那麼，它們的價值從何而來？從外部或「非使用」（nonuse）價值而來。雖然我們經常認為外部性是不好的（汙染就是例子），這卻是良好外部價值的好例證。燈塔是良好外部性的經典例子，燈塔藉著警告船隻避開潛藏的危險，拯救人命和貨物，燈塔管理員卻不能伸手向船隻收費。即使管理員可以收費，他們向利用燈塔服務的船隻要索這種經濟懲罰，也不能達成任何社會目的。燈光可以用最有效的方式免費提供，因為警告100艘船避開附近的礁岩，和警告一艘船相比，不會增加任何成本。10

在生物學上，物種和生態系統類似燈塔，你不能靠著向大家收費的方式，掌握大家去遊覽和觀察北極狐及大堡礁（Great Barrier Reef）的價值。保護這些瀕危系統的收益，主要是非使用的愉悅、是看到地球上有這麼漂亮的動物和地方的非使用愉

悅。對北極社區來說，北極熊可能有一些觀光上的金錢價值，但是和牠們的外部價值相比，這種價值可說微不足道。

問題出在大家想替瀕危物種和生態系統估計外部價值。或許在某個異想世界中，有個能夠去觀賞北極狐或造訪大堡礁的市場。我可能什麼事情都沒有做，卻可能付出100美元，以便確保未來這些東西還存在。然而，因為世上不存在跟這種市場有一點點相似的東西，我們沒有可靠的標準去衡量為未來保護這些東西所能夠獲得的收益。

環境經濟學家在沒有市場的情況下，設計出各種模擬不存在市場的方法，最重要的技術稱為「條件評估法」（contingent valuation methodology，或譯假設性市場評價法），這種方法可以估計非市場活動和資源的價值。條件評估法利用相關團體的代表性樣本調查，詢問大家願意為某種產品或服務付出多少錢。這些調查大致上是具有高度結構性的調查，實際上詢問大家：「你願意為保護或維護北極狐付出多少錢？」或是問：「你覺得未來能夠造訪大堡礁這件事，對你來說，值得多少錢？」

我們已經看出，氣候變遷可能影響生態系統的健全。下面是特別的例子，說明可能如何用條件評估法來判定價值。[11] 依據規定，美國政府在決定是否興建或改建水庫時，必須判定魚群受到的衝擊。華盛頓州考慮水庫計畫時，有一個問題是鮭魚、虹鱒（steelhead）和其他洄游魚類族群的價值；我們可以估計超市中這些漁獲的價值，但是這樣會遺漏非使用價值。

雷頓（D. F. Layton）、布朗（G. M. Brown）和普魯默（M. L. Plummer）的研究可以說明如何應用條件評估法，估計在不同情

境下，魚類族群變化對本地家庭具有多少價值。他們明確地進行一次條件評估法訪調，以便估計在20年內，把魚類族群恢復到目前水準、而不是讓魚類族群繼續下降的價值。他們估計，華盛頓州家庭平均每年願意付出736美元，促成洄游魚類增加這麼多。[12]如果受到影響的人口有500萬，那麼一年的總金額就是37億美元。

條件評估法技術雖然已經運用在很多領域，但到目前為止，還沒有在必要的大規模和大範圍的情況下，用來估計全球暖化的衝擊。因為要徹底評估氣候變遷對消失物種和受損生態系統價值的衝擊，將碰到極為艱鉅、甚至無法克服的困難。問題之一是科學家將極為難以明訂哪些變化需要評估。我們在上文中，已經看到大家估計應該會消失的物種數目差異多麼大，消失的時機更增添了一層難度。第二個問題是這項任務規模至為龐大，不只是要評估華盛頓州的洄游魚類，而是要評估全世界、評估遠至天涯海角的物種和生態系統，你遇到的第一個難題，就是要衡量的數字屈指可數。

此外，條件評估法的運用在經濟學界一向備受爭議，大家並未普遍接受。有人主張「有點數字總比沒有數字好」，也有人主張，在沒有數字的情況下，「沒有數字比不可靠的數字好」。多年的爭辯和進一步的研究，並沒有讓大家對這種方法產生共識。[13]

有些專家主張，由於要思考相關的問題有著本身固有的困難，因此得到的答案並不可靠。研究人員問的是跟違反事實的狀況有關、受訪者可能不瞭解的問題；答案具有假設性質，和

實際行為不符。此外，如果大家對這個主題感受到一種「暖光效應」（warm glow effect，或譯感覺良好效應），就可能誇大拯救受威脅物種或生態系統的價值。例如，大家可能想到鮭魚跳躍的美麗圖像，但這些圖像卻和實際涉及的魚類無關。總之，其中有很多主觀的偏見必須克服。

懷疑論者進一步指出，條件評估法研究提出的數字，偶爾大到令人難以置信。我們可以看看上文所說的洄游魚類調查，拿調查結果作為例子。進行這項調查時，華盛頓州的中位數家戶所得為4萬6400美元，因此，大家估計的魚類族群價值等於所得的1.6%，看來金額相當龐大。我們可能想到，大家對其他的環境問題會有什麼想法。假設我們針對華盛頓州的候鳥、受威脅的其他物種、水質、空氣汙染、移除州內危險核廢料場的價值來進行調查，很可能激發類似規模的答案。我們或許可以進一步探求黃石國家公園和喜馬拉雅山冰河之類偏遠地點的價值，以及北極狐和北極熊的價值；某些創意會從所有的可能損失中，得出比家戶所得還多的總值，這樣的可能性相當高。

如果我們回頭問大家，願意為合在一起的所有環境問題付出多少金額，看來他們付出的金額，似乎會遠不及個別答案加在一起的總額。如果要求他們在稅務公投中投票，他們很可能投票贊成什麼錢也不付。

我個人在這方面的評估是：條件評估法和類似的調查式技術很容易說明，卻還太不可靠，不能用來評估二氧化碳濃度升高及氣候變遷所造成生態系統影響的成本。上文探討的兩種缺失（不完整的風險科學評估以及有爭議的經濟評價工具）顯示，要拿出

野生動物、物種和生態系統消失造成經濟衝擊的可靠估計，以便用來估算全球暖化的衝擊，顯然還有一段很長的路要走。

這不表示我們應該乾脆兩手一攤，放棄這個問題。我們至少需要更好的方法，以便區隔迫切需要保護的生態系統與物種，以及較低優先的物種和生態系統。有些生物學家認為，只估計陷入風險的物種數目，不是衡量生物重要性的適當做法。

其他衡量方式應該強調功能性或行為方面的多元性質，也強調經歷環境震撼後的復原能力。生物學家西恩・尼伊（Sean Nee）和羅伯・梅伊（Robert May）已經針對這些層面進行分析，研究過去的滅絕事件中，到底喪失了多少遺傳多樣性，或是喪失多少去氧核糖核酸（DNA）的資訊密碼——以達爾文的話來說，就是徹底喪失了多少生命樹（tree of life）。其中的理念是所有物種並非同等重要。例如，渡渡鳥沒有遺傳上的近親，牠的滅絕所造成的多樣性損失，會比3000種蚊子的其中一種滅絕所造成的損失來得大。他們的發現令人驚異：即使95％的物種消失了，大約80％的基礎生命樹還會繼續存在。[14]

哈佛大學經濟學家馬丁・韋茲曼（Martin Weitzman）之類的其他學者，已經發展出衡量不同物種「重要性」的標準。[15]這項任務很重要，現代生物學需要為物種和生態系統的重要性，發展出更好的標準，以便指引我們在全球氣候變遷的情況下，做出保護決定。

雖然任務艱鉅，我們還是應該鼓勵生態學家和經濟學家合作，發展估計消失物種和生態系統價值的更完善方法。

對物種和生態系統所受的衝擊估價，簡短總結來說，就是

估算這些衝擊是最為艱鉅的任務。我們對其中的風險瞭解不足；實際上，我們甚至不知道今天世界上究竟有多少物種存在。因此，我們今天不能用可靠的方式為生態系統估價，也不能為生態系統的重要性高低排序。

此外，很多人覺得，生命滅絕涉及強烈的道德問題。很多人覺得，人類具有管理地球這顆行星的基本責任，讓第六次大滅絕在我們眼皮底下發生是不道德的。我們已經得到相當多的警告，不能以不知道和疏忽為自己辯解。北極熊、帝王蝶（monarch butterfly）、克拉克大麻哈魚（cutthroat trout）、南非帝王花（South African protea）的進化——而且，對了，連靈巧卻擾人的蚊子，都是自然界最偉大的奇觀。在一個世紀內，把這種遺產的大部分摧毀，是可怕的行為。正如哲學家叔本華（Arthur Schopenhauer）所說，「錯誤地假設動物沒有權利、假設我們怎麼對待動物並沒有道德意義的錯覺，是西方殘暴和野蠻非常駭人的例證。」[16]

針對氣候變遷衝擊這種特別棘手的討論就此結束。這些衝擊不見得會釀成人類的災難，卻可能嚴重影響其他物種和寶貴的自然系統。麻煩主要出在人類無法有效地控制這些領域的衝擊。或許到了某一天，社會能夠做到克努特大帝做不到的事情，把海水擋住。或許將來的生物學家可以讓早期的渡渡鳥重現世間，讓可能滅絕的北極狐起死回生。但是在這一天來臨之前，氣候變遷和二氧化碳濃度升高對自然系統的大規模衝擊可能遍及各處，以不受歡迎甚至岌岌可危的方式，改變自然世界。

12

氣候變遷損害總結

前幾章廣泛評估了氣候變遷的主要衝擊，我把這件事比喻為科學上的肉搏戰，因為每個領域都有它的特殊動態，都和氣候變遷有關。土壤溼度對農業很重要，海面溫度對颶風很重要，大氣層中的二氧化碳濃度對海洋酸化很重要……以此類推。

進行肉搏戰後，我們現在可以略為退後，檢視大局。我們可以盡力判斷的整體衝擊是什麼？從我們對衝擊的檢討中，可以看出值得強調的五大整體主題。

🎲 我們發現氣候損害和經濟密切相關，是快速經濟成長無意間產生的副產品或外部性。零經濟成長將大大減少暖化的威脅。

🎲 此外，我們發現管理系統（如工業經濟）和無法管理的系統（如海洋酸化）之間，具有重大差異。我們強調我們關心的重點應該放在未管理或是無法管理的衝擊。

⚅ 我們看出高所得國家的市場經濟，愈來愈不受氣候變遷和其他自然擾動影響。原因主要是農業之類以自然為基礎的領域和服務業相比時，呈現不斷萎縮的情形；原因之二是以自然為基礎的領域，對無法減輕的自然影響愈來愈不依賴。

⚅ 這一點從而引發和衝擊有關、又比較深入的第四個問題，就是如果我們的社會在未來幾十年內，確實像所有經濟和氣候模型預測的一樣，快速進化與成長，那麼我們如何能夠預測一個世紀多之後，已經變得和現在不同的結構將受到什麼衝擊？農業、人身健康和移民等領域的科技快速變化，導致評估變成難題。評估久遠之後的各國經濟型態、作出可靠的衝擊分析，就像透過模糊的望遠鏡觀看風景。

⚅ 最後，我們發現，令人最困擾的衝擊出現在遠離市場、從而遠離人類管理的領域中，這點特別適用於人類與自然寶藏、生態系統、海洋酸化和物種之類的領域。評估這些領域所受的衝擊時，我們將倍感困難，原因在於衝擊難以估計，同時缺少衡量衝擊的可靠技術。在我們最需要經濟學相助的地方，經濟學能夠作出的貢獻反而最少。

🌏 不同經濟領域強弱不一

現在我們放下個別領域，專心評估大局。首先我們要檢視1948年至2011年間的美國總體經濟。美國的經濟結構可以代表今天的高所得國家，到本世紀中期，中所得國家可能也會擁有

類似的經濟結構。

因此，我把美國產業分成三大類，一是受到嚴重衝擊領域，二是受到中度衝擊領域，三是衝擊輕微或微不足道領域（右頁表5）[1]。針對衝擊做的詳細研究顯示，農業和林業可能是會受到嚴重影響或容易受害的領域。這種領域碰到極端情境時，生產力可能大幅下降（請回想第七章有關農業的討論，以及圖14的小麥產量圖表）。

第二大類產業會受天氣和氣候影響，但可以用少量成本因應。運輸業就是一個例子。極端天氣如下雪和洪水可能造成的延誤，會增加成本，但是氣候變遷對陸運和空運的衝擊可能相當小，在未來的一個世紀，衝擊頂多只占產出的幾個百分點。

第三大類產業受到氣候變遷的影響可能很小，或是不會受到直接影響。這一大類產業主要包括醫療保健、金融、教育和藝術之類的服務業。以醫療保健之中重要的專科神經外科（neurosurgery）為例，看診和手術都在受到高度控制的環境中進行，氣候變數對這種活動不可能產生絲毫影響。服務業占美國經濟的比重，從1929年的29％成長到今天的52％，顯示市場經濟逐漸不受天氣和氣候影響的趨勢。

表5％所示數字，為過去60年來美國經濟脆弱性質的變化，提供了鮮明的說明。第一點是受到嚴重衝擊領域的比重，目前只占美國經濟的1％，沿海不動產、運輸、建築和公用事業等受到中度衝擊的領域，占美國經濟的比重不到十分之一。截至2011年為止，最不受氣候變遷衝擊侵害的領域，構成美國整體市場經濟的90％。

表5 1948年至2011年間，美國不同經濟領域承受氣候變遷衝擊的強弱程度

領域所受衝擊程度	領域占國民所得毛額比重		
	1948	1973	2011
受到嚴重衝擊領域	9.1	3.9	1.2
農業	8.2	3.4	1.0
林業	0.8	0.5	0.2
受到中度衝擊領域	11.6	11.4	9.0
不動產業（沿海地區）	0.3	0.4	0.5
運輸業	5.8	3.9	3.0
建築業	4.1	4.9	3.5
公用事業	1.4	2.1	2.0
衝擊輕微或微不足道領域	79.3	84.7	89.8
不動產業（非沿海地區）	7.2	9.3	10.8
礦業	2.9	1.4	1.9
製造業			
耐久財業	13.5	13.5	6.0
非耐久財業	12.7	8.5	5.4
批發業	6.4	6.6	5.6
零售業	9.1	7.8	6.0
倉儲業	0.2	0.2	0.3
資訊業	2.8	3.6	4.3
金融保險業	2.5	4.1	7.7
租賃及租賃服務業	0.5	0.9	1.3
服務與殘差（residual）	10.5	14.0	27.2
政府領域	11.1	14.6	13.2
合計	100.0	100.0	100.0

第二個重要的歷史特徵是：最容易受氣候變遷侵害的領域急速衰微，受到嚴重衝擊的領域在美國經濟中所占比率，已經從1948年的9％降為今天的1％。這種趨勢之所以出現，主因是農業占美國經濟的比重下降，截至2012年為止，美國勞動力中，只有1％的人務農。

表5所示趨勢也在世界大部分地區出現。隨著經濟成熟，人民從留在農村務農轉進到都市從事工業和服務業，農業現在大約只占所有高所得國家經濟的1％、就業人口的3％。至於低所得和中所得國家，農業占國家經濟的比率，已經從1970年的25％降為2010年的10％，其中有一個戲劇性的歷史事實，就是世界銀行（World Bank）提供農業占國內生產毛額比率資料的國家有166國；過去40年來，這些國家當中，只有四個國家呈現農業比重升高的趨勢，分別是剛果民主共和國、獅子山（Sierra Leone）、中非共和國與尚比亞，所有其他國家都呈現穩定或比較常見的下降趨勢。[2]

多個氣候經濟模型的長期經濟預測中，都假設這些趨勢會繼續下去。如果各國實際上呈現標準預測中所假設的產出和排放快速成長，那麼隨著經濟活動從農業和以土地為基礎的活動轉變為工業與服務業活動，市場經濟體將變得愈來愈不受氣候變遷侵害。這種趨勢並非不可避免，卻跨越時空、無所不在，因此我們應該把這一點，當成氣候變遷經濟學中的一項主要發現。

🌐 估計整體損害

經濟學家已經努力多年，從不同的領域和國家搜集可以得到的所有發現，設法估計氣候變遷的整體損害。他們針對農業、林業、漁業、能源、海平面上升和健康之類的市場或貼近市場領域，進行研究。他們的分析無可避免地主要集中在美國和西歐之類資料豐富的區域，而開發中國家與非市場領域的估計，只涵蓋少數國家的少數領域。

下頁圖22所示是根據不同暖化水準，全面調查氣候變遷所造成整體損害的結果。虛線所示，是這個領域中最著名學者理察．陶爾（Richard Tol）所編纂不同研究的結果。[3]

這些結果呈現多項有趣的發現。第一個令人驚異的地方是：以計算過的變化範圍來說，研究估計的氣候變遷衝擊相當小，最大的損害估計是大約占產出的5%，經過最慎重研究的情境顯示，暖化將達到攝氏2.5度（估計會在2070年前後發生）。以這種程度的暖化來說，主要的損害估計大約為全球產出的1.5%。

此外，圖22以實線顯示DICE模型的估計。這些整體估計出自很多不同的領域（如農業、海平面上升、颶風等項目），而且依據不同的暖化程度，計算全球損害占全球產出的百分比。就像我在前面幾章裡強調的，這些估計受到大量不確定因素影響，原因在於很難估計消失物種的價值，也很難估計生態系統受到的損害。

攝氏4度處垂直箭頭所示，是最後一項估計。這項估計是IPCC在第三次評估報告提供的範圍，大致上是根據陶爾所調查的

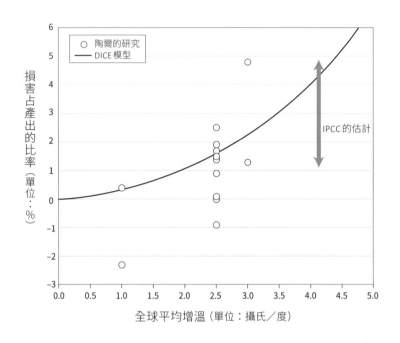

圖22　全球暖化對全球經濟的衝擊估計。本圖整合全球暖化每增溫一個單位（攝氏0.5度）所造成整體損害的多項估計研究，虛線是個別研究的估計，實線是DICE模型中使用的全球損害函數，箭頭是IPCC最新衝擊調查中的估計，這些估計通常只包括非市場領域所受到損害的部分估計。

相同報告繪製而成，因此是專家的評估，而不是獨立的估計。[4]

　　最後，請注意，衝擊的估計具有非線性和凸性（斜率增加）的性質。有些研究發現，大約攝氏第一度的暖化可能帶來經濟效益（參見第七章農業的例子），但是過了某一個點，損害將開始上升，而且升勢會更加急劇。換句話說，每額外升溫一度，估計的成本將愈形昂貴。陶爾的估計顯示，攝氏第一度的暖化衝擊可能有利無害，主因是二氧化碳將為農業帶來施肥的效

應。然而，超過第一度後，衝擊會變得具有不利影響。此外，攝氏3度暖化遞增的成本大約是攝氏2度暖化成本的兩倍大。這些研究沒有用可靠的方式納入可能的臨界點，臨界點可能造成損害曲線的上升趨勢變得更陡峭。[5]

🌏 氣候賭局危害的風險溢價

貫穿本書的主題是：在二氧化碳和其他氣體累積以及氣候變遷之際，有不少未知的危險在前方等著我們。我們對其中的若干危險已經心知肚明，氣候對溫室氣體累積的敏感性並不確定，就是其中的一個例子。但是在科學家針對這個課題的研究更加深入時，別的危險會意外地跳出來，仍然懸而未決的問題包括格陵蘭與西南極冰層的前景如何；懸浮微粒對全球和區域氣候的衝擊；巨量冷凍甲烷和永凍層融解的風險；北大西洋環流型態的變化；暖化可能失控的風險，以及海洋碳化和酸化的衝擊等等。

我們的經濟模型非常難以用可靠的方式，把這些重大的地球物理變化及其衝擊納入。考慮如何保護我們的地球，不受我們在氣候賭局中碰到的風險侵害，或許是有用的想法。

要說明氣候賭局的風險，我們可以把這種大規模的風險視為一種行星輪盤賭局。我們每一年都把更多的二氧化碳送入大氣層，就是轉動這個行星輪盤。輪盤停止時，我們會發現自己是否得到有利的結果，或是得到特別有害的結果。第一次轉輪盤時，輪盤上的球掉進黑色的格子，代表排放量緩慢成長；球掉進紅色的格子，代表排放量快速成長。下一次轉輪盤時，我

們將發現，在二氧化碳濃度倍增時會發生什麼事。倍增可能造成全球均衡氣溫提高攝氏3度，但是跟這個數字有關的估計分布範圍很廣。我們再一次轉動輪盤時，可能會發現農人可以順利因應、全球食物產量不受影響；但是球落在紅格子時，可能為世界現有的穀物帶形成特別不利的氣候衝擊，因而造成遠比預期大很多的損害。

在氣候賭局中，球也可能落在一個0或兩個0的格子。如果球落在一個0的格子，我們會發現物種、生態系統和威尼斯之類的文化地標大量消失。如果球落在兩個0的格子，我們會看到上述衝擊，甚至看到更嚴重的衝擊。我們可能開始看到西南極冰層快速崩解，以及極大比例的永凍層融解，或目前為北大西洋群集帶來暖意的洋流改變，或海洋酸化帶來層層疊疊的衝擊，造成海洋生物的大滅絕。

我們也可能擔心氣候輪盤的結構怪異。我們甚至可能不知道輪盤上有什麼數字，或許因為我們低估了臨界點的數目，輪盤上的紅格子將比我們想像得多很多。而且，數字也可能因為先前轉動輪盤的結果而改變。我們也發現，輪盤經過很多次不利的轉動後，因為物理系統具有非線性特質，結果可能變成我們要付出更高昂的代價。連續三次落入紅格子，加上一次落入兩個0的格子，可能造成更為不利的後果。因為排放量的快速成長會累積起來，形成比預期還大的影響，加上季風型態的改變，造成印度次大陸遭到進一步的衝擊。在氣候賭局中，整體氣候衝擊將比個別衝擊的總和來得大。

明智的策略應該是繳交保費，以避免氣候賭局的輪盤賭

（roulette wheel）。我們在自己的損害估計中，應該增加一筆保費，以便反映在表22看出的損害之外的賭場風險。我們需要加入風險溢價，目的不僅是要涵蓋已知的不確定性，例如牽涉氣候敏感性和健康風險之類；也要涵蓋格子是一個0或者兩個0的不確定性，例如已知的臨界點以及尚未發現的臨界點之類。

我們應該增加多少風險溢價？這是專家今天深入研究和討論的主題。專家的答案各不相同，從很小的金額到估計損害金額的兩倍、三倍都有。我只能信心十足地說，我們不應該忽視氣候賭局當中的風險。

🌍 跟估計有關的謹慎保留態度

這裡提出的氣候變遷衝擊估計代表最新現狀，是計算經濟有效氣候變遷政策時的必要因素，應用起來卻應該十分謹慎。

我的保留態度中，有一部分和前面章節個別領域的討論有關。首先，這些估計只包括可以量化的衝擊，大致上集中在市場或貼近市場的農業、不動產、土地、林業和人身健康等領域。因為我們發現，經濟體的大部分都相當不容易受到氣候變遷侵害，難怪和市場有關的損害相當輕微，在高所得國家尤其如此。

瞭解這些研究遺漏的東西也很重要。這些研究剔除了好多種小額的不利及有利項目，包括能源支出遭到的衝擊（用在空間保暖的支出較少、用在空間冷卻的支出較多）、冬天大衣的支出降低、讓發電廠冷卻的成本、進出北極海港口的便利性提高、滑雪場造雪成本增加、冬季娛樂設施的舒適性減少、溫暖天氣娛樂設

施的舒適性提高、漁業收入喪失等等。很多小的衝擊加總起來，可能變成很大的總額──實際上好比氣候以凌遲的方式處死經濟。雖然在我看來，這種情形不太可能發生，但是這裡還是必須強調，考慮所有區域中所有領域的所有可能情境時，要用可靠的方式來評估這些眾多小傷害造成的整體影響，很不容易。

更重要的保留態度涉及太不確定、或者太難用可靠方式加以評估的衝擊。例如，前面談過，我們很難計算物種消失和生態系統損害造成的經濟衝擊。估計這裡的衝擊倍加困難，因為物理方面的衝擊通常太複雜，以致於無法判定；另一個原因是，經濟學家還沒有針對生物多樣性喪失的成本做出可靠的估計。

主要的驗證集中在評估臨界點衝擊的困難，也就是很難評估可能不連續、突發的災難性氣候變遷及後果。潛在奇點（singularity）的經濟難以估計，原因也和物種及生態系統消失的衝擊很難估計一樣，這種衝擊難以預測。我們不知道在物理方面會有什麼影響，後果通常出現在遠離市場的地方。這樣的挑戰相當麻煩，因為其影響可能威脅人類社會與自然界的生物與物理基礎。從這個角度來看，這種挑戰類似國家安全方面存在主義式的辯論，難以衡量不同策略的成本效益。目前物理學在瞭解這些大規模臨界點的威脅方面，還有很長的路要走。一旦我們更瞭解這些威脅，我們可以設法瞭解這些威脅對社會和自然系統構成哪些危險，同時採取必要行動，防止類似銀行擠兌的地球物理危機。

檢討完未來的氣候變遷衝擊，我們應該得到什麼結論？第一個要強調的重點是估計衝擊很難，估計結合了不確定的排放

量預測和氣候模型，即使我們忽略和未來氣候變遷有關的不確定因素，我們還是很不瞭解人類和其他生命系統對這些變化會有什麼反應。原因之一是社會系統極為複雜，很難預測社會系統會有什麼反應。此外，人類日漸加強自己所處環境的管理，因此，在因應措施上的小小投資，或許可以抵銷氣候變遷對人類社會的衝擊。另外，幾乎可以確定的是，將來氣候變遷發生時，科技環境和經濟結構一定會跟今天大不相同。

但是，我們必須盡我們所能，透過模糊的望遠鏡去看。第二個結論涉及評估我們可以妥善衡量領域所承受的氣候變遷經濟衝擊，尤其是今天或未來的高所得國家。本書的評估是：和未來50年到100年經濟活動的整體變化相比，氣候變遷造成的經濟衝擊會相當小。我們估計的衝擊是：在升溫攝氏3度的情況下，有1％到5％的產出會遭到衝擊；相形之下，同期內，預測窮國與中等所得國家的人均國民所得將成長500％到1000％，喪失的所得大約等於大部分國家數十年之中一年的成長。

這種預測會讓很多人吃驚。然而，這種預測的基礎是：大家發現，如果有管理的系統有時間和資源去因應氣候變遷，彈性其實大得驚人。這項發現特別適用於農業領域規模很小的高所得市場經濟體。雖然有些人可能擔心，窮國注定會被氣候震撼打到倒地不起；產生這種憂慮的人，忽視了大家據以預測將造成重大氣候變遷基礎的經濟成長。過去半個世紀以來，合計擁有25億人口的中印兩國，國民所得幾乎增加了十倍。[6]再經過半個世紀的類似成長，中印兩國的國民所得將提高到5萬美元上下，大部分的人口會從事服務業，留在農村的人會很少。到21世紀結束

時，今天窮國受氣候變遷侵害的程度可能大大降低。

第三大結論是氣候變遷的大部分損害衝擊——出現在未管理和無法管理的人類與自然系統的衝擊——都呈現在遠離傳統市場的地方。我看出四個值得特別關心的特定領域，包括海平面上升、颶風威力增強、海洋酸化及生物多樣性喪失，其中每一個領域目前的變化規模，都是人力無法阻擋的。我們在這張清單上，還必須加上和地球系統奇點及臨界點有關的問題，例如涉及冰層不穩定與洋流逆轉的問題。這些衝擊不但難以用經濟學方式衡量和量化，從經濟和工程角度來看，也難以管理。但是，說難以量化和控制，不表示應該忽視這些衝擊；情況正好相反，這些未管理或無法管理的系統，正是應該最慎重研究的東西，因為這些系統可能是長期以後最危險的系統。

從適切的角度來看，瀕危的冰冠總量大約等於160京（萬兆為京，萬億為兆）加侖的水，這種數量遠遠超過人類能夠輕易打包起來、儲放在某些方便處所的數量。人很容易理解海平面上升和颶風威力增強的影響，而且人類社會實際上可以因應這種狀況，卻不會蒙受災難性的損失。但是海洋酸化和物種可能大量消失的可能性卻難以理解、難以適切地評價。我們不能排除未來科技，例如類似比爾‧蓋茲獲得專利的颶風改造科技，或許可以改變這些令人憂心領域的展望。但是這方面的難度遠高於健康和農業之類管理系統的難度。因此審慎的做法是假設大概在下一個世紀，人類還是不能管理這些系統。

最後，從我們已知的衝擊知識來看，是否有一個自然限制，可以讓我們說「惡化到這個地步就不會再惡化下去了」？如果我

們能夠找到某些焦點，找到制定氣候政策時參考的某些精確數字目標，就可以簡化政策。2009年的哥本哈根聯合國氣候變遷大會上，科學家和決策官員判定，比工業化前的水準升溫攝氏2度，是地球系統留在安全範圍內的最高暖化限度。我們的衝擊研究對於哥本哈根大會的目標，能夠提出什麼建議嗎？

持平的看法是：攝氏2度的目標太低也太高。太低是因為上文分析過的損害已經很嚴重，另一個原因是達成這個目標的成本很高，這一點將在第三篇中討論。但是如果我們和很多地球科學家一樣，認為地球已經跨越若干危險臨界點的門檻，那麼這個目標就太高了。

我們如何能夠解決政策目標是否太高或太低的困境？答案就在成本的考量範圍內。我們面對必須在太高和太低之間假定的兩難中，考慮我下一個要探討的問題——延緩氣候變遷的成本以及達成不同目標的成本。這點討論完後，我們可以比較成本效益，提出未來的解決方案，在解決問題的過程中，達成既能為未來維護環境，又能過著節約生活的目標。

3
PART

延緩氣候變遷的
策略和成本

賭博一定讓人花錢卻一無所獲。
——威爾森・米茲納（Wilson Mizner）

應付氣候變遷之道：
適應與地球工程

前文解釋過，二氧化碳和其他溫室氣體排放的成長不受控制，是造成氣候系統、人類與自然系統產生驚人變化的主因。大部分變化可能漸次發生，就像長長的一列貨運火車增加出力和速度一樣。我們不能精準預測氣候變遷帶來的衝擊，但是在最好的情況下，衝擊是不受我們歡迎的；在最差的情況下，衝擊是很危險的，而且就像正在加速的貨運列車，一旦開動，就很難停下來。

第三篇的章節要考慮因應氣候變遷威脅的做法。因應做法可以分成三種主要方法，第一種方法是適應，適應牽涉到學習怎麼應付暖化的世界，而不是設法阻止暖化。反對採取昂貴行動延緩氣候變遷的人，以及認為暖化影響可能很小的人，都贊成只靠適應來應付氣候變遷，但適應的確應該是策略組合中的一環。

第二種方法是利用地球工程（geoengineering）引進若干冷卻因素，抵銷二氧化碳引起的暖化。地球工程至少部分有效，

但是未經證實，而且可能有危險的副作用。

第三種方法經常稱為減緩法（mitigation），做法包括減少排放量，以及降低大氣層中的二氧化碳和其他溫室氣體濃度。減緩法是國際談判的重點，從環境觀點來看，是最安全的解決之道，也是短期內成本最高昂且最難達成的方法。

開始討論其他策略前，我要簡潔地摘要說明結果。經濟證據顯示，如果世界各國及時以近乎全球一致的方式，採取有效控制的策略，延緩氣候變遷，這種做法的成本應該相當低廉。這些必要的做法——包括快速發展新科技、提高碳排放價格以鼓勵減碳——依靠的是多年來在世界各地行之有效的經濟機制。但是靠得住不見得受歡迎，也不見得可以完成。確實如此，這些政策已經遭到強烈抗拒，我們在第四篇就會看到這種情形。

第三篇大都討論減緩策略，探討技術、高度參與的必要性、減緩法的成本估計，以及新科技的角色。但是在轉向討論減緩法本身前，我要用這一章說明完全依靠適應法或者地球工程的危險。遠遠看去，這兩種對立的方法看來誘惑力十足，因為它們似乎都可以用低廉的成本達成我們的環境目標。實際上，這兩種方法或許可以減少衝擊，卻無法完全抵銷碳的累積和氣候變遷的損害衝擊。兩種方法或許是風險管理策略的一環，但即使是最好的地球工程和因應措施，仍然會為地球留下眾人無法接受的重大風險。

🌏 適應是學習容忍氣候變遷

如果氣候模型的預測正確，未來一個世紀和以後，世界將劇烈改變。我們在前面的章節已經看到很多重大衝擊，包括海平面上升、海洋酸化、冰層融解、風暴威力增強、農業地帶改變和生態困境。有些人認為，我們應該學習容忍這些變化，而不是花大錢採取行動來防堵這些變化。換句話說，他們建議我們要以適應為主，而不是防止全球氣候變遷。

「適應」是指進行調整，避免或減少氣候變遷帶給人類和其他生命系統的損害衝擊。例如，農民可以改變作物和種植日期，興建灌溉系統。如果熱浪的頻率提高，那麼大家可以裝設空調設備。在某些情況下，因應措施或許可以把衝擊減少到幾乎化為無形；在其他情況下，因應措施幾乎起不到什麼作用。

然而，不花成本的因應措施太少了。農民設置和運用灌溉系統，應付比較乾旱的氣候時，必須拿出真正的鈔票去投資。你我必須拿錢出來，才能裝設和啟動冷氣設備。但是，就美國而言，估計顯示，因應小幅氣候變遷（例如升溫攝氏2到3度）的做法，至少可以抵銷人類及其企業可能受到的大部分損害。[1]

在包括未管理或無法管理系統的其他領域，例如海洋酸化、海平面上升、物種和生態系統受威脅，必要的因應措施不是成本極為高昂，就是不可能推動。我們異想天開，考慮一下海平面上升，可能有人會建議，為了預防海平面上升，我們可以抽取多餘的海水到南極洲上方去。有些估計顯示，這樣一年要抽取80萬兆加侖的海水，成本將高得像天文數字。[2]同樣地，

我們或許可以設法儲存受威脅物種的去氧核糖核酸（DNA），等待可能讓牠們重生的新生物科技，但是沒有人可以保證我們確實可以執行這項任務。因此，如果我們把未管理或無法管理系統納入考慮，希望適應未來幾個世紀裡的龐大變化，那麼因應措施頂多只是不完整的解決方法。

這方面的專家針對因應措施指出兩個基本重點。第一，因應是局部性的措施，預防卻是全球性的事。藉由全球減少排放量和濃度，可以防止氣候變遷；但如果你我減少我們的排放量，世上其他人卻照樣從事能源事業，這樣是沒有用的。另一方面，說適應具有局部性，是因為從事適應的人會獲得成本效益。如果某個農民改變作物或設置灌溉系統，那麼他必須承擔適應的成本，也會從中受益。如果我把自己的海濱小屋搬到較高的地方，以便減少颶風帶來的威脅，我必須出錢，但我也會從中受惠。因為其中有實際的複雜問題，例如政府補貼、對鄰居的衝擊和市場扭曲（market distortion），所以這些都是過度簡化的例子，卻是基本成本效益型態中的複雜小事。因應措施的局部性表示，大部分的必要決定都可以在本地或由各國做成，而不是全球性的決定。

第二，適應和減緩、地球工程或除碳（carbon removal）完全不同。適應把重點放在強調跟氣候變遷共存，其他方法則是強調防止。我們可以用房屋失火來比喻。假設我住在新墨西哥州遙遠山區的住宅，附近是隨時可能爆發山林大火的森林，因此房子的失火風險很高，我可以考慮預防或因應。要預防的話，我應該剷除我家附近的林木，改裝金屬屋頂，清除院子裡

的易燃物。這些行動的目的是要預防我的房子燒燬。

　　另一個方法是為失火做好準備。這表示我要準備疏散計畫，要把我的貴重物品放在外地或防火保險箱，要隨時關心本地失火的報告。這種策略的目的是要因應真的發生火災。雖然在某些情況下，兩種做法都是明智的策略，而且大部分人實際上兩種事情都會做，但這兩件事基本上是不同的方法。

　　因此在降低全球暖化的危險上，因應措施是行動組合中必要而且有用的一環，是輔助減緩法的措施，卻不能取代減緩法。在受到人類嚴格管理的領域，尤其是在醫療保健和農業之類的領域，因應措施可以消除很多損害衝擊。然而，慎重的評估後，會發現有些最重要的危險無法管理，而且實際上不能靠適應法消除；這些危險包括海洋碳化和生態系統消失。唯一確定可以避免這種長期危險的方法，是降低二氧化碳和其他溫室氣體濃度。

用地球工程對抗全球暖化

　　完全依靠因應措施來應付氣候變遷，不是值得推荐的做法。但是現代科技是否能夠藉著干預地球物理或地球化學，延緩或阻止全球暖化呢？這種方法稱為地球工程。地球工程通常分為兩類：第一類是從大氣層中移除二氧化碳的技術；第二類是利用太陽輻射管理技術，把陽光和熱能反射回太空。[3]本節要研究第二種的太陽輻射管理方法，而吸引力十足的除碳法要延到後面的章節討論。

　　太陽輻射管理的基本原則，是藉著改變地球的能源平衡以

延緩或逆轉暖化。你可以把這種過程想成把地球「漂白」，或是變得更有反射能力，減少到達地球表面的陽光。這種冷卻效果會抵銷大氣層的二氧化碳累積造成的暖化。

變白的過程類似大規模火山暴發後發生的過程。1991年菲律賓皮納土波火山（Mount Pinatubo）爆發，把2000萬噸微粒送入平流層（stratosphere）後，全球氣溫大約下降了攝氏0.4度。地球工程可以視為製造人為火山爆發，要抵銷二氧化碳累積的暖化效果，每年可能需要製造五到十次皮納土波火山爆發級的人為爆發。

近年出現很多透過太陽輻射管理進行的地球工程建議。有些建議實際上跟漂白地球有關（例如利用白色的屋頂和道路），最容易想像的方法是在地球上方32公里，放置千百萬個小鏡子般的微粒。例如，我們可以用人為的方式，在高於背景等級（background level）的平流層，增加硫酸鹽氣膠（sulfate aerosol），提高行星反照率（planetary albedo）或白色的程度，減少進入地球的太陽輻射。氣候學家曾經計算，反射大約2%的太陽輻射，可以抵銷二氧化碳倍增的暖化效果。在適當的地方施放適當數量的微粒，可以減少太陽輻射，使地球冷卻到我們想要的程度。

成本估計顯示，如果施作地球工程成功，花費可能遠低於減少二氧化碳排放的成本。目前的估計是：利用地球工程獲得相同的冷卻程度，成本是減少二氧化碳排放做法的十分之一到百分之一之間。從經濟角度來說，將地球工程視為基本上不需要成本，是有益的。而這種方法引發的主要爭議，大都圍繞在

它的效果以及副作用。

目前地球上還沒有做過大規模的地球工程實驗（火山本身除外），因此其衝擊與副作用的估計都來自電腦模型。主要的問題是：地球工程其實不是抵銷溫室效應的完美方法，細小的微粒或鏡子會減少射入地球的輻射，溫室效應卻會減少反射出去的輻射。這兩種效應可能造成淨暖化（net warming）歸零，在物理學上，卻是截然不同的效應。

熱浪來襲時打開家裡的空調設備，是很有用的比喻。一般說來，你的房子會維持跟正常日子相同的溫度，但是有些房間可能比較涼，有些房間可能比較暖，可以確定的是，你會多花一些電費。

因此，結合二氧化碳暖化和「小鏡子」冷卻兩種效應時，會產生什麼淨效應（net effect）？以下摘要說明目前的發現：這樣確實不能解決海洋酸化的問題，因為改變地球的能源平衡，對大氣層的二氧化碳濃度幾乎沒有什麼影響。到目前為止，氣候模型的結果顯示，如果投入的劑量正確，在大氣層注入反射粒子（reflective particle），可以使地球冷卻到目前的水準。然而，模型顯示若干重要的副作用，其中一種副作用是降雨量將普遍減少，這一點基本物理學已經預測到，還得到電腦模型的證實。換句話說，併用升高二氧化碳濃度和地球工程技術，似乎不可能恢復目前的氣溫和降雨量型態。有一項研究發垷，利用增加平流層懸浮微粒的方法，將改變亞洲和非洲的夏季季風。[4]

此外，積極氣候管理可能製造一整套新的政治問題。在今

天的世界上，每一個人都擔負了造成全球暖化的罪名，沒有一個人可以歸咎。然而，如果某些國家推動積極氣候管理，那麼，如果某些不利的天氣型態出現，受影響的各方就可以指責這些國家。這表示，任何負責的地球工程計畫都需要經過各國談判，可能需要某種補償計畫以避免某些區域受到傷害。

這就導出跟地球工程戰略層面有關的警示，這種做法同時具有破壞性和建設性的用途。如果地球工程可以善意地用來冷卻地球，也就可以惡意地用來摧毀別國的收成。創設賽局理論（game theory）的約翰・馮・諾伊曼（John von Neumann）曾經強調氣象戰的前景：

最有建設性的氣候控制方案必須以識見與科技為基礎，這種基礎也有助於形成大家還沒有想像到的各種氣象戰形式……有用的科技和有害的科技極為貼近地併陳在一起的狀況處處可見，以致於大家永遠不可能把雄獅和羔羊區隔開來，所有極力試圖把機密等級祕密（軍事）科技，跟公開型態科技區隔開來的人，對這一點都一清二楚，成功達成目的和意圖的時間永遠都很短暫，大概可以維持五年左右。同樣地，在任何科技領域中，區別有用和有害主題的意圖，在十年內很可能化為無形。5

我認為，地球工程像醫生所說的「補救治療」（salvage therapy）——醫生會在所有其他療法都無效時，才採用這種具有潛在危險性的療法。醫生會為病得很重、而且沒有比較不危險療法可以採用的病人，實施補救治療。凡是負責的醫生，都

不會為診斷出只是患有早期可治療疾病的病人施行補救治療。同樣地，凡是負責的國家，都不應該把地球工程當成對抗全球暖化的第一道防線。

地球工程特別有價值，原因正是這種做法是補救治療，可以用在最迫切需要的情況。從這個角度來看，地球工程比較像消防車，而不是火險；地球工程這輛消防車可以出動搶救任務，延緩或逆轉可能有害的快速暖化，卻不是萬靈丹。消防車出動滅火時，我們珍愛的很多財物會因為水的沖擊而破壞，還必須進行極多的清理，因此消防車和地球工程對糟糕的緊急狀況有用，卻不是第一道防線。

換句話說，準備一套措施，因應地球物理上等於末期疾病的問題，是審慎的做法。不幸的是，很多人避不從事認真的地球工程研究，他們擔心考慮地球工程的話，會造成「道德風險」，意思是如果我們依賴地球工程，會把需要減排碳和其他溫室氣體排放量的壓力移開。

道德風險表現在很多國家的政策中，但是這方面的道德風險力量很可能遭到誇大。社會採取很多措施來降低危險性，但是這些措施也可能鼓勵冒險。消防員、中央銀行和滑雪救援服務都可以減少風險的危害，卻也可能鼓勵冒險。但是整體而言，我確實比較喜歡活在有中央銀行和滑雪救援服務的社會，即使這些機構會造成銀行家和滑雪的人更想冒險。

因此，地球工程的資產負債表好壞不一。慎重評估成本效益後顯示，為地球工程做好準備，將減輕最危險氣候變遷的後果，卻留下很多沒有解決的問題，而且可能產生危險的副作

用。因此我確實偏愛把減少二氧化碳排放量和濃度當成第一道防線。然而，我們還是需要更瞭解地球工程這種補救治療，應該擬定謹慎的研究與實驗計畫。同樣重要的是，各國應該考慮簽訂公約，將地球工程納入國際規範和控制，防止個別國家策略性地利用地球工程，謀取本身的狹隘利益。[6]

減緩法可以減排及延緩氣候變遷

到目前為止的討論顯示，面對全球暖化威脅時，適應以及地球工程都不是能夠讓人滿足的解決方法。唯一真正的長期解決之道是扭轉溫室氣體（GHGs）的累積，這種方法通常稱為減緩法（mitigation），更精確的說法是防止法。

減緩法涉及減少溫室氣體排放濃度。最重要的溫室氣體是二氧化碳，二氧化碳主要是由燃燒化石燃料產生。另外還有其他長壽溫室氣體，甲烷（為我們房子保暖的天然氣）是其中一種，其他溫室氣體的壽命很短，包括懸浮微粒（也稱為氣膠）。其中若干種溫室氣體通常會造成地球冷卻，結果擾亂了大局。

在這裡說明規模應該會有幫助。科學家估計，如果大氣層的二氧化碳增加一倍，將導致地球表面的輻射強迫（radiative forcing，大致就是加熱）增加3.8瓦／平方公尺（W/m²），大約是地球所接受太陽輻射的百分之一。到2011年為止，人類從1750年起造成的輻射強迫總量為2.4瓦／平方公尺。

這個總量是很多正數和若干負數的總和。2011年最大的單一誘因是二氧化碳，促成的加熱為1.7瓦／平方公尺；甲烷等其他長壽溫室氣體促成了另外的1.1瓦／平方公尺。二氧化碳與其他長壽氣體的促成經過精確衡量，我們可以對這些計算深具信心。

其他促成暖化因素的計算差太多了。最難以衡量的因素是氣膠，人為造成的氣膠主要來自發電廠和燃燒生質。最好的估計顯示，2011年，這些東西促成的負強迫大約為0.7瓦／平方公尺；換句話說，氣膠通常會冷卻地球，抑制暖化的力量。

大部分預測指出，到了2100年，二氧化碳將變成全球暖化的主要誘因。其他因素、尤其是氣膠的促成十分難以推測；預測氣膠的難題之一，是我們不知道有多少電會靠燒煤產生，也不知道燃煤電廠將來會把多少排放量清理乾淨。

我在目前的分析中，通常會把問題簡化，把重點放在二氧化碳排放，這樣就可以掌握基本問題，其他問題要等到問題出現時才討論。[1]

🌍 二氧化碳排放量從何而來？

要減少二氧化碳排放量原則上很簡單，實際上卻很困難。說「簡單」，是因為只需要全世界減少使用化石燃料，或是在燃燒化石燃料時，設法移除二氧化碳的排放量。右頁圖23所示，是促成二氧化碳排放的主要因素。[2]在全球能源的二氧化碳排放量中，煤炭和石油各占35%到40%；天然氣大約促成總量的五分之一。美國的百分比和其他國家差別不大。還有其他領域也釋出二氧化

碳，水泥生產就是一個例子。但是最有用的做法是聚焦在化石燃料，因為其中的經濟利益最大，對暖化的促成作用也最大。

圖23所示是二氧化碳排放的實際數量。我們也可以檢視二氧化碳排放的相對經濟價值，這樣說的意思是：由市場為含有二氧化碳的燃料，訂定市場價值。有些燃料比其他燃料便宜，例如，你利用汽油開車時，每一美元支出釋出的二氧化碳數量很低；相形之下，發電廠燃燒煤炭時，每一美元支出釋出的二氧化碳數量很高。

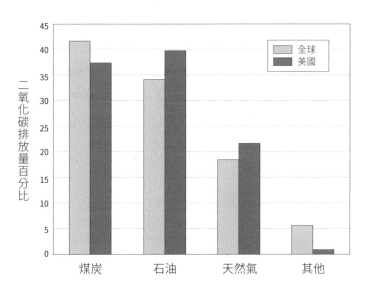

圖23　2010年二氧化碳排放量來源。本圖顯示2010年所有國家二氧化碳排放量的百分比（左柱），以及美國（右柱）所占百分比。

以下是1000美元燃料支出釋出的排碳量噸數估計：

- 每1000美元石油燃料，排放0.9噸的二氧化碳。
- 每1000美元天然氣燃料，排放2噸的二氧化碳。
- 每1000美元煤炭燃料，排放11噸的二氧化碳。

結果很驚人，每一美元成本的煤炭，排放的二氧化碳約比天然氣高六倍，比石油約高出12倍。以每單位能源來說，煤炭是非常便宜的燃料，缺點是每一美元支出排放的二氧化碳極多。[3]

上表所示的排放經濟學意義重大。顯示要減少能源的排碳量，最經濟的方法是減少用煤。這層意義並沒有經過數字的證明，因為這一點還需要針對利用不同能源涉及的資本和勞工成本，進行進一步的分析。但是，就像我們在下一節會看到的，這種初步結果通過了最謹慎的檢視。因為這一點極為重要，值得再說一遍：減少二氧化碳排放量，最有成本效益的方法是先用最激烈的方式減少用煤。

🌐 從家計觀點看減碳

這一切都非常抽象。所以我們要改看統計上的美國一般家庭，把全美總排碳量除以美國115億個家計單位，得出每一家戶的排放量。右頁表6所示，即為每一家戶不同活動的二氧化碳排放量。[4]駕車是排放量最大的單一來源，每年大約排放8噸，取暖和冷氣也是大宗項目。如果我們把表列的所有來源加總起來，每一家戶每年的總排放量為20噸。

但是這樣表示，所有其他活動大約每年仍然要排放32噸。你很可能會問表6的「所有其他活動」到底是指什麼。事實上，二氧化碳排放跟家庭生活的所有層面都有關，因為美國人直接或間接利用化石燃料，生產家戶使用的所有產品與服務。製造餐桌要用鋼鐵，鋼鐵製程要用到的煤炭會排放二氧化碳；醫院提供急救服務時必須取暖，取暖用的天然氣會排放二氧化碳；麵包店產銷的麵包要用到小麥，農民種植小麥時必須駕駛曳引機，曳引機用的柴油也會排放二氧化碳。

表6　2008年美國家計單位不同活動的排放量。美國哪些的家戶活動產生最多的二氧化碳排放量？駕車是單一最大的排放來源。大部分的排放（「所有其他活動」）並非來自直接使用燃料，而是來自間接利用，或來自「體現」家戶所使用的產品與服務製造時排放的二氧化碳。

終端用途	2008年每一家計單位的二氧化碳排放量（噸數）	排放所占百分比
汽車旅行	7.9	15.2
空間取暖	3.2	6.2
航空旅遊	1.6	3.0
空調設備	1.3	2.5
水的加熱	1.3	2.5
照明	1.1	2.2
電冰箱	0.8	1.5
電子產品	0.8	1.5
清潔	0.5	1.0
電腦	0.1	0.2
所有其他活動（含非家戶活動）	33.4	64.3
總和	51.9	100.0

然而，所有活動的二氧化碳密集度並不一致。燃煤發電是美國最大的二氧化碳排放量來源，因此倚重燃煤火力發電的活動，就具有二氧化碳密集的性質。其他二氧化碳密集的活動包括水泥和鋼鐵生產。此外，還有更多二氧化碳以外的溫室氣體會影響氣候，透過「腸道發酵」釋出的甲烷就是例子，這種甲烷從活牛的消化道釋出。因此，即使看來無害的一杯牛奶，對未來的氣候也會有影響。

哪些領域比較不會排放二氧化碳？或是每單位支出對氣候只有微乎其微的衝擊？每一美元產出排放量最少的是服務業。舉例來說，醫療保健、建築、會計、保險、金融和法務服務的每單位產出排放量，大約只有整體美國經濟的五分之一。因此，雖然你可能不喜歡你的往來銀行，那家銀行卻有碳足跡很微小的優點。[5]

減少二氧化碳科技

如果我們決定減少二氧化碳排放量和濃度，應該怎麼做？以下是主要方法：

- ⚀ 我們可以減緩整體經濟成長。例如，2009年經濟衰退期間，美國的排放量減少了7%。為了達成目標而引發經濟衰退的方法很痛苦，本書絕不推荐。

- ⚁ 我們可以減少能源消耗。能源服務是表6列舉的有用活動，例

如駕車或給房屋供暖。減少能源消耗是可行的，我們當然可以免除一些不必要的活動。但是大多數人會抗拒大幅改變生活型態，而且我們無法把能源消耗減少50％或90％，從而把排碳量降到零。

🎲 減少產品與服務製造時的碳密集度。這樣做涉及改變製程，而不是改變製程內容。例如，我們發電時，可以用天然氣取代煤炭，把二氧化碳排放量大約減少一半。我們甚至可以更進一步，利用零碳的風力發電。研究指出，我們可能在改變生產科技與程序中，發現真金；在我們發展出低碳科技的情況下，尤其可能如此。或許有人會發現某種聞所未聞的神奇科技，這樣我們生產所需要的能源時不但不會排碳，成本也低於現有燃料。

🎲 把碳從大氣層中移除。最後一個方法是移除燃燒後產生的二氧化碳，這方面已經有好幾種策略，但是看來大都很昂貴，而且規模龐大，這一點要留待後文來討論。

我不打算討論這些方法的細節。專家已經分析這些方法很多次，讀者可以尋找這些謹慎的說明來閱讀。[6] 相反地，我要在本章剩下的部分，提供一些能夠清楚說明的例子：例如短期燃料轉換的例子；燃燒後移除的第二個例子；以及一些未來式的例子。最後一節要討論在氣候賭局的背景中，如何分析可能的科技突破。

天然氣是最乾淨的化石燃料，用來發電時，每瓩時（kWh）釋出的二氧化碳只有煤炭的一半。提高天然氣發電比率，是

減少二氧化碳排放量的重要方法。根據專家的報告（參見表14），新型天然氣複循環電廠的發電成本，比新型燃煤電廠便宜。例如，估計新型傳統燃煤電廠的發電總成本，大約是每瓩時9.5美分，天然氣發電廠的發電總成本大約是每瓩時6.6美分。同時，燃煤電廠每瓩時的二氧化碳排放量，大約是天然氣電廠的兩倍。[7]

你自然可能會問，如果燃煤發電成本這麼高昂，為什麼美國還要利用燃煤發電？答案是煤炭的短期成本遠低於天然氣。就現有的有效能電廠而言，天然氣發電的成本大約是燃煤發電的兩倍，長期和短期的差別，在於新燃煤電廠和新天然氣電廠相比時，要承擔高昂的資金成本。難怪美國興建中或計畫中的大部分新電廠，都是天然氣電廠，而不是燃煤電廠。但是現有的電廠仍然會大量排放，而且在沒有環保規範或稅賦的情況下，還會營運很多年。

那麼把二氧化碳從大氣層中移除如何？自然過程最後會移除人類活動添加在大氣層的大部分二氧化碳，但是，這種過程進行得非常緩慢，要用數萬年的時程標準來計算。就防止快速氣候變遷及其衝擊來說，這樣太久了。例如，假設各國在2100年前繼續走在排放快速成長的道路上，然後完全停止所有排放，1000年內，二氧化碳濃度將繼續遠高於工業化前的水準，全球氣溫將升到比1900年水準大約高出攝氏4度的高峰。這種驚人的結果顯示，碳循環和氣候系統具有極為龐大的慣性。[8]

我們或許應該考慮完全不同的方法來減緩。我們是否可能

在化石燃料燃燒後，移除二氧化碳呢？這種方法可以在綜合過程中施作，也可以在溫室氣體進入大氣層後施作。燃燒後才進行處理有一個優點，就是我們可以繼續利用豐富的化石燃料推動我們的經濟，卻仍然可以降低這種燃料對氣候的衝擊。

今天最有希望的燃燒後處理科技，稱為碳捕捉與封存（carbon capture and sequestration，CCS）。這項技術是在燃燒化石燃料（如天然氣或煤炭）後，才捕捉二氧化碳；燃燒很容易，合乎經濟效益的捕捉就難了。

碳捕捉與封存科技如何運作，以下要根據麻省理工學院工程師與經濟學家小組的慎重研究，加以說明。[9] 基本構想很簡單，碳捕捉與封存科技會在燃燒時捕捉二氧化碳，然後運送到別的地方儲存不動千百年，因此不會進入大氣層。

我用煤炭當例子，是因為煤炭是最豐富的化石燃料，也是大規模施作碳捕捉與封存科技的首選。工程師認為，以今天美國的天然氣價格來說，對天然氣施作碳捕捉與封存會比較便宜，不過用在煤炭的基本原則類似用在天然氣的基本原則。為了簡化起見，我們可以假設煤炭是純碳，那麼基本程序就是：

碳＋氧 → 熱能＋二氧化碳

因此燃燒產生了我們要的產出（可以用來發電的熱），加上不想要的外部性——二氧化碳。

重點是在二氧化碳分子逸入大氣層前捕捉起來。目前分離二氧化碳的技術已經在油田和天然氣田運作，然而，現有

科技都是小規模運作，不適於用在大規模燃煤火力發電。一項有希望的科技，是搭配二氧化碳捕捉的「整體氣化複合循環」（integrated gasification combined cycle），過程是從粉煤（pulverized coal）開始，先把粉煤氣化，產生氫和一氧化碳，再讓一氧化碳進一步反應，產生高濃度的二氧化碳和氫，接著用溶劑析出二氧化碳並加以壓縮，最後運送到別的地方儲存起來。這一切聽起來很複雜，事實上也是如此，卻不會比目前用在燃煤發電上的科技來得複雜。

碳捕捉與封存技術的主要問題是成本和儲存。電力成本會上升，是因為添加碳捕捉與封存技術後，必須耗用能源，把二氧化碳從排放氣流分離出來。根據麻省理工學院的研究，加上二氧化碳捕捉後，每瓩時的發電成本將提高3到4美分，使目前科技的發電成本大約增加60%。但是麻省理工學院的小組預測，這樣只會讓先進科技的發電成本增加30%。[10]

二氧化碳捕捉是這種製程當中成本高昂的部分，運輸和儲存卻可能引發更多爭議。光是需要儲存物質的規模就是大問題，最可能的儲藏地點是多孔的地下岩層，如枯竭的油田和天然氣田。另一個問題是外洩的風險，這樣不但會降低這種計畫的價值（因為二氧化碳會進入大氣層），也可能構成健康和安全風險。我偏愛的對策是利用深海的重力儲存。如果把二氧化碳儲存在深海，由於二氧化碳比水重，它會在深海停留好幾個世紀。[11]

目前，碳捕捉與封存面臨很多障礙。這種科技成本高昂、未經測試，而且必須擴大規模，以便每年處理數百億噸的二氧

化碳。在地下儲存的表現方面，我們的資料不足，需要豐富的經驗，確保科學界和大眾能夠接受這種科技。大家現在都害怕巨量二氧化碳突然衝出，可能造成無法預測的損害。

碳捕捉與封存目前和很多大規模、資本密集的科技一樣，陷在惡性循環當中。企業不願意大規模投資碳捕捉與封存科技，因為這樣做具有財務風險；之所以有財務風險，原因是大眾的接受度低落，而且大規模推動將碰到重大障礙；大眾的接受度低落，是因為大規模的碳捕捉與封存經驗少之又少。和其他大規模的新能源系統一樣，打破這種惡性循環，是相關公共政策的重大難題。

🌐 一些未來式的科技

要從大氣層中移除二氧化碳，還有其他的建議，但是這些建議聽來比較像科幻小說，不像腳踏實地的工程技術。有一個例子很可愛，就是種植幾十億棵樹，然後砍下來，把樹和樹中的二氧化碳，一起儲存在某些遙遠的地方，防止分解。備受尊敬的物理學家傅利曼·戴森（Freeman Dyson）曾經建議類似上述建議的變體方案：

我們精通生物科技後，氣候遊戲的規則將急劇改變。在以生物科技為基礎的世界經濟，若干低成本、對環境有益、能夠阻擋二氧化碳排放的利器可能化為實際……例如，可能在20年內，會出現「遺傳工程食碳樹」（genetically engineered carbon-eating trees）；50年

內，這種樹幾乎一定會出現，把樹從大氣層中吸收的大部分碳，變成某種在化學上穩定的形式，埋在地下。[12]

科學家正研究其他科技，以便加速用自然的程序來儲存二氧化碳。哥倫比亞大學的克勞斯‧雷克納（Klaus Lackner）建議用「合成樹」（synthetic tree）移除大氣層的二氧化碳。[13]有些科學家建議利用海洋來吸收過多的碳。

這些構想都有兩大障礙，一是可能太昂貴，二是需要消除的規模至為龐大。這兩點可以用今天一定可行的一個例子來說明。加拿大卑詩省（British Columbia）有一片遼闊的森林，絕大部分尚未開發。假設卑詩省貢獻大約30萬平方公里的一半林地，用於除碳，這樣要做的事情包括種樹、成樹之後砍伐、用二氧化碳不會逸出到大氣層中的方式把樹儲存起來。這樣卑詩省很快就會有由樹木構成的大山，但是把半個卑詩省奉獻給這個計畫，只能抵銷不到0.5%世界未來的二氧化碳排放量。

或許大量的食碳樹、卑詩省式的植樹計畫和雷克納式的合成樹計畫，可以壓低二氧化碳的排放軌跡，但這項任務龐大，除非有人發現完全不同又很有效的除碳程序，否則這種做法比較像是輔助之道，不是能夠取代減排的方法。

大多數減少二氧化碳排放量的方法似乎都很昂貴，第15章的計算會說明這一點。我們會不會因為今天的科技是在對氣候變遷漠不關心的世界上發展出來的，因而變得過度悲觀？如果提供適當的誘因，投入夠多的科學人才來從事這種任務，是否可能出現根本消除排碳問題的能源科技革命，解決全球暖化的

問題？

回頭看看圖3。這張圖顯示，過去80年來，美國經濟的碳密集度每年大約下降2％，而且這種趨勢只有微小的變化，能源科技的重大革命是否可能把除碳的速度，每年提高10％或20％，從而劇烈壓低排放軌跡呢？我要考慮這種情境會以什麼方式出現，然後探討這樣對全球暖化政策有什麼影響。

預測未來科技發展本來就很難。如果我知道未來什麼科技會成功，那麼，我可能會像預測股市未來走勢一樣，變得極為有名、極為富有。但是，我們還是來考慮一些科技方面的科幻小說吧。推測未來趨勢的科學家和科技專家通常都預期，突破可以出自先進運算、機器人科技和新材料的結合。

發明家暨未來學家雷・庫茲威爾（Ray Kurzweil），曾經提出一個低碳卻能源豐富的未來願景。他認為分子奈米科技（molecular nanotechnology）可以把太陽能發電的成本，降到跟目前水準相比堪稱微不足道的比率，使得建築物、車輛甚至衣服，都可以建置低廉的太陽能電池。他也預想利用太空中的太陽能發電，把巨量能源透過微波發射到地球，材料則靠著太空電梯，送上太空。[14]

至於和其他革命性突破有關的預測，我們很難知道應該多麼認真地去看待。未來半個世紀，這種突破出現的可能性有20％嗎？還是只有2％？或是0.002％？

首先，我們一定不應該排除這種激進的科技突破。一個世紀前，人做夢也想不到今天的網際網路、人工智慧或DNA排序。此外，如果我們看看圖39，可以看出過去50年內，太陽能

光電（solar photovoltaic）的成本已經大幅下降。

　　但是稍微深思一下，我們就會知道，可能的激進科技突破無法解決全球暖化的難題，原因在於我們需要保險來對抗不好的結果，而不是來保障很好的結果。火險是有用的比喻，我們保火險是為了避免房子燒燬的風險，不是為房子安然無恙或價值急劇上升而投保。我們的保費是為了對抗最差的狀況，不是為了最好的狀況。

　　下面的寓言會清楚說明這一點。假設有人發明了一種靈巧的蟲，會吃大氣層中的碳，吃飽後會飛進太空，這樣我們應該放鬆我們延緩氣候變遷的努力嗎？稍微深思，就知道答案是不應該。這種蟲實際上可能不會吃掉任何東西，不會飛到什麼地方去，這時我們就會面對失控的氣候變遷。我們需要對抗蟲不吃碳的保單，不要保障蟲真的吃碳的保單。因此，全球暖化政策大致上是對抗氣候賭局之中雖然不確定卻可能造成重大損害的結果。從這個角度來看，可能的革命性突破有利的結果，不會大幅降低保障全球暖化不利衝擊的保費。

　　因此，在減緩法方面，我們會得到什麼結論？要減少二氧化碳和其他溫室氣體的選項很多，有些選項今天就可以用，例如把用煤發電改成用天然氣和其他低碳來源發電。其他選項的投機意味比較濃，碳捕捉與封存科技就是例子。還有一些選項是夢想，例如食碳樹和食碳蟲的構想。研究這個問題的經濟學家通常都同意，如果我們認真推動這項任務，又能有效管理，我們確實可以利用減緩法延緩全球暖化。這種方法不一定貴得嚇人，而且利用對市場友善的工具將減少政策上的支出，又可

以降低政策對我們日常生活的干擾。如果減緩法能夠有效管理，這種方法對未來半個世紀的生活水準的衝擊將變得很小。這一切全都是假設，我要留待後面幾章才要討論。

延緩氣候變遷的成本

前一章的結論是：要限制氣候變遷，必須把主要焦點放在減少二氧化碳和其他溫室氣體的濃度。我們看出有四種基本方法可以達成任務，第一種方法其實沒有贏的機會，那就是減緩經濟成長，但這樣會降低我們的生活水準。

另外三種方法值得認真考慮。我們可以藉由抑制碳密集活動，決定不再在世界各地飛來飛去，改變自己的生活型態。此外，我們可以用低碳或無碳的科技或燃料來生產產品與服務。例如在發電時改用天然氣或風力，取代煤炭。最後，我們可以燃燒化石燃料，但是在燃燒後移除二氧化碳。

氣候變遷政策的目的是要鼓勵所有這三種行動。有效率又有效能的政策必須影響全世界數十億人民、企業和政府的決定，以便誘導大家利用低碳消費和科技。有些科技看來很明顯，例如減少燃煤火力發電的二氧化碳淨排放量，有些科技顯得很精微，例如更有效能地推動工廠營運。但是，還有一些方

法涉及鼓勵開發新科技與改善現有科技；長期而言，這些方法最有希望。

然而，其中每種方法大都牽涉到成本。風力發動的新電力比有效能燃煤電廠發的電昂貴；油電混合動力車的成本高於標準汽車。而且，從幸福的觀點來看，留在家裡的成本很高昂，因為我們真的很期待去新墨西哥州旅遊。有些替代方法可能很便宜，有些方法很貴，但是經濟學的核心教訓是：要達成氣候變遷政策的目標——尤其是雄心勃勃的政策——需要龐大的投資。

🌏 衡量成本的標準

這方面衡量成本常見的方法是「減少一噸二氧化碳要多少錢」。乍看之下，這種說法似乎很奇怪，但它不過是價格罷了。我們習於支付「每磅馬鈴薯的價格」，這裡不同的地方是我們不付錢生產什麼東西，而是付錢不生產什麼東西，就像付錢請人把垃圾運走。其中的邏輯很簡單，假設你可以花1000美元減少排放二氧化碳10噸，那麼每噸的成本就是100美元（算式為1000/10 ＝ 100）。

我們來看兩個特殊的例子。

例一：新電冰箱。我有一臺舊的電冰箱，想買一臺具有能源效率、成本1000美元的新款電冰箱。兩款電冰箱都耐用十年，尺寸和冷卻能力相同。新電冰箱的用電較少，我計算出來每年節省的成本是50美元，因此（忽略折現），新電冰箱的淨成本（net cost）為500美元。小小的研究顯示，新電冰箱每年排

放的二氧化碳大約比舊電冰箱少0.3噸，因此，我在十年內，會以500美元的成本減排3噸的二氧化碳，這樣算出的每噸二氧化碳減排成本是167美元〔算式為500/（0.3 × 10）＝167〕。如果我們像投資時應該做的事情一樣，把成本折現，那麼這樣的成本就有一點高。[1]

例二：天然氣發電。我換掉舊電冰箱的減排二氧化碳成本顯得相當高，我們換一個例子好了。我之所以想到這個例子，是受第14章討論以天然氣取代煤炭發電的優點激發。假設舊的燃煤火力發電廠的效能不佳，每度電的變動成本比新的燃氣火力發電廠大約高出1美分，每1000瓩時二氧化碳排放量的差異大約是半噸，把這些數字除一除，得到移除一噸二氧化碳的成本是20美元。算式如下：（10美元/1000瓩時）/（0.5噸二氧化碳/1000瓩時）＝每噸二氧化碳20美元。所以，比起更換電冰箱，這麼做的成本少得多了。[2]

🌐 估計減少排放二氧化碳的成本

減少排放二氧化碳的成本是氣候變遷經濟學最重要的主題之一。基本構想很簡單，你需要照明、取暖或駕駛之類的能源服務，而這些服務可以使用不同的方法取得。你可以使用效能低落的廉價電燈泡，也可以使用昂貴的高效能電燈泡；你可以開耗油量大的車，也可以開油電混合動力車，達成車輛能源效率。

如果你減少能源的利用，就會減少燃料的使用，排放的二氧化碳也因此會減少。然而，你在每一種狀況中，都需要多花一點

前期成本，換取具有能源效率的設備。問題在於你把一切納入考慮時，減少一定數量的二氧化碳的淨成本是多少？

　　能源專家針對減排二氧化碳和其他溫室氣體成本的問題，做了很多研究，以下是一些重要的發現。

⚀ 經濟體中有很多低廉的機會。從能源成本節省折現高於前期投資的角度來看，有些機會甚至含有「負成本」。

⚁ 我們加強限制排放時，成本開始急劇上升。很多研究指出，各國可以用很少的成本、甚至可能不花成本，就可以達成減排10%到20%的目標。但是，要在幾年內減排80%或90%，代價應該會極為高昂。

⚂ 今天沒有「銀色子彈」科技可以一舉解決氣候問題，但是全世界有無數機會，幾乎每個國家的每一個領域都是如此。

⚃ 最後，雖然書裡把重點放在化石燃料排放的二氧化碳，完整的政策組合不應該忽視燃燒化石燃料以外的排放來源。有很多種溫室氣體的來源，可以用經濟有效的方法減少。例如，換掉造成臭氧層破洞的氟氯碳化物（chlorofluorocarbon），將減少排放具有龐大暖化效應的溫室氣體。其他領域可以採取類似的行動，注釋3將討論其中的若干行動，但是我把這些行動排除在外，以使簡化這種討論。[3]

　　很多全球暖化的科學研究提出極為詳細的未來科技情境。本書不採用這種方法，原因之一是我們確實不知道答案。經濟

學家和決策官員沒有資訊，無法微觀管理（micromanage）3億1500萬美國人或70億地球人的能源系統。經濟太複雜，演變得太快。經濟學家反而應該像第四篇所討論的一樣，強調政策的設計應該提供強大的誘因，以便減少排放二氧化碳，同時開發新的低碳科技。

雖然我們可能不知道全球暖化策略的科技細節，卻確實有著應該從哪些重大領域減排的明智直覺。我要用一項特別政策建議的分析來說明這一點。為了這個例子，我檢視了要在2030年前，把美國的溫室氣體排放量比毫無管制的底線減少40%的建議。就我的目的來說，這個建議的細節並不重要，重點反而該放在達成遠大目標的有效方式。

分析這項政策時，使用的是美國能源資訊管理局（U.S. Energy Information Administration）開發的非常詳細的能源模型。右頁圖24顯示大部分減排來自減少利用煤炭。[4]煤炭消耗量要減少90%，石油與天然氣用量大約要減少5%。這個結果的原因是：煤炭每美元能源含量（energy content）的二氧化碳排放量要高得多了。此外，正如本章前述例2所顯示的，在發電用途方面，天然氣可以很經濟地取代煤炭。最後，近年天然氣的價格劇跌，更進一步降低了減少用煤的懲罰成本。

詳細能源模型的結果顯示出令人困擾的一個重要結論。大部分國家今天偏愛的政策，都是能源效率規範，例如對汽車和電冰箱之類家電的法規。然而，這種管制不會觸及減排最經濟的領域——煤炭發電。能源效率規範或許很受歡迎，不過減少煤炭用量會碰到產煤區和他們所僱用的說客的激烈反對。但是

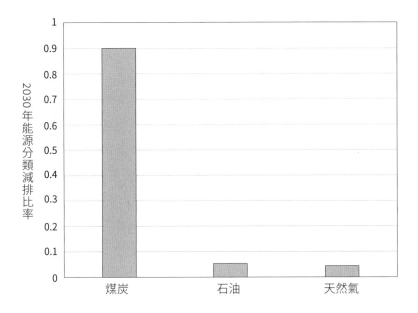

圖24 美國依據燃料種類減排二氧化碳最經濟方式的預測。根據美國能源
　　　資訊管理局的預測，美國應該最大限度地減少用煤。這種結果類似
　　　其他經濟模型的預測。

慎重的分析顯示，談到減少排放二氧化碳，煤炭據有至高無上
的地位。

　　這點帶出進一步的另外一點：和減排二氧化碳有關的成本
可能非常龐大。用今天的科技或隨時可以大規模應用的科技來
說，排放量大減不可能輕易、迅速或廉價地達成，一定需要相
當的巧思，想出減少排放的便宜方法才行，也需要確保社會依
賴最不昂貴的方法。我們回到先前電冰箱和發電的例子，就可
以看出將近十倍的成本差距。我們談到要減少幾十億噸的排放
量時，其中牽涉的經濟利益極為龐大。

🌐 減排總成本曲線

　　上述的討論採用典型的決定，例如選擇家用電冰箱和發電廠型式來說明二氧化碳減排成本。但最終我們有興趣的是整體經濟的成本。專家研究二氧化碳減排成本問題很多年，我要摘述其結果，但是也要強調這些分析的問題和動態性質。

　　各種估計很多，而且差異很大。右頁圖25顯示兩種不同方法的結果，一種是工程式由下而上法，一種是經濟模型式的由上而下法。[5]我們先從由下而上模型開始。由下而上法估計成本的方式，是評估一套諸如用在汽車、鼓風爐（blast furnace）、發電廠之類場所的不同科技，然後問每個領域如何減排，成本又是多少。我們所用電冰箱和發電廠的例子，就是由下而上的初步估計，這是工程師面對問題的典型做法，他們會看不同的產品和製程，詢問如何重新設計，以便用有效能的方式減少碳排放量。

　　請看看圖25。縱軸所示，是減排平均成本占所得的比率；橫軸所示，是特定年度二氧化碳減排比率；圖中所示為2025年的比率，是以二氧化碳減排30%的成本估計為例。兩種方法在估計這種水準的平均減排成本時相當一致，占國民所得的比率都是略高於0.5%。如果我們把此一比率換算成2012年的美國經濟成本，那麼二氧化碳減排一噸的平均成本大約是15美元，每年的總成本大約是1000億美元，更劇烈的減排比率會使得成本提高。

　　由下而上的研究中，有一項有趣的發現，就是宣稱其中有很多負成本措施，也就是有很多措施可以節省成本。這些措施包括利用天然氣發電、改善汽車燃油效率。根據大部分的由下

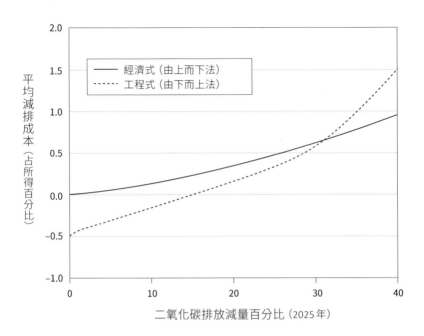

圖25　2025年減排溫室氣體平均成本。這個數字所示，是全世界以最有
　　　效能方式減排的平均成本估計。針對美國所做的估計略有不同，但
　　　是形狀相同。

而上研究，我們可以減排大約15％，同時還可以省下錢來，再
減排大約15％，能夠用相當低的成本達成，卻仍然會為美國經
濟添加1000億美元的成本。

　　另一條曲線所示，是用由上而下或經濟模型做成的成本估
計。這些估計通常使用統計方法，估計能源用量與排放和價格
及所得之間的關係。這種方法叫做「由上而下法」，反映研究的
東西是總值或估計值，而不是個別科技。經濟模型通常假設其
中沒有負成本的選項。經濟式的方法假設，如果負成本的科技
存在，應該早已被人採用，不需要以氣候變遷政策來鼓勵這些

科技。

　請注意，兩條曲線的斜率不同。工程式或由下而上法的估計開始時比較低，帶有負成本，但是上升速度比經濟式或由下而上法還快。我的解釋是，由下而上法起點較低，是反映工程式的方法會找到負成本科技；斜率較高的結果是因為由下而上模型通常只分析數量有限的科技，可能忽略了若干減排選項，因為這種模型根本不能包括一切，而經濟模型原則上可以納入所有可能的方法。大部分由下而上法的估計，把重點放在它們納入計算的幾十種科技（汽車、電冰箱、發電等等）。但是除了改變科技之外，還有很多方法可以減排，其中一種方法是透過改變我們的消費型態。例如，我或許可以不長距離飛行就滿足自己的度假需求；在工程式或者由下而上法當中，應該不會考慮這種減排程序，經濟式或由上而下模型卻會納入。

　哪種方法正確？我自己研究時，傾向採用經濟式的由上而下法，因為這種方法符合在很多國家不同時間觀察到的行為。此外，由下而上模型經常納入不切實際的假設。[6]我承認有很多負成本項目存在，但是知道負成本選項存在，不表示我們擁有找到這些選項的知識，或擁有能夠有效利用這些選項的智慧，所以要我為建立模型投票的話，我會選擇經濟式的方法。

　但是我也承認，這個領域一直是經濟學家和工程師熱議和明智辯論的主題。哪種方法才正確仍然懸而未決，而且懸而未決幾十年了。讓非專家困擾的是，為什麼專家在減排成本上面的意見這麼分歧。但是這些歧異反映出，要在這麼複雜的經濟體推動激烈改革需要有哪些作為，是很不確定的。

雖然有這些爭辯，所有模型當中有效降低成本的基本輪廓卻很類似。微幅減排的成本相當小，但是隨著減碳程度愈深入、時間架構愈短，成本將急劇升高。

🌏 達成全球氣溫目標的成本

評估延緩氣候變遷的成本後，我們現在可以把這一套拿來運用。本節要估計達成特定氣候變遷目標的成本。這種計算比估計成本曲線還難，因為需要把成本整合到氣候模型。

因此，我提出符合不同溫度目標成本的估計。其中一種是《哥本哈根協議》，倡議要把全球升溫目標限制在攝氏2度，我們也會為其他溫度目標進行類似的計算。下面的估計採用可以代表其他模型的耶魯大學DICE模型。

下頁圖26顯示這些模型的結果。[7]我們先從利用最有效能政策組合的減排成本估計。縱軸線條顯示達成不同溫度目標的成本。左邊的實線成本曲線所示，是政策效能100%、百分之百國家參與的烏托邦式的理想成本估計。除了各國普遍參與外，最低成本曲線進一步假設干預措施能夠訂定有效的實施時機，而且能夠普遍實施，沒有農民、出口商品或政策關係良好領域得到豁免的情形。請注意，成本是以占世界所得百分比的方式計算（這些結果也採用第16章解釋過的折現成本。）

烏托邦式的政策顯示，如果能夠有效實施，達成《哥本哈根協議》攝氏2度目標的成本應該很少，差不多會耗費世界所得的1.5%，或是等於要耗用大約一年平均所得的成長。然而，如

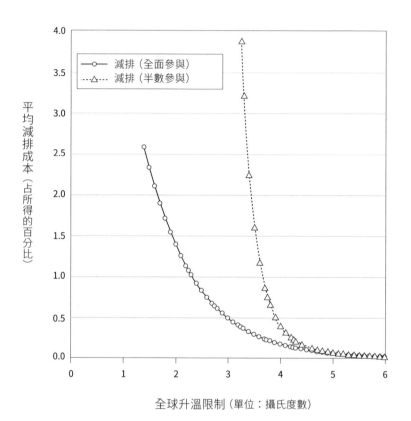

圖26 達成不同氣候目標的全球成本估計。兩條曲線顯示，要達成一定的
溫度目標，需要耗費全球所得的百分比率。左邊的曲線假設百分之
百的國家參與，同時，政策能夠有效地設計。右邊的曲線假設參與
率為50%，如果參與率低落，要達成《哥本哈根協議》限制升溫攝
氏2度的目標，將變得幾乎不可能。

果要達成比較低的升溫目標（比方說，限制升溫攝氏1度），成本就會昂貴多了。因此，重點在於如果能夠有效實施，同時能夠普遍參與，那麼全世界就可以用低成本來達成雄心勃勃的溫度目標。

接下來，我們轉移到有限參與的情況。經濟模型透出的最初識見是：接近普遍參與十分重要。換句話說，達成溫度目標的成本，大致取決於有多少國家參與。原因在於要追求效能，就必須所有區域都利用本身的負成本和低成本減排選項。比方說，如果印度沒有參與減排，那麼其他國家就必須採用更昂貴的減排措施，才能達成既定的全球氣候政策目標。

在各國行為方面，我們必須務實，有些國家會拒絕共同努力。此外，2012年的《京都議定書》只納入五分之一的全球排放量；因此，必須假設只占一半排放量的國家會參與，雖然它們很快就會這樣做。這種情形可能是所有的富國以及若干中等所得國家都參與，窮國則不參與。其他國家將在下個世紀加入這項計畫。圖26右邊曲線顯示的就是這種有限參與的成本。這第二個案例仍然有著理想主義的味道，因為它假設政策會以有效的方式實施，而且還是沒有豁免農民、出口商品或其他族群。

有限參與的曲線會讓人冷靜下來。這條曲線顯示，如果只有半數的國家參與限制升溫低於攝氏4度，成本將急遽攀升。原因很簡單，如果有半數的國家不努力減排，即使另外半數的國家盡了最大的努力，大幅度的暖化還是勢不可免。這種計算也指出，一大部分的國家延後參與，會使得《哥本哈根協議》升溫限於攝氏2度的目標幾乎不可能達成，而不只是成本高昂而已。

最後，要考慮無效率的政策。我會在後面幾章討論政策的有效設計，但是基本概念是在所有的領域和國家中，減排的邊際成本都應該一律平等。如果這一點有些難以理解，我會在短時間內好好解釋。

這個進一步的案例和當前問題有重大關係，因為接近通過效率試驗的國家，可以說一個都沒有。各國的政策通常是法規、能源稅與綠色補貼構成的大雜燴。例如，美國有規範汽車的燃油效率，但是法規只適用於新車；美國政府已經提議管制新發電廠的二氧化碳排放量，卻不規範現有發電廠的二氧化碳排放量。歐洲很多的國家開徵碳排放稅，卻豁免出口產業和中小企業，或是給予特殊優惠。

圖26顯示，因為對不同產業的處理方式不一致，達成溫度目標的成本將高於有效水準。這裡我沒有提供圖表，但讀者可以輕易地自行畫出圖表。典型的發現是：利用無效的管制或方法，會使得達成環境目標的成本倍增。把這項發現和50%的參與率加在一起，那麼圖26的成本曲線將向上變動二倍，你可以自行畫出這條新曲線，而且把圖表標題標註為「減緩成本：50%參與率與無效管制的結果」。達成攝氏3.5度目標的成本，將從占所得的1.5%提高為占所得的3%；達成攝氏3.25度目標的成本，將從占所得的4%提高到占所得的8%……。

這個簡化的例子強調設計有效政策的重要性，差勁的設計和有限的參與可能急劇抬高成本，甚至可能使目標不可能達成。

如果讀者有興趣瞭解其他模型的結果，可以看看第一篇EMF-22探討的模型比較。其中11個模型試算的情境，和圖26

的兩個模型非常類似，結果大致雷同。在普遍參與的情況下，大約半數的模型發現，可能達成攝氏2度的目標；在部分參與的情況下，22個模型中，有20個模型發現攝氏2度的目標不可行。實際上，「不可行」表示這樣會造成可怕的經濟蕭條，建立模型的其他專家已經證實這種結果。

這些模型也估計了不同情境的成本。EMF-22模型得出的成本，通常高於圖26中DICE模型的計算。不同的模型之間也有很大的差異。如果我們找一個所有模型都可行的情境，成本最高的模型估計，要達成目標的成本，是成本最低的模型所估計的12倍。[8]

為什麼成本的不確定性這麼大？原因主要是不同模型採用不同的成本結構：有些模型是由上而下的模型，有些模型是由下而上的模型。此外，不同的模型產出和排放成長率不同，高成長率的模型要把溫度壓低到目標水準，必須增加的支出大得多了。第三個差異是對能源科技的展望不同。例如，有一個模型可能認為，受到約束的核能產業將導致成本提高。

然而，我們應該把這些模型中的差異，看成真正的不同，而不是想像中的不同。這種差異不能靠著召集所有模型專家開會，堅持要他們找出「正確」答案的方式解決。成本估計反映了慎重考量經濟與能源系統之後所做的判斷，我們應該如此看待，就是它們反映出世界領先的建立模型團隊，對末來的成長抱持不確定看法的一個事實。

因此，和成本有關的底線如下：假設我們全都活在理想化的世界，各國通力合作，推出減排措施，用心確保所有國家和

領域都參與其中，而且行動時機的拿捏都更有效能，那麼在這樣的世界上，要延緩氣候變遷，達到《哥本哈根協議》限制增溫攝氏2度的目標，或是達成接近這種限制的目標，就可以做得到。經濟模型所做的估計顯示，要達成這個目標，每年應該會動用到世界所得的1%到2%。

但是我們必須務實看待國家的行為和政策效能。從有些國家不參與、採用無效措施或行動時機無效的角度來看，實際上，我們將無法達成類似《哥本哈根協議》的偉大目標。在這種情況下，我們可能達成野心沒有這麼大的目標，或許可以把全球暖化目標改為升高攝氏3度。

所以，除非幾乎所有國家都能很快而且以有效率的方式參與，否則以目前或以既有的科技來說，要達到《哥本哈根協議》將全球暖化限制在攝氏2度的目標，是不可能實現的。這樣不表示我們應該放棄。我們必須致力開發有效的科技；必須設計社會機制，鼓勵經濟效能和高度參與；我們應該援助資源有限的窮國；我們還需要重新調整我們的目標，使之可能達成，而不是追求野心勃勃卻不可能實現的目標。

折現與時間價值

考慮達成氣候目標的成本時，都需要面對氣候變遷經濟學一個最棘手的問題：應該如何比較現在和未來的成本效益？這個問題只有輕度的複雜性，而且延伸到目前消費理論的前緣。然而，瞭解其中牽涉的時間權衡，卻也十分重要。這種權衡屬於今天的減排成本和未來減少損害的社會價值之間的取捨，因此不處理折現問題的話，不可能完全瞭解氣候變遷經濟學。

簡單地說，問題就是我們進行減排投資時，成本大致上都是在近期支付，效益卻是在遙遠的未來，以減少氣候變遷損害的形式表現。舉例來說，假設我們以風場取代燃煤火力發電廠，如果我們追蹤其中的連鎖反應，從興建風場，到減少二氧化碳排放量和濃度，到溫度變化，再到減少損害，從興建風場以便減排到損害減少之間，會有幾十年之久的延遲。

🌏 我們的第一筆房貸

經濟學家普遍主張把跟今天所發生成本相對的未來效益折現。不過也有人認為，對未來世代比較不重視、卻比較重視今天活著的人，是不道德的。我們要怎麼釐清這種事情？

每個人每天都要面對這個問題。假設你希望購買自己的第一棟房子，房子的成本是20萬美元，但是你只有5萬美元的現金，因此你必須另外拿到15萬美元。你跑到銀行去，發現銀行願意借給你15萬美元，但是要你為這筆貸款繳交6%的利息。快速的計算顯示，如果你以6%的利率，借到15萬美元的30年期房貸，你必須繳給銀行32萬3759美元。

你的第一個反應可能是說：「我現在才知道銀行為什麼這麼有錢了。」但是進一步深思後，你會瞭解多出的17萬3759美元是利息，反映你今天拿到15萬美元的購買力，而不是等待很多年才能夠成為屋主。今天的錢比明天有價值，這就是一般人和企業願意付利息借錢的原因。

🌏 實質和名目利率

我們現在要暫時停下來，談談和金融有關的一個細節。剛才討論房貸時，談的年利率是6%。但是假設物價每年上漲2%，因為通貨膨脹的關係，我們未來償還的美元價值會減少，我們應該怎麼處理這個事實？

我們想到利率時，通常是想起「名目」（nominal）或現金利

率。利息是以現金計算，意思是我們將來會以現金償還我們今天借的現金。但是假設物價每年上漲2%，那麼你每借100美元，繳交6美元的利息，明年這6美元的價值會減少，因為過了一年物價會變動，你不會犧牲6美元的未來商品。

財務經濟學家用來處理通膨的觀念是「實質利率」（real interest rate）。實質利率是替我們為了今天放棄的商品，衡量明天所能拿回來的商品數量，方法是藉著讓名目利率或現金利率經過通貨膨脹率的修正。在我們的例子裡，每年的名目利率是6%，每年通貨膨脹率是2%，實質年利率就是6－2＝4%。我們借錢時，實際上，我們明年為了今年所借到的每一美元商品，只償還4美分的商品而已。從現在起，我們要談論實質利率，因為通貨膨脹會搞混這個衡量標準。

🌐 折現的例子

以下的例子要說明折現構成的問題。假設有一位你信得過的人，要賣一種50年後付給你實質1000美元（經過通膨調整的美元）的特殊債券，你今天最多願意付多少錢來購買這種債券？

你去找一位你信任的財務顧問，她建議你計算未來拿到1000美元對目前的適當貢獻是多少，再用適當的折現率，把這些錢的價值「折現」回現在的價值。折現率（discount rate）應該反映你在同期內相同投資所能賺到的金額。這1000美元是經過通貨膨脹調整的金額，因此我們希望利用實質折現率。此外，我們必須承認，投資總是帶有某種風險。所以在這種特殊債券

的例子裡，我們可能需要加上風險溢價（risk premium）。我們必須承認這位信得過的人物，可能變成破產的雷曼兄弟或是賽普勒斯銀行，而不是美國政府。

因此，這張1000美元的債券今天到底價值多少？在我們這個假設性的投資情境中，我要用4%的折現率計算。把這種折現率用在這1000美元的債券上，應該會產生141美元的現值。這是正確無誤的價值，因為如果你拿出141美元，投資50年，賺取每年4%的複合年利率，這筆投資的終值應該是1000美元。

🌐 利息的決定因素

利息的基本經濟原因是什麼？利息反映投資會有收穫的事實。換句話說，如果經濟體把資源投入投資計畫，這個計畫將來會產生更多的資源。這一點適用於興建工廠、送孩子上學、投資節約能源的家電，或是撰寫更好的軟體。投資100美元的新資本，通常未來每年會多產生4%到20%的商品。如果報酬率是4%，就表示明年要得到1美元，今天只需要投入1美元/1.04美元＝0.96美元。

未來的美元價值比今天的美元少，所以價值會減少或「打折扣」。我們可以用視角的比喻，顯示未來對價值的衝擊。如果看著鐵路，你會發現遙遠的物體看來比較小（參見右頁圖27）。看時日長久以後的美元，應該這樣子看；因為將來收到的商品，經濟價值會低於今天收到的產品。[1]

🌏 比較今天和明天的消費

折現是拿今天的商品和明天的商品作比較。大家最後關心的還是自己的生活水準，或是經濟學家所說「產品與服務」的消費。消費是經濟生活的終極目標，也是我所討論的焦點，指的是大家享受的大量產品與服務。你應該把這一點當成無所不包的觀念，包括汽車之類的市場商品、家庭手作餐點之類的非市場項目，以及在

圖27　折現會降低遙遠未來商品的價值。折現一如視角，會減少未來產品與服務的價值。

海中游泳之類的環境服務。這樣應該可以藉著減去汙染成本、增加公園價值的方式，適當地修正標準衡量基準不足的缺失。

氣候變遷政策的主要權衡，涉及在今天的消費和未來的消費之間如何取捨。我們今天要減少排放二氧化碳，必須犧牲現在的消費。我們的投資報酬是氣候變遷的損害減少，因此未來的消費會增加。如果我們今天以減少航空旅遊次數的方式來減少消費，因而減少排放二氧化碳量，將有助於維護國家公園和野生動物，留供未來之用。

我們現在可以看出為什麼折現變得這麼重要。假設一種氣候投資犧牲了今天100單位的消費，卻為未來增加了200單位的消費，我們要怎麼把這種消費，變成可以比較的單位，來判定這樣做是不是很好的投資呢？方法是利用折現。

⊕ 從規範和機會成本觀點看折現

折現的爭議主要集中在折現率應該如何採擇的問題，應該從規範（規定）性方法中衍生出來，還是應該取決於描述性（機會成本）基礎。[2]

我們先從規範性方法開始談起。著名英國經濟學家尼古拉斯·史登（Nicholas Stern）在他主持的氣候變遷政策重要研究報告《史登報告》中，強力支持這種方法。他和其他人主張：把未來世代的福祉折現，是不道德的行為。因此他們認為，我們應該對商品運用非常低的折現率，計算未來氣候損害的現值。支持規範性觀點的人，經常支持每年大約1%的商品折現率。[3]以永續性為基礎的另一個方法，是由耶魯大學經濟學家約翰·羅莫（John Roemer）發展出來的。

這個主張雖然很有吸引力，卻設有重要的檢驗條件。我們分析這個問題時，必須區分商品和福利（welfare）的折現率。商品折現適用於住宅或能源支出之類的東西，福利折現率適用於對不同時間或世代人民的對待。我們可能平等對待所有世代的人，卻仍然替未來的商品折現；如果未來的人比今天的人富裕，我們可能認為他們消費的價值（經過折現後），可能低於現

在世代的消費價值。因此，賦予商品不同價值和賦予人類不同價值，兩者並不相同。

現在我們換一個方式來看這一點。大部分哲學家和經濟學家認為，富有的世代對資源的道德主張，比貧窮的世代低，這樣應該是暗示我們會把未來的消費價值，拿來和今天的消費相比，予以折現，因為我們認為未來世代會比目前的世代富有。商品的折現率到底多麼高，應該要看預期未來世代會變得多麼富裕，以及富有和貧窮世代消費的相對價值而定。[4]

支持另一種描述性方法的人，可能同意規範性方法的基本哲學。但是描述性學派主張，這種哲學思想大致上跟有關氣候變遷的投資決定無關。因此描述性分析主張：折現率的主要取決標準，應該是社會從替代性投資中所能得到的實際報酬率。國家有一系列可能的投資，包括住宅、教育、預防醫療保健、減碳和國外投資。在政府預算緊縮和財政壓力龐大期間，這種投資的收益可能很高。在這種情況下，道德折現率很低的規範性方法從經濟角度來看，根本就沒有道理。國家以5%或10%的利率，在國際金融市場借錢，再把稀少的資金投入風電場，得到每年1%的收益率，對國家不會有好處。照描述性觀點的說法，折現率主要應該由資金的機會成本決定，機會成本則由替代性投資（alternative investment）的投資報酬率決定。

🜨 折現率的估計

經濟學家估計描述性方法的機會成本時，會注意替代性投資的報酬率。以下列出幾個例子。過去40年來，估計美國企業資本的稅後實質報酬率，每年大約為6％，人力資本投資（教育）的實質報酬率每年介於4％到20％之間，視地點、時間和教育類別而定。不動產投資每年的實質報酬率通常介於6％到10％之間，但是從2006年爆發房價泡沫後，不動產的投資表現卻很差。一般估計，節約能源投資（例如透過提高汽車燃油效率或建築物的改善）每年的實質報酬率通常都超過10％，偶爾會高達20％。[5]

我自己研究時，通常依靠描述性或機會成本法。利用不同的估計時，我通常採用美國每年大約4％的實質資本報酬率，加上世界其他國家略高的資本報酬率。我利用描述性方法，是因為這樣能夠反映資本稀少、社會上有不少有價值的替代性投資、氣候投資應該跟其他領域的投資競爭的現實狀況。

政府在做道路、水庫、堤岸和環境法規投資決定時，需要用到折現率。美國聯邦政府在現行法規（OMB Circular A-94）中，訓令各機構在它們的基本案例分析採用每年7％的實質折現率。其中的道理基本上與上述描述性方法相同：「此一比率接近近年民間部門平均投資的邊際稅前報酬率（marginal pretax rate of return）。」此外，聯邦政府採用一種似乎由規範性方法促成的替代性方法，其描述如下：「法規主要會直接影響民間消費時……宜採用較低的折現率。最常採用的替代性方法偶爾

稱為『社會時間偏好率』（social rate of time preference）。這樣只是表示，『社會』以這種比率把未來的消費折現為現值。如果我們拿一般儲蓄戶用來為未來消費折現的比率，作為我們衡量社會時間偏好率的標準，那麼長期政府公債的實質報酬率，可能可以作為相當公允的近似值。過去30年來，這種報酬率實質上大約是稅前平均3%上下。」6

不幸的是，美國行政管理和預算局的討論完全搞混了。7%的利率是企業借貸資本的風險利潤率（risky rate of profit），3%的利率是美國政府的無風險借貸利率（risk-free borrowing rate）。差別不在投資與消費之間的不同，或是稅前與稅後的差別，差異在於企業借貸資本的風險溢價〔有時稱為權益溢價（equity premium）〕。幸好，這份分析雖然錯了，數字卻大致合理、可以應用。

🌏 折現與成長

機會成本法假設，美國與其他經濟體在下一個世紀，大致上會繼續以類似上個世紀的方式繼續成長，因此假設未來的數十年，生活水準將迅速提升。這樣真的是好的假設嗎？科技變化會枯竭嗎？

這些問題當然無法肯定回答。然而，大部分長期經濟成長的研究都顯示，繼續成長的可能性很大。畢竟資訊和生物科技革命才剛剛開始而已。此外，其他國家只要趕上全世界最好的做法，就可以大幅成長。全球化的力量正為低所得區域帶來生

產力大幅提高的好處。

但是，請記住，如果這種預測錯了，那麼作為氣候模型預測基礎的經濟預測也就錯了。這些模型預測未來的一個世紀，氣候將快速暖化，也預測生活水準將快速成長，因此二氧化碳排放量也會快速成長。

回頭看看圖13所示，緩慢的經濟成長會帶來跟標準預測大不相同的未來——在經濟上和氣候上都是如此。

大家看著美國和其他國家從2007年開始的緩慢成長，擔心經濟停滯。然而，緩慢成長是需求不足造成的，不是生產力下降造成的。此外，窮國的表現比富國好多了。過去十年內，東亞開發中國家的人均國內生產毛額以每年8.5％的速度在成長。同期內，撒哈拉沙漠以南非洲的開發中國家，每年成長2.5％。[7]

這樣不見得表示未來世界前途一片光明，卻提醒我們，沒有適當氣候變遷政策的強勁經濟成長，將帶來氣候變遷問題——以及經濟停滯、生活水準成長緩慢的型態衝突。[8]

🌐 氣候變遷投資的應用

我現在要把折現觀念應用在氣候變遷政策上。在這個領域裡，我通常拿今天減少排放的成本和未來減少的損害價值比較。因此假設今天在風能上投資1000萬美元，會使得50年後的氣候變遷損害減少1億美元。鑒於還有替代方法的存在，那麼這種投資能夠值回票價嗎？

要回答這個問題，我要把1億美元的效益，減去（1＋r）的負50次方倍，其中 r 代表折現率。在這個每年折現率為4%的特殊例子裡，折現倍數是（1.04）$^{-50}$ = 0.141。計算顯示，在折現率為4%的情況下，未來50年的1億美元的現值或效益是1410萬美元。由於效益的現值超過1000萬美元的風能成本，所以這樣做在經濟上確實有道理。

表7所示是不同折現率的現值。請注意，折現率要多麼高，才會造成現值減少。以政府公債7%的折現率來計算，1億美元的投資不會通過成本效益測試，因為淨值為負660萬美元。（現值3,394,776美元減去成本10,000,000美元）；但是如果折現率低到每年只有1%，就會幾乎完全無法減除未來的價值。

表7　如何把50年後收到的1億美元折為現值

實質折現率 （單位：％／年）	現值1億美元的損害 減輕金額50年後的價值
1	60,803,882
4	14,071,262
7	3,394,776
10	851,855

表7顯示，判定長期投資的價值時，唯一最重要的因素可能是折現率。但是進行非常長期的計算時，我們的直覺通常會

失算。為了考驗你的直覺，請問1492年哥倫布出航時，投資100美元在報酬率6%的標的後，今天才回國收取他的本息，那麼他應該會收到多少錢？我在自己腦海裡計算了一下，但是我極度低估了金額。我用計算機計算時，才驚訝地發現，他將收到遠超過全世界整體財富的金額。

🌏 道德與折現

很多人擔心不該為未來的氣候損害訂定少少的金額。我們怎麼能這麼不關心未來？我們豈不是在欺騙後代嗎？

把未來的利益折現，不表示對後代漠不關心，而是反映兩個重要的交互作用力量。我們首先必須記得，資本是會產生收益的東西。社會有極多生產性的投資可以抉擇，延緩氣候變遷是其中一項，但是其他投資也很有價值，我們必須在低碳能源新科技的研究發展上投資、在全球暖化時能夠讓低所得國家繁榮發展的科技上投資、在對抗熱帶疾病的醫療保健研究上投資、在教育勞動力因應未來不可避免的驚奇狀況上投資，這些全都是會為後代帶來好處的投資。

第二個因素是複利。複利能夠極為成功地避開我們的直覺，複利的力量會把微不足道的投資變成財務上的巨型橡樹。以下是進一步的例子：以6%的利率計算，1626年為了購買曼哈頓所付出的26美元，今天會孳生1520億美元，大約等於這塊世界上最有價值島嶼的地價。

最後一點要說的是，請注意表7極低折現率和其他折現率

之間的差異。請注意，表7最低折現率算出的50年氣候投資價值，是以4%折現率算出價值的四倍大。把償付時間拉長為100年到200年，差異還會更大。光是這一點，就能有助於我們瞭解《史登報告》和其他很多積極論證的有利成本效益分析背後的邏輯。在低折現率的情況下，早期行動極為有利，主因是未來的損害代價極高。

🌐 極低折現的沉重負擔

我們對後代子子孫孫的義務可能作何考慮？我要用父母關心的例子來說明這一點。我們身為父母，自然會十分關心子女，擔心他們的安全、幸福、健康和快樂。我們也極為關心孫子女，但是我們的關心，會因為知道他們的父母（就是我們的子女）也關心他們而減輕。同樣地，我們的曾孫和玄孫與我們的焦慮隔得更遠。從某個角度來看，他們會有一種「焦慮折現」（anxiety discounting），因為我們不能判斷他們將來會怎麼過活，也因為我們離開後，我們的子女和孫子女會照顧他們。

我們把這一點化為數字好了。假設我們的世代焦慮折現率為50%，因此，我們對子女的焦慮感權重為1，對孫子的焦慮感權重為1/2，對曾孫的焦慮權重為1/2的平方：$(1/2)^2 = 1/4$，以此類推，一直推算下去，關心的總和為：$1 + 1/2 + (1/2)^2 + (1/2)^3 + \cdots = 2$。我們現在對每一代後代的關心程度一樣高，或許我們可以在關心中加入世代折現的因素。我們可能用不同的世代折現權數（generational discount weights），但是

只要未來有一些折現，我們就可以處理這些問題。

現在要舉哲學家偶爾會支持的零折現（zero discounting）為例。在這個家庭的例子中，假設我們對後代沒有焦慮折現，因此我們對孫子女的焦慮就和我們對子女的一樣高；我們對未來一代又一代子孫的焦慮，會和我們對子子孫孫的一樣高。用上述數字公式為例，我們沒有折現的焦慮之總和，應該等於無限大（$1+1+1+\cdots=\infty$）。在這種情況下，我們大多數人都會沉浸在焦慮之海中，擔心遙遠的後代碰到所有可能出問題的問題，例如小行星、戰爭、機器人失控、極端現象、智慧型微塵（smart dust）與其他災難。我們會根本無法決定自己該做什麼。零折現就像放在我們肩膀上的無限重擔。這種論證很像不可靠的偽數學，卻正是諾貝爾經濟學獎得主特亞林・柯普曼斯（Tjilling Koopmans）對零折現深奧數學分析的核心。[9]

以下是簡短的摘要。我們需要用一種能夠反映社會所面對實際市場機會的折現率，而不是使用從市場現實背景中抽離的權益定義。市場折現的邏輯並非只是自私的看法，認為未來應該自己照顧自己，而不認為我們應該把所有所得都花用一空，不做任何投資，以便保護我們的世界或後代；也不認為我們應該忽視未來幾十年的衝擊，而是反映現在有很多收益率很高的投資、同時這些投資可以改善我們後代生活品質的事實。訂定折現率時，應該取決於是否能夠把我們可以投資的資金，投注於收益最高的項目。有效投資的組合應該一定會包括可以延緩全球暖化的項目，也應該包括其他優先領域的投資，例如家庭衛生系統、熱帶疾病療法、全球各地的教育，以及所有類別新科技的基礎研究。

延緩全球暖化的投資應該和其他投資項目競爭，折現率是拿來跟其他競爭性投資項目比較的量尺。

🌏 延緩氣候變遷方法摘要

以下的重點是要強調延緩氣候變遷的成本，是我在第三篇已經檢視過的事項。

首先，經濟和工程分析顯示，把氣候變遷保持在安全範圍內，是我們可以做到的事情。如果世界各國全面參與，採取有力又有效的行動，氣候暖化可以維持在《哥本哈根協議》限制的攝氏2度範圍內。即使大家延後努力，若干國家又不參與，暖化依然可能限制在攝氏3度的範圍內。經濟研究顯示，如果政策相當有效，限制氣候變遷在攝氏2.5度到3度內的成本，應該會耗費折現後世界所得的1%以下。

第二、這種樂觀展望必須配合強力的警告，也就是需要合作和有效措施的配合，才能達成目標。合作的意思是需要大多數國家相當快速（例如在幾十年內）的參與，共同行動。如果窮國以及中等所得國家婉拒參與，特別是如果美國繼續觀望，那麼達到野心勃勃的溫度目標的成本，將急劇升高，《哥本哈根協議》的目標將變得不可企及。

第三、有效率不只需要近乎普遍的參與，也需要成本效益。需要所有領域、所有國家，大致上都負擔相等的減排邊際成本；有效的計畫不能讓不同領域和不同國家承擔差異很大的邊際減排成本。

這份摘要留下很多懸而未決的問題。例如，各國政府應該訂定什麼樣的氣候變遷目標？所有這些目標要怎麼跟哥本哈根會議訂定的目標結合？應該採用什麼機制，誘使人民和企業，做出壓低二氧化碳排放量曲線的必要決定？我們將在第四篇探討這些問題。

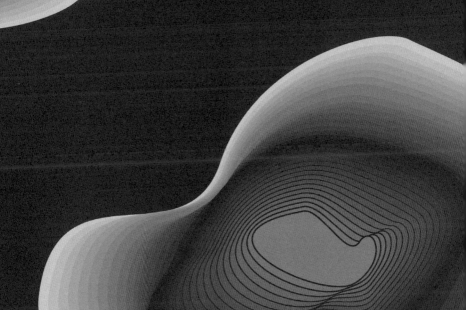

PART

延緩氣候變遷的
政策與機構

丟骰子最好的方法是丟掉骰子。

—— 英國諺語

氣候政策的歷史觀點

前文檢視了氣候變遷謎團的不同層面：包括氣候科學、氣候變遷衝擊與減排成本。我們斷定：要避免危險的氣候變遷，唯一可靠的方法是降低二氧化碳和其他溫室氣體濃度。然而，這樣做的成本可能很高；要是各國不協調一致行動，採用有效管制機制的話，更可能如此。現在該是把所有片段化零為整的時候了。

⚀ 政府如何為氣候變遷政策，制定合理的溫度目標？這一點涉及應該減少多少排放量的問題。

⚁ 政策如何和京都、哥本哈根、坎肯和其他環境高峰會中簽署的宣言結合？

⚂ 有效的氣候變遷行動是否需要所有國家協調政策？什麼樣的執法機制，可以收服不願參與的搭便車國家？

⚃ 政府如何確保人民與企業採取必要行動？

❖什麼政策會促進低碳科技的創造、發明和部署,確保全球過渡
　到穩定的氣候?

　　科學家和決策官員努力多年,力圖瞭解氣候變遷失控的危
險。美國國家科學院的報告支持世界把暖化限制在攝氏2度的
範圍內,也支持美國應該大幅降低排放量限制。[1]全世界的其他
科學機構都已經發出類似的聲明,世界領袖近年也同意採取限
制溫度升高的措施。

　　本章的任務是要深入查看這些報告的內容,檢視這些目標
從何而來。設定氣候變遷政策目標看來可能很簡單。例如,我
們可以挑選一個溫度目標,讓全世界跟危險的臨界點保持安全
距離,也可以設法防止大量物種消失,或許我們還可以選擇防
止格陵蘭冰層融解的目標。事實上,在判定氣候目標上,這些
選擇都不能提供簡單明確的指引。

　　我要探討溫度目標怎麼會變得這麼重要的問題。這種討論
將顯示,特定數字目標的政策科學基礎相當薄弱;不論是攝氏
1.5度、2度、3度或任何特定升溫數字,都沒有可資明確劃分
的界線存在。最好的目標要取決於達成目標的成本高低,如果
成本低廉,我們應該以較低的溫度為目標;但是,如果成本高
昂或是政策沒有效果,或許我們必須忍受較高的目標。

　　本章最後的結論是:如果我們不談經濟學,就不可能訂出
明智的氣候政策目標。我們必須考慮成本效益,必須考慮我們
要走向什麼目標,也要考慮達成目標的成本。

🌏 氣候變遷的國際協議

我們先從和氣候變遷目標有關的第一份宣言開始討論。國際氣候變遷研究的基礎是1994年批准的《聯合國氣候變遷綱要公約》（United Nations Framework Convention on Climate Change），這份公約聲明「終極目標……是要達成……大氣層的溫室氣體濃度穩定在一定水準，以便防止人為危險干預氣候系統。」[2] 這個崇高的目標太含糊，不能據以制定政策，因為其中沒有定義或明顯的方法來判定什麼情況等同「危險的」人為干預，但是這份公約是很好的起點。

第一份、也是迄今唯一具有約束力的國際氣候變遷協議，是1997年簽署的《京都議定書》，這份議定書引用聯合國《綱要公約》中，預防人為危險干預氣候系統的目標。[3] 在授權方面，《京都議定書》要求附件一的國家減排，卻豁免其他國家（附件一國家包括高所得國家與「過渡到市場經濟的國家」）。整體而言，參與國同意把二氧化碳和其他溫室氣體排放量，降低到比1990年總量減少7%的水準；同時，各國同意舉措在2008年到2012年間生效。然而，減排和環境目標之間沒有直接關係，而且其中沒有鼓勵參與的機制，也沒有防止搭便車的措施。

我將在後面的幾章討論《京都議定書》的問題。簡短的定論是：《京都議定書》沒有達成大幅減排或吸引各國的目標，而且已經在2012年底失效了。

現在我們要把目光轉移到2009年12月的哥本哈根會議。召開這次會議，目的是要建立一項規約，取代2012年底失效

的《京都議定書》所規範的限制。哥本哈根會議沒有達成主要目標，沒有建立在2012年後具有約束力的排放限制，卻採用了限制升溫的目標以供制定氣候政策之用。各國在《哥本哈根協議》中，承認「全球升溫應該限制在攝氏2度以下的科學看法」。[4] 這是全球會議第一次訂定氣候目標。

把氣候變遷限制在比工業化前水準高出攝氏2度的目標，獲得各國政府、科學家與環保人士的普遍接受。2007年，歐盟執行委員會（European Commission）考慮「防止全球氣候變遷不可逆轉的後果；這表示，要把全球暖化限制在不得比工業化之前時代上升超過攝氏2度。」最富有的八大工業國在2009年7月的拉奎拉（L'Aquila）高峰會宣稱，「我們承認全球平均升溫應該不比工業化前水準高出攝氏2度的科學觀點。」這些聲明是很多國家政府訂定和追求的代表性目標。[5]

🌏 攝氏2度目標的科學基礎

上面引述的聲明提到適當目標的「科學看法」，這種科學看法從何而來？攝氏2度的目標是否根據強而有力的證據，顯示確實有一個攝氏2度的目標？如果地球的氣候系統逾越了這個門檻，真的就會有「危險的」後果或至少嚴重的後果嗎？

令人驚訝的答案是：攝氏2度目標的科學原理其實並不很科學。[6]例如，美國國家科學院最新近的報告解釋攝氏2度的目標時，只是把這個論點流傳的循環連接起來，表示：「後續的科學研究，試圖更瞭解並檢驗溫室氣體排放量、大氣層中的溫室氣體濃度、全球氣候變遷，以及這些變化對人類和環境系統

的衝擊。根據這種研究，國際社會很多決策人士承認，把地表平均升溫，限於不得比工業化前水準高出攝氏2度的限制，是一個重要的對應基準：這個目標體現於《哥本哈根協議》、2009年八大工業國高峰會和其他政策論壇。」[7]因此政客提到科學，科學家卻提到政治。

如果我們篩選各種論點，我們會找到訂定這種溫度目標的三個理由。第一個原因是過去50萬年內，全球氣溫經歷過的最高溫，大約比今天高攝氏2度，超過這個限度應該可能有危險。第二個原因是增溫超過這個限度後，生態調整可能有困難。最後一個原因是，一旦升溫超過攝氏2度，將跨越很多危險的門檻。

我們先探討根據氣候歷史資料的第一個原因。下頁圖28所示，是過去50萬年全球溫度變化的重建圖，其中的估計取材自南極洲冰蕊。[8]這些數字錯誤的可能性很大，因為這些數字衡量的是南極洲的趨勢；此外，這些數字根據的是區域性的代用值，而不是實際的溫度測量。[9]為了訂定比較基線，因此為2000年指定了攝氏0度的數值。線條降到低於0時，反映冷卻趨勢和冰期（全球性的低溫）；線條升到0以上時，代表溫暖或間冰期（全球性的高溫）。

根據這張重建圖，全球氣溫可能曾經比今天高出攝氏2度之多，但是這種溫暖期間歷時相當短；就我們所知，過去50萬年內，全球氣溫不曾比今天的溫度高出攝氏2度以上。

我們也在圖28右上方畫出一條激升的圓圈形線條，顯示在不受控制的氣候變遷情況下，耶魯大學DICE模型對未來兩個世紀所做的溫度預測（這些估計值是其他模型的代表性預測）。我們的溫度預測顯示，如果二氧化碳排放量不受控制，會把全球

氣溫推升到遠超過冰蕊紀錄的上限。

　　我們必須回溯到地質時間和生物歷史更遙遠的過去，才能找到跟預測中未來兩世紀溫度一樣高的氣溫。雖然代用值紀

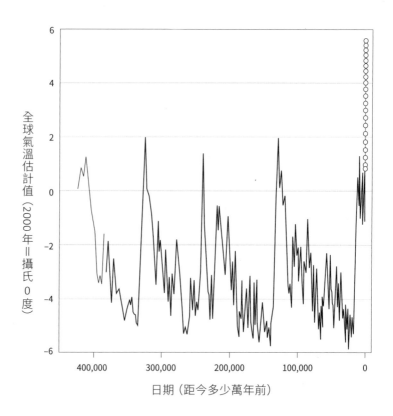

圖28　過去40萬年全球氣溫變化估計值，以及未來兩個世紀的模型預測值。本圖所示，是利用過去50萬年南極洲冰蕊資料重建的全球氣溫圖表。目前溫度經過標準化，數值訂為攝氏0度，右上方圓圈形線條激升顯示，代表DICE模型在不受控制的基線情境下，預測未來的溫度會上升。如果全球暖化繼續不受控制，未來溫度很快就會超過過去50萬年歷史中的最高溫。

錄一定是近似值，卻顯示如果我們回溯到5億年前，地球的最高溫似乎曾經升到比今天高出攝氏4度到8度的樣子。侏羅紀（Jurassic period）二氧化碳濃度是目前水準的八倍之多，更早期的倍數甚至還更高。這種比較高的水準不足為奇，因為今天的化石燃料就是二氧化碳濃度高很多的時期植物腐爛的結果。

很多年前，我曾經建議，古氣候（paleoclimatic）的極端溫度可以當成適當的目標，原因如下：「如果把氣候對二氧化碳的影響當成最接近的狀況，主張應該把這種影響保持在長期氣候變遷的正常範圍內的說法，似乎相當合理。根據大多數資料來源的說法，不同氣候體制之間的變化範圍在正負攝氏5度內。目前全球氣候處在這個範圍的上端，如果全球氣溫曾經比目前的平均溫度高出攝氏2到3度，這樣應該會把氣候帶到過去數十萬年的觀察範圍之外。」[10]

1995年，深具影響力的德國全球變遷諮詢委員會（German Advisory Council on Global Change），採用參考歷史趨勢訂定目標的方法，建議制定氣候政策時，宜於參考「可容忍溫度的窗口」（tolerable temperature window），檢視過去數十萬年內地球平均溫度的波動範圍。該委員會估計，今天地球溫度接近這個範圍的上端，因此建議大家，多少有點武斷地為這個歷史範圍上下方，各增加攝氏0.5度。該委員會利用這種窗口，算出比1900年溫度上升的可容忍最高增幅，大約應該會是攝氏2度。[11]

訂定攝氏2度目標，第二個理由出於生態學論證。根據世界氣象組織（World Meteorological Organization）一個顧問委員會在1990年的說法，全球暖化攝氏2度應該是「上限，超過上

限後，生態系統遭受嚴重損害的風險和非線性反應風險，預期將快速增加。」當時支持這種說法的人相當少，本書前文討論過的若干生態問題（參見第二篇的交易衝擊分析）似乎因為比較快速的氣候變遷而惡化，但是在任何特定暖化水準上，看不出什麼清楚的門檻。

政府間氣候變遷專門委員會第四次評估報告檢視溫度升到不同門檻時，可能出現什麼樣的危險結果。[12] 以下摘述不同門檻可能出現的衝擊：

- ⚀ 攝氏1度：缺水狀況增加；珊瑚白化增強；海岸地區洪水頻率增加；兩棲動物滅絕情形增加。

- ⚁ 攝氏2度：在上述狀況之外，大約20％到30％物種的滅絕風險愈來愈高；疾病的負擔加重。

- ⚂ 攝氏3度：在上述狀況之外，糧食作物的生產力會下降；因為冰層融解，海平面長期上升幅度將達到好幾公尺；衛生系統將承受重大負擔。

- ⚃ 攝氏5度：在上述狀況之外，全球各地會出現重大滅絕事件；糧食生產力嚴重下降；海岸溼地消失30％；海岸地區嚴重洪水與淹沒；世界海岸線重組；海洋環流重大變化。

這些預測確實是令人不安的景象，但是這些景象的嚴重性是漸進式的升高，不是在某一個單一溫度門檻上突然發生的。

限制溫度升高攝氏2度的第三個原因，起源於更高溫可能引發重大不穩定現象和臨界點的觀念（參見第五章）。我認定

氣候變遷臨界點的研究還處在萌芽階段，但是，我們知道在生物學到經濟學的很多領域，複雜系統之中具有潛在危險的重大斷絕事件，可能會在意料不到的時候突然發生。目前的研究顯示，未來一個世紀左右，一旦地球暖化超過攝氏3度，就會招來不少特別危險的風險。因此目標門檻或許應該訂為攝氏3度，而不是攝氏2度。

這些預測中錯誤的可能性相當大，因為我們不完全瞭解什麼時候會跨越不同的門檻，訂定比較低的升溫目標應屬慎重之舉。

我根據這項證據，得出下述結論：如果成本很少，我們當然希望把氣候變遷和二氧化碳濃度升高壓在最低限度。如果我們能夠以低成本避免損害，為什麼要冒著傷害海岸線、生態系統和眾多小島的危險？另一方面，如果訂定很低的升溫目標將嚴重損及人類的核心要務，例如糧食、居住、教育、衛生和安全，那麼我們就必須慎重研究其中的權衡，我們可能願意在小麥收成或海平面上升等方面冒一些風險，而不是花大錢，把暖化限制在可行的最低水準。畢竟我們或許可以把這些錢花在改善種子、水資源管理與基礎建設之類比較有成效的地方。此外，我們可能發現低廉的除碳科技──包括科技專家正在設計的碳捕捉和食碳樹等等──讓我們可以在幾十年內，迅速壓低二氧化碳濃度。因此，在眼前看不到災難性衝擊之際，我們認定任何特定目標時，應該先看看價目表。

其中的意義是，不考慮延緩氣候變遷的成本和避免損害的效益，我們就不可能務實地訂定氣候變遷目標。現在該讓經濟學上場了。

平衡成本效益的氣候政策

第17章的結論是：明智的氣候變遷政策目標，需要平衡減排成本和氣候損害。經濟學家經常用這種稱為成本效益分析的方法，分析不同選項。基本的構想相當直覺，就是在資源有限的世界上，我們應該投資會產生最大淨社會效益（net social benefit）的項目，也就是和社會成本相比，社會效益幅度最大的項目。[1]

大家在日常生活中，經常都在進行成本效益分析。有時候，計算很簡單。例如，到住家附近的加油站加油很方便，但是每加侖汽油卻比大賣場附近的加油站貴0.1美元；到大賣場去加油省下來的2美元，值得你去那裡加油多花的時間和油錢嗎？

選擇大學就比較困難。假設有三所大學接受你，你必須選擇其中一所。不同的大學不但經濟成本不同，提供的好處也不同。例如學費和畢業後薪資展望之類的好處，屬於市場報酬。有些好處屬於非市場報酬，包括學生生活品質、氣候和音樂。對某些非

常富有的學生來說，成本大致無關緊要，可以只看好處；然而，大部分的人都必須考慮成本和效益。有些效益可能難以貨幣化，也就是難以用金錢來計算。但是，這樣至少暗示我們在既有的選擇當中抉擇時，會把所有的成本和效益都列入思考。

🌐 氣候變遷的成本效益分析

我現在要用成本效益分析法，評估延緩氣候變遷的不同目標。我要用簡化過的方法，詢問哪一種溫度目標可以把氣候變遷的減排投資和損害降到最低，這樣和選擇能夠提升淨效益最大化的政策相同。

我的做法是把減排成本和氣候損害放在一張圖，如下頁圖29所示（圖30至圖32也一樣）。這張重要的圖表需要一些解釋，因為圖中結合了好幾個因素。

我的想法是檢視不同氣候目標的成本、損害和淨衝擊。我選擇了攝氏2度、3度、4度等目標，計算維持全球氣溫增幅低於選定目標所需要的減排成本，畫出向下傾斜的成本曲線。我也計算這個溫度目標所在之處的氣候變遷損害，畫出向上傾斜的曲線。成本和損害加在一起，就成了U形曲線構成的總成本，每條曲線都是由成本除以全球所得總額（total global income）得出的年化比率（annualized basis）構成。

每條曲線都在前面的章節中討論過（參見第12章和第15章），因此這裡我只簡單地把所有曲線放在一起。例如，用來達成每一個溫度目標的減排成本，在圖26顯示過；同樣地，損

害曲線所用的估計值已經在圖22顯示過。請注意，這些估計並不包括臨界點的所有成本，也不包括海洋酸化之類比較不容易量化的衝擊[2]；為了簡化，還省略了調整的動力。圖29到圖32全都使用相同的圖表，顯示四種情境中的損害與成本。

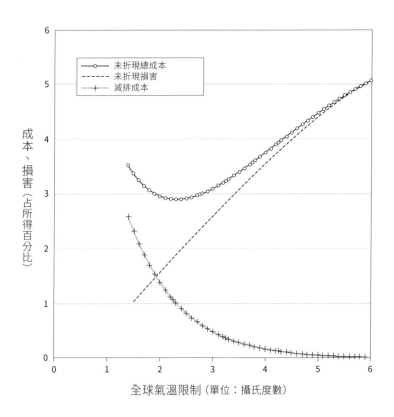

圖29　為不同溫度目標總成本所做的假設包括效率為100%，同時未經折現。本圖所示，是每一種溫度限制的減排（向下傾斜線條）、損害（向上傾斜線條）和總成本（U形曲線）未折現的年度成本。所有價值都未經折現。本圖採用有效率減排和普遍參與的理想化狀況，圖中的損害曲線假設沒有出現災難性損害或臨界點。

我們先從圖29開始評估。圖中所示，是未經折現有效政策的經濟分析，這表示計算成本和效益時，把兩者當成相同年度發生的事實；雖然這是折現率的極端狀況（進行真正的分析時，我一定不會推薦這種方法），卻有著透明化的好處。我進一步假設政策的實施十分有效，參與率為百分之百，因此減排成本能夠壓到最低限度。

未經折現的總成本會呈現U形，是因為在非常低以及非常高的兩個極端中，成本很高。在較高的溫度變化中，高成本來自極端的損害與小額的減排成本；在較低的溫度限制中，成本主要來自高昂的減排成本。而且總成本當中，可歸因於損害的金額很少。

在第一個樂觀情境中，最低成本出現在攝氏2.3度（我們計算中的所有溫度都跟1900年比較，當時的溫度比今天的全球平均溫度低約攝氏0.8度）。在這種最低度情形中，總成本占總所得的比率為2.9%，損害大約是減排成本的兩倍。離開這種溫度範圍、向兩方移動時，總成本會急劇增加。

下面是極為重要的第一個結論：如果氣候變遷政策設計精良，效果極佳，而且如果目前和未來的成本用相同方式計算，那麼從經濟的角度來看，攝氏2.5度的升溫目標就很合理。在這種樂觀的情況中，延緩氣候變遷的投資成本相當少，大約占全球所得的1%上下。因此第一個方法顯示，很多國家政府和科學報告中的共識，非常接近某些狀況中的最佳目標。

現在我們轉向比較現實的方向，承認各國的減排行動不可能達成絕佳的效率，而且有些國家在近期內不會參與。

簡單的做法是假設不熱心的國家不參與減排計畫。請回想一下，到2012年，《京都議定書》只涵蓋五分之一的全球排放量。因此我們在第二個情境中，假設計畫只涵蓋未來一個世紀裡全球排放量的一半（請回想我們在圖26檢視過的有限參與效

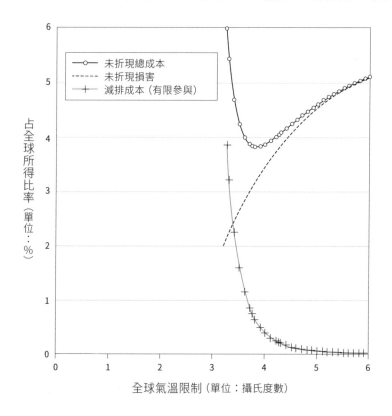

圖30　在低效率減排與未經折現的情況下，溫度目標上升。第二種情境假設低效率的減排是有限參與造成的。各條曲線還是減排（向下傾斜線條）、未經折現損害（向上傾斜線條）和總成本（U形曲線）的年度成本。所有價值都未經折現。本圖的情境係假設沒有出現災難性損害或臨界點，而且未來價值未經折現。

果）。我們繼續假設折現率為零，以便隔絕低度參與的影響。

左頁圖30顯示這種情境的結果。這裡唯一的不同是：和圖29相比，由於達成每一個溫度目標的成本升高，減排成本曲線會向右上方移動。的確如此，在50%參與率的情況下，我們不可能達成攝氏2度的目標——不受控制區域的排放量，一定會把全球溫度推升到超過這種限制。第二種情境中，成本最低的溫度目標上升到攝氏3.8度。請注意，總成本也會比圖29理想化的狀況大幅上升，從占第一種狀況中所得的2.9%，上升到第二種狀況中的3.8%。有限參與狀況中的大部分成本是損害，矛盾的是，因為減排變得極為昂貴，相當少量的減排和損害共存，反而比較具有經濟效益。

經濟學家比較今天的投資與未來的收益時，通常會像第16章看到的那樣，建議折現。因此，第三個狀況要把折現納入有限參與的情境。請記住，折現在氣候變遷政策中扮演重要的角色，因為減排成本在最近的將來發生，損害卻在遙遠的未來發生。

經濟模型專家通常用電腦化綜合評估模型，計算整體成本與損害折現的方式，解決最佳溫度目標的問題。然而，為了簡化起見，我們可以把一切都放在一年裡，這樣做是假設損害發生在減排50年後，這種落差反映全球氣候系統的物理慣性，造成溫度在二氧化碳排放後很久才上升。[3]此外，為了反映投資的生產力，我採用每年4%的折現率。[4]

第279頁圖31所示，是配合折現與有限參與狀況的計算結果。因此等於圖30加上折現，減排成本曲線和圖30相同，但是損害曲線變成向下傾斜，反映折現造成未來損害的現值減少。

經過折現的總成本曲線顯示，最低成本出現在攝氏4度，只略高於有限參與和未經折現情況中的溫度目標。因此，和圖29的理想化狀況相比，經過折現與有限參與的實際情況會產生較高的目標溫度。但是最佳溫度目標較高的主因是有限參與，有限參與會使得達成目標的成本提高。如果我們只看參與造成的影響，會發現這樣會把目標溫度從攝氏2.3度（參見圖29），提高為3.8度（參見圖30），折現只把目標提高了0.2度。

右頁圖31所示的折現結果令人驚訝（其實是讓我覺得驚訝）。為什麼折現和有限參與相比時，改變結果的程度會差這麼多？原因令人費解，可以在損害與成本曲線的形狀中找到。在有限參與的情況下，減排成本曲線呈現適度的非線性性質。在高於攝氏4度的溫度限制下，改變限制的額外減排成本很小；相形之下，攝氏4度附近的損害曲線呈現近乎不變的斜度。損害曲線中的斜度變化在計算最低成本時，貢獻相當少，我們選擇最適當的目標時，不應該把這裡的精確數字當成結論，而是看出這些數字顯示：在選擇目標時，數字中的成本與損害非線性特質的角色，扮演關鍵因素。這一點在下一節會得到加強。

下一個情境是完全參與和經過折現的狀況，但是並沒有在書中用圖表顯示出來。這種情境對相信我們應該為未來效益折現，卻樂觀看待不同國家會近乎普遍參與的「偏向折現樂觀主義派」（discount-prone optimist）來說，應該是理想的狀況。在最後這個情境中，最適當的溫度目標是攝氏2.8度，大約比圖29所示的未經折現狀況高出攝氏0.5度，卻低於零折現與低度參與的狀況。這種情形再度顯示，要達成限制氣候變遷和降低減排成本的理想，參與有多麼重要。

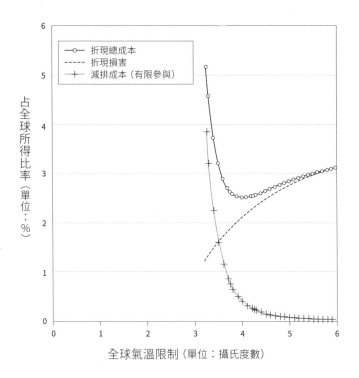

圖31 不同目標的總成本係假設有限參與，而且未來所得經過折現。這種計算顯示的年化成本當中，損害已經以每年4%的比率折現，但仍然假設減排效率低落，原因是參與仍然有限。圖中的經濟計算顯示，最適合的溫度限制是攝氏4度。

　　我們從這些成本和效益分析中，應該得出什麼結論？下表雖然經過簡化，卻沒有過度簡化，同時掌握了其中的精髓：

- 比較高的溫度會造成比較人的損害。
- 比較低的溫度目標減排成本會比較高。
- 低度參與和沒有效率的減排會提高成本。
- 折現會使得損害成本降低。

完整的綜合評估模型包含更多細節，也評估從今天的起點走向不同目標的動力。但是，上述格式化的例子保留了綜合評估的基本要點。

🌐 臨界點的成本效益分析

大部分氣候變遷的經濟分析，不包括重要地球系統臨界點和不連續性衝擊的估計。看看圖29到圖31的損害曲線，隨著全球氣溫在橫軸上逐漸增加，損害也逐漸升高。這種圖形取材自第17章評估過的經濟損害研究，是用在經濟綜合評估模型的標準方法，通常會排除臨界點，因為我們對臨界點的可能性、對臨界點可能發生的門檻以及臨界點的衝擊，沒有可靠的評估可以依據。

我們動用一點科學和經濟想像力，就可以把臨界點納進來。假設一項謹慎的分析斷定，全球氣溫超過某種門檻後，損害將急劇升高，格陵蘭和西南極冰層解體，可能導致海平面快速上升，農業收成將悽慘下降，某種不穩定的季風型態可能擾亂全球商業。這些衝擊現在純屬推測，但是我們可以在分析中顯示如何因應這些狀況。

門檻可以當成懸崖或」形的損害函數（damage function）。[5]我用的格式化損害函數在攝氏3.5度時會激升，反映先前的討論。以這個例子來說，我假設臨界因素的損害會在3.5度時，占世界所得的比率會提高0.5%；高於3.5度後，臨界點損害快速上升；升到4度時，損害會占到世界所得的9%；升到攝氏4.25度時，將飛升到占世界所得的29%，此後會繼續上升。這些假設都脫

離了似乎合理的範圍之外，損害的實證估計沒有堅實的基礎。因此解釋時，應當視為臨界點可能如何影響分析的說明。

現在要把圖31的成本效益分析重複一遍（經過折現和有限參與的情境），但是要添加門檻損害（threshold damage）。因此，下頁圖32等於是圖31加上劇烈的門檻損害。高於攝氏3.5度後，損害曲線現在變得非常陡峭，因此總成本曲線現在變成十分清楚的V形曲線，最低成本位在攝氏3.5度。換句話說，最佳政策是採取非常強力的行動，確保溫度不會超過3.5度的門檻。此外，請注意，現在總成本比先前的狀況高出非常多。要避免龐大的臨界點損害，我們需要投入高很多的減排成本，但是在參與國採取強力的減排行動後，還會碰到更高的損害。

這裡的重要教訓是，成本效益分析（或比較常用的經濟分析），確實可以納入非比尋常的怪異因素，例如臨界點、突然的氣候變遷、劇烈的不連續性和重大災難。

納入臨界點的問題，不在於我們的模型中難以增加這些奇異因素的分析，而是在於我們無法穩當預測門檻損害衝擊的實證。以圖32所示門檻損害函數為例，這條曲線針對門檻溫度、門檻溫度造成的損害以及曲線凸性（convexity）三個參數做出假設。

然而，我們連最接近這些參數的狀況值都毫無所悉。第一個參數是臨界點，這裡假設此一數值為攝氏3.5度。我們在前面的章節看到，我們對臨界元素（tipping element）進入的確切時點知之甚少。第二，我們需要門檻上的損害估計。我假設在門檻上的總損害大約占所得的0.5%，但這只是假設而已，沒有實證基礎。最後一個不確定性和損害函數的曲率有關。我假設曲

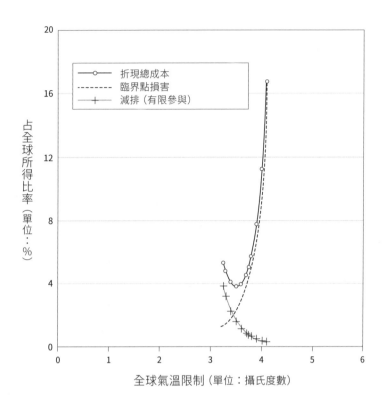

圖32　攝氏3.5度臨界點劇烈轉折狀況下的氣候政策。最後這個例子包含升
　　　溫到攝氏3.5度的門檻或臨界點，而且成本經過折現，但參與仍然
　　　有限的狀況。這種情形顯示，最適合的溫度上升限制和門檻非常接
　　　近，這種情形在下方受到減排成本限制，上方受到損害劇增限制。

率極度凸起，像溫度函數的20次方所代表的情形一樣。但這只
是一個例子，這個曲率沒有實證證據，而且函數是否應該提高
到20次方而不是4次方或50次方，也沒有實證證據。

　　因此，在這一點上，圖32顯示的溫度目標焦點只是一個例
子。不同的假設會帶來大不相同的結果，有些假設會帶來較高
的目標，有些假設會帶來較低的目標。

🌏 賭局中的成本效益分析

我們可以用前一節的成本效益分析法，說明氣候賭局的不確定性如何能夠影響氣候政策。其中的可能性很多，但是我們可以輕易地說明兩個極端的狀況。

在第一個例子裡，政策遵循的是期望值（expected value）原則。以這個例子來說，我們以圖29到圖31所示的非臨界情境為例，但是假設我們不知道損害的大小。說得更精確一點，假設溫度每一次升高的損害大小都不確定。假設溫度升高攝氏2度時，損害占所得的比率不是1%，就是3%，兩者的機率相同，這樣得出的損害期望值，就是所得的2%（這裡的期望值代表統計上的平均值；例如，擲一次骰子的期望值是3.5點。）溫度水準每升高一次，類似的不確定性都會出現，而且可能也會當成成本。以這個例子來說，小小的分析會顯示，我們只需要考慮平均損害與成本，不確定性不會影響最好的決定。[6]

第二個極端例子涉及臨界點在什麼地方出現的問題。這個問題會在高度規避風險的方式下，造成大不相同的行動結果。在這個極端狀況中，我們會本著預防原則（precautionary principle）的精神，採用比較規避風險的途徑。這條原則已經用在很多不同的領域。1992年，聯合國的《里約環境與發展宣言》（Rio Declaration）指出：「嚴重或無法逆轉的損害威脅出現時，缺少完整的科學確定性，不能當作延後採取具有成本效益的措施、防止環境惡化的藉口。」[7]比較激進的說法是：在缺少科學確定性時，社會應該制定防範最糟糕結果的政策（賽局理論「大

中取小」的策略）。

　　這裡沒有採用什麼特定原則，因此可以利用成本效益分析法來判定什麼政策是因應不確定臨界點的最好政策。我們首先從有限參與和折現的狀況開始處理，然後假設科學家已經發現一個劇烈的臨界點，這個臨界點可以是某種失控的溫室效應或巨大冰層最快崩解，如果我們不理會不確定性，成本效益分析的樣子會長得和圖32一樣。

　　但是，假設進一步的分析顯示，跟進入臨界點溫度有關的事情並不確定，或許這時會有兩種同樣可能的結果，顯示臨界點可能是攝氏3度或攝氏4度，因此我們其實應該劃出兩條不同的損害曲線，一條在攝氏3度時急劇向上走，另一條在攝氏4度時轉折向上。然後我們應該賦予每條線各一半的權數（因為兩條線的機率各自是如此），從中畫出新的損害曲線。現在我們會有一條極為奇怪的W形損害曲線。

　　如果我們做完這種練習，會發現比較低的溫度門檻主導並推動我們的政策。我們應該追求以攝氏3度上下為目標的政策，即使臨界點的期望值是攝氏3.5度，也應該這麼做。其中的原因很直覺，如果會出現很多災難性的結果，如果我們可能做得到，我們希望避免所有的災難，因此我們採用的政策，目的在於避免可能碰到的第一個災難性門檻。在這種情況中，這個門檻是攝氏3度。

　　雖然這個例子支持預防原則的大中取小規則，卻是以極端假設為基礎。利用大中取小策略時，是假設損害函數中，只有數量有限的潛在懸崖，還進一步假設，避免所有懸崖的成本並

非高得嚇人。但是在其他情況下，如果懸崖只是障礙而已，或是有太多的懸崖；或是避開第一座懸崖的成本極高，高到我們必須選擇比較沒有那麼差的選擇時，我們應該不會採取大中取小的解決方案。

在這些其他條件下，預防原則不會成立。事實上，分析會導向增加額外保費、避免臨界點，卻不支付所有成本，以便避免臨界點的方式。例如，科學家可能認為，氣溫上升超過攝氏2度時，墨西哥灣流逆轉的可能性很久。但是，阻止逆轉的成本極高，卻不會出現災難級的損害。在這種情況下，我們可能在攝氏2度的損害函數中，加上額外的步驟。但是，這樣不見得會導致這種水準成為最適當的溫度限制。8

這裡的一般觀點是：如果損害是不確定的、高度非線性的，而且在氣候賭局中如同懸崖一般，那麼，我們的成本效益分析通常會降低最適目標，以針對最惡劣的結果提供保險。

🌐 對成本效益分析應用於氣候變遷的批評

成本效益分析經常遭到抨擊。懷疑派認為，這種方法不適宜拿來評估氣候變遷方面的決定。在這種情況下，這種方法的若干缺點是技術性問題：包括具有很大的不確定性，偶爾不同事件的機率甚至無法判定；成本和效益可能歸屬於不同的人或世代；而且拿今天的成本跟遙遠未來的效益比較，會有很多困難。

然而，氣候變遷也引發了重要的哲學問題，例如，在健康衝擊方面抉擇時，我們在人身健康和生命上標出價格，這麼做

在道德上是否有道理？或許最大的問題是：氣候變遷衝擊涉及包括生態系統與生物多樣性在內的自然系統，我們現有的工具並不適於用來評估這些變化。

經濟學家對這些質疑有什麼反應？大部分的經濟學家同意：為氣候變遷政策進行健全的成本效益分析，是十分艱鉅的任務。但是，如果大家要為政策做出合理的選擇，卻有必要這樣做。我們可能無法就較高溫度對不同領域的衝擊做出明確的估計，卻可以透過仔細研究及分析的程序，做出層級高低的估計，用於我們的分析。我們必須小心在意，納入包括市場、非市場、環境與生態系統衝擊的所有衝擊。此外，在生態系統評價之類估計特別稀少的領域中，經濟學家和自然科學家必須合作，以便產生更好的估計。然而，如果我們要盡責地動用大家的錢，不做愚蠢的投資，那麼我們必須在我們要採購的東西之間比價。

考慮下述的思想實驗。假設你擁有一群你信任的專家團隊，可以提供達成不同氣候目標的成本估計，假設這些估計看來和圖29到圖32的數字很像，你要挑選什麼目標？

你一定必須研究衝擊分析，思考臨界點的問題；你可能必須修改損害函數，加上損害估計中經常忽略掉的生態系統和物種的損害保險。

你一定也需要針對國家的參與狀況，進行務實的估計。如果你真的認為只有半數的國家會參與，那麼把目標訂在攝氏2度，就像奢望搭乘美國國鐵（Amtrak）可以把你帶到月球。另一方面，如果你認為，你可以誘導所有的國家迅速上車，沒有一個國家想搭便車，而且你可以實際運用的政策工具相當有效，那麼

你或許大可將《哥本哈根協議》的目標，當成你的目標。

根據最後這兩章的分析，我們對訂定氣候政策目標應該得到什麼結論？首先，我們必須擁有協調一致又有價值的目標。有些科學家相信，溫度目標是正確的目標，雖然這種主張並非毫無爭論餘地，限制氣候變遷卻絕對是錯誤的目標。相形之下，排放限制或濃度目標則是工具性的目標，不是最終目標。

但是，簡單的溫度目標雖然是有吸引力的做法，在充滿競爭性目標的世界上，卻還有所不足。大家希望確保這些目標不僅僅是擔心過度熱心的環保分子意圖犧牲人類、拯救他們熱愛生態系統的結果；國家也會希望確保它不是在補貼不值得幫助的國家，或是助長腐敗的獨裁者透過綠色政策作為貪汙納賄的手段。

如果其中涉及巨額的資金，大家會希望自己的錢花得值得。這表示大家希望比較成本和效益，而效益不見得必須完全貨幣化。但是說「生態系統是無價之寶」，或是說「我們必須不計成本，拯救北極熊」卻還不夠。這就是何以評估全球暖化的選項時，必須權衡成本和效益的原因。看你對參與和折現的看法有多麼樂觀而定，你大可利用本章的四張圖作為指引，挑選一個氣候變遷政策目標。

碳價最重要

氣候變遷政策是科學領域的雙城記。自然科學在說明氣候變遷的地球物理層面上,成就令人讚佩。全球暖化背後的科學已經確立無疑,氣候變遷的時機與區域影響雖然還沒有確知,自然科學家卻已經強力證明,不受控制的二氧化碳排放會產生危險的後果。

但是瞭解氣候變遷科學只是第一步。設計有效控制氣候變遷的策略,卻必須仰賴社會科學、仰賴鑽研國家如何利用經濟與政治系統、有效達成氣候目標的各種學門。這些問題和自然科學處理的問題明顯不同,不但涉及氣候變遷的經濟衝擊與延緩氣候變遷的成本,也涉及設計政策工具,讓社會運用,達成期望中的減排目標。

我會在下面的章節探討這些問題。本章要探討二氧化碳外部性訂價或「碳價設計」的核心角色;第20章要討論政府實際上要如何制訂碳價;第21章要評估如何在國際間,有效率又有

效能地實施氣候政策目標。我們現在要面對的是飽含政治緊張意味、設計低碳世界制度的問題。

🌏 碳價是什麼？

我們的研究中，少了一些重要事項。我們斷定，降低二氧化碳和其他溫室氣體濃度，是降低全球暖化列車速度的唯一可靠方法。我們看到減少排放的成本有多高；看出如果我們要壓低成本，所有國家都必須參與的原因；也看出何以發電必須從燒煤改為燒天然氣或低碳來源；為什麼必須發展具有能源效率的設備、發明低碳新科技的原因。凡是認真看待延緩氣候變遷問題的人，很可能都會同意所有這些步驟。

但這樣卻把個人排除在等式之外。有什麼東西可以說服你我和每一個人，採取必要的行動？要怎麼誘導我們，購買具有燃油效率的汽車？到住家附近的地方度假，而不是飛到世界各地去度假？有什麼誘因會引導企業重新設計營運方式，以便減少排碳，同時追求利潤最大化，讓股東滿意？有什麼東西會說服科學家、工程師和創投資本家，知道發明低碳製程和產品，是他們希望無窮、可以發揮才能的領域？

這些問題可能讓你頭昏腦脹，幸好其中有一個簡單的答案。能源領域和其他領域經濟干預的歷史顯示，最好的方法是利用市場機制（market mechanism）。今天缺少的最重要單一市場機制，是高昂的二氧化碳排放價格，也就是所謂的「碳價」。

碳價是什麼？乍聽到為碳訂定價格、而且還是訂定高價的

構想，很多人一定認為，這絕對是某種不切實際的幻想。其實這個構想深深植根於經濟理論和經濟史，主要的識見是大家必須得到經濟誘因，才會改變本身的活動方式，降低二氧化碳和其他溫室氣體的排放量。要達成這個目標，最好的方法是為二氧化碳的排放訂出價格，從而提高碳密集產品的相對價格；降低無碳產品的相對價格，進而壓低二氧化碳的排放趨勢。

我們先從經濟分析下手。請回想一下，碳排放是經濟的外部性，是大家消費什麼東西卻沒有支付完整社會成本的活動。我打開冷氣機時，要繳電費，卻不為排放二氧化碳造成的損害付費，因為在美國排放二氧化碳的價格為零。如果你回想表6所列產生碳的居家活動清單，你會發現，沒有一樣活動包含反映社會成本的二氧化碳價格。

我們要怎麼補救這種疏失？這是經濟答案很簡單的少數領域，政府必須確保大家支付排碳的全部成本，每一個人、每一個地方在無限期的未來，都必須面對反映本身活動所造成的社會成本。

換句話說，為碳訂價代表社會決定推動一件要務，就是減少排放二氧化碳。這種信號類似高昂地價所發出的信號。紐約曼哈頓中心的土地以天價賣出時，顯示那塊土地拿來蓋高爾夫球場的話，並不合乎經濟效益；碳排放的價格會提供一個信號，表示排放有害，應該減少。

經濟理論的談論就到此為止，現在要問：在實務上，碳價是什麼？答案是碳價是附屬於燃燒化石燃料（以及類似活動）的價格。換句話說，企業和個人燃燒化石燃料，排放二氧化碳進入大氣層時，必須支付跟所排放二氧化碳數量成比例的額外價

格。我在下面的例子裡，採用的碳價通常是每公噸二氧化碳的價格為25美元，以便讀者熟悉這樣的價格。我會在後文提出建議，說這是近期政策中的合理目標價格。

發電是瞭解碳價角色的好例子。請想一想，以目前美國每瓩時10美分計算，每年用電1萬瓩時的家庭，一年要繳交1000美元的電費。如果發電時是燃燒一半的煤炭和一半的天然氣，發電1萬度將產生8噸的二氧化碳排放量。如果每噸二氧化碳的碳價是25美元，那麼年度發電成本就會增加200美元，家庭電費會增加20%。

🌏 透過可交易排放權（tradable permit）或稅負，以提高價格

政府實際上要怎麼為二氧化碳排放量訂價呢？我會在第20章詳細討論這一點。但是要強調碳價，應該很早就要先介紹這種構想。總之，有兩種方法可以提高碳價。

⚀ 最容易的方法是簡單地課徵二氧化碳排放稅，也就是課徵「碳稅」。這樣是規定企業和個人繳納排放稅，這很像大家給車輛加油時，要繳納類似稅項的情形。

⚁ 第二種方法比較間接，就是規定企業必須取得排放二氧化碳的許可，而且容許買賣許可證。這種方法稱為「總量管制與排放交易」（cap and trade）制度，因為排放量是有限額的，但是企業之間可以付費交易排放權。

這兩種機制聽起來不同,卻可以達成提高碳價的相同經濟目標。我會在第20章討論兩者的異同,但重要的是,要瞭解這是為溫室氣體排放外部性、訂定市場價格的兩種方法,實際上也是僅有的兩種方法。

其中有一個重要的技術性細節:實際支付這種價格的是誰?你可能順口回說:「聽著,我不燒煤。事實上,我甚至不知道電是怎麼發的,也不知道電是在哪裡發的。別人又怎麼能夠算出正確的價格呢?」

這種觀察很精明。有一個行政問題很重要,就是設計碳價制度時,要決定誰必須繳錢。考慮一下石油的流程:石油從油井流出,流進油管,進入煉油廠,然後可能流進油罐車,送到加油站,灌進儲油槽,再利用加油機,加進你的汽車裡。誰應該為二氧化碳排放付費?原則上,生產鏈上的人都可能要付費。然而,最合乎經濟的制度很可能會要求煉油廠付費,而不是要求加油站或消費者付費。以煤炭來說,發電廠或許應該付費,進出口應該也需要納入這種制度。

政治學家指出,大眾對漲價規定或租稅的接受度,可能受生產鏈之中開徵稅費的地點影響。「無形的稅是唯一的良稅」這句格言說得好。例如,根據法律,美國的社會安全稅有一半是由企業「繳納」,大部分的人不把這種稅負視為自己稅負的一部分。勞動經濟學家堅決相信,社會安全稅的兩部分都出自薪資(或嚴格地說,是移轉到薪資上了)。基於這種行為上的認知或錯誤認知,把管制或碳稅放在遠離消費者的上游,可能比較適宜;如此一來比較不醒目,大眾的反對也會比較少。

然而，從經濟的角度來看，不論是由生產商、煉油廠或加油站來付費，都沒有什麼不同。碳價會以漲價的方式轉嫁給消費者，而且汽油或其他產品價格會受到多少衝擊，並不是由誰繳納稅費來決定的。

🌐 訂定碳排放價格的經濟功能

　　訂定碳的使用價格可以達成一個主要目的，就是提供減少排碳量的強大誘因；實際做法是透過影響消費者、生產商與創新發明家的三種機制，來達成任務。

　　第一、碳價會提供信號給消費者，讓消費者知道什麼產品與服務的含碳量高，應該少用。消費者會發現，航空旅遊會變得比去附近景點玩還貴，也會比搭火車旅遊貴，這樣會減少航空旅遊，從而降低航空旅遊的排碳量。

　　第二、這樣會提供信號給生產廠商，讓他們知道哪種投入會使用比較多的碳，哪種投入用的碳較少，從而誘導企業改用低碳科技，以便降低成本、提高利潤。最重要的信號之一會傳送到發電部門，燃燒煤炭發電的成本將急劇上升，用天然氣發電的成本會少升一點，核能發電或風力之類再生能源的發電成本，應該完全不會上升。所有這些調整中，減少煤炭的二氧化碳排放量，很可能是美國可以採用的最重要步驟。

　　碳價高昂會吸引美國發電業者的注意。事實上，即使美國目前的碳價為零，卻有很多電力公司已經把高昂碳價的可能性，納入公司的長期計畫。例如，2012年的一項研究發現，接受調查的

21家電力公司中，有16家已經把二氧化碳價格納入計畫，他們為2020年訂定的每噸二氧化碳平均價格略低於25美元。[1]

第三種機制比較微妙，就是碳價會為創新發明專家帶來市場誘因，促使他們開發並推出低碳產品與製程，取代現有的科技。假設你在奇異公司（GE）之類的大企業服務，擔任研發主管，奇異2012年的研發預算有50億美元，生產利用煤炭、核能和風力等各種能源發電的設備，大部分的發電設備都耐用幾十年。如果碳價為零或是非常低落，那麼，燃煤發電廠將繼續是公司的重要獲利來源，你會繼續大力研發煤炭科技。

另一方面，如果你預期碳價劇漲，將來興建的傳統燃煤電廠會很少，那麼風力和核電之類的零碳科技將成為你投注資源的領域。在消費者或生產者需求對碳價敏感的其他領域——航空旅遊、消費家電和汽車生產是範例——編有龐大研發預算的公司，會對碳價發出的信號很敏感，將會配合改變投資方向。我會在第23章詳細討論創新經濟學。

碳價與環境倫理

大家經常覺得奇怪，經濟學家為什麼會推薦像碳訂價這麼複雜的方法，為什麼不乾脆告訴大家不要使用這麼多二氧化碳，或是停止生產煤炭？或許我們全都應該在汽車保險桿貼上「要當拒碳族！」的貼紙。

現在我要回頭探討法規和其他問題，但是有趣的地方是，碳訂價其實會讓生活簡化。跟減排有關的決定很複雜、很煩亂

又無所不在，用碳價當基準而不用其他機制有一個好處，就是能夠簡化和碳有關的複雜決定，也會減少從事不同任務所需要的資訊數量。

假設你認真看待環境倫理，希望減少自己的碳足跡，也就是減少你活動時產生的排碳量，你要怎麼適應日常生活中多了跟碳有關決定的狀態呢？

下面的故事會說明碳價如何簡化決定的情況。或許你和弟弟住在丹佛（Denver），你們想去阿布奎基（Albuquerque）探望老爸，你應該開車還是坐飛機過去呢？你看了看線上的碳計算表，發現搭飛機會產生350公斤的二氧化碳，開豐田汽車過去會產生400公斤的二氧化碳。因此，單從碳足跡的角度來看，搭飛機比較好。

但是，接著你會想到，你必須來回機場，因此你需要計算這些活動的排碳量。你也會想到，計算機是否考慮到航班是否客滿；你還會進一步考慮到，計算機是否只計算了汽油和噴射燃料的碳，沒有算到生產輪胎、鋁、鋼鐵、避震器、生產所有讓你能搭飛機的一切物品時所釋出的二氧化碳。更別提將機組人員從洛杉磯送到丹佛所產生的碳成本。

或許你根本就該忘掉這趟行程，乖乖留在家裡，這樣你可以節省排碳量，但是必須應付不高興的老爸。你很可能會認定所有這些碳的計算都太複雜，於是想要找其他方法，盡到身為一個負責任的世界公民的責任。[2]

碳價作為決策輔助工具的優勢，在這個地方變得極為明顯。如果所有排碳量都要收費，那麼成本應該已經包括在汽車

旅遊所用的汽油中，包括在機票、航空旅遊的計程車費中，也包括在所有替代活動的成本內。一旦碳價普遍適用，所有用到碳的活動，市場價格應該都會上漲，漲幅取決於碳價乘以所用燃料的碳含量而定。我們應該不知道價格中有多少是來自碳含量，但是我們也應該不必在意，我們可以信心十足地做出決定，知道自己會支付用碳的社會成本。

總之，你可以看出為什麼經濟學家強調：用碳價來減少碳排放具有很多優點，包括可以提供強大的減排誘因；可以用公平的方式，做好這件事；可以影響從生產到創新的所有經濟層面；還可以節省大家做有效決定時所需要的資訊。

🌏 設定正確的碳價

經濟學告訴我們，沒有管制的市場，不能為二氧化碳之類的外部性訂定正確的價格，因為外部性是在市場外部。所以價格應該怎麼決定呢？經濟學家用兩種方法，估計適當的碳價。第一種方法是用「碳的社會成本」觀念，估計氣候變遷造成的損害；第二種方法是用綜合評估模型，估計達成不同環境目標所需要的碳價。

我們先談碳的社會成本，這個觀念代表額外排放每一噸二氧化碳（說得簡潔一點，就是碳）或相等氣體所造成的經濟損害。[3]在氣候變遷政策中，估計碳的社會成本是關鍵因素，可以為決策官員提供制訂碳稅的目標；或在總量管制與交易制度中，提供制定減排水準目標；或在國際談判中，提供最低碳價目標。

另一個應用是在沒有涵蓋所有溫室氣體綜合政策的國家，訂定規定。在這方面，主管機關可能利用碳的社會成本，計算涉及能源政策或影響氣候決策的社會成本和效益。例如，美國政府就以碳的社會成本作為依據，訂定設置低碳能源設施的規範或補貼、建築物的效率標準、機動車輛的燃油效率（稍後探討），以及為新發電廠設定排放標準。

　　目前有很多估計和碳的社會成本有關。美國政府的一份報告提供了一項最好的估計，認為2015年時，二氧化碳的社會成本大約是每噸25美元，[4]和我接下來要說明的很多模型提出的數字符合，因此我要在下面的討論中，以這個價格作為目標價。

　　要判定適當的碳價，第二種方法是運用綜合評估模型。例如，我們可能估計要達成某種溫度目標，需要什麼樣的二氧化碳價格軌跡。下頁圖33顯示了一例。我在圖中計算時，選定的溫度限制是攝氏2.5度。[5]這個目標符合第18章成本和效益的討論。

　　圖33所示，是未來半個世紀內，在普遍參與和有效實施的理想狀況下的碳價軌跡。[6]在2015年開始時，所需碳價大約為每噸25美元，然後長期急劇上漲，每年實質或經過通貨膨脹調整後的漲幅大約為5％；到2030年時，將漲到每噸53美元；到2040年時，將升到每噸93美元。價格需要急劇上漲，是為了扼止大多數經濟模型假設預測中的二氧化碳排放量會快速成長。

　　這張圖也顯示不同模型估計值的範圍。你可以看出來，不同模型對全球暖化攝氏2.5度限制時，需要什麼樣的碳價來壓制，看法十分不確定。範圍很大反映出對未來經濟成長、能源科技和氣候模型本身固有的不確定性。

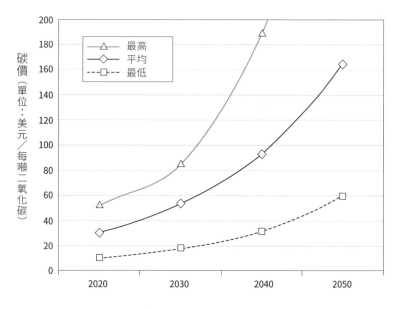

圖33 限制溫度最多上升攝氏2.5度所需要的碳價示例。圖中所示，是溫
　　　度最高上升約攝氏2.5度所需要的碳價路徑，本圖是一組13個模型
　　　推演所得的結果，圖中顯示所有模型算出的中間、最高和最低升
　　　溫所需要的碳價，並假設全面參且及政策有效。

碳價對能源價格的衝擊

　　要瞭解碳稅如何影響日常生活，可以參見右頁表8。這張表
所示，是在批發水準上，每噸25美元的碳價對代表性能源產品
的衝擊。[7]漲幅取決於每美元成本中的二氧化碳含量而定。煤炭
受到的影響最大，石油受到的影響最小，因為石油每單位的二
氧化碳排放量的價值很高。

表8 每噸25美元碳稅對能源批發價格的衝擊。這張圖顯示碳稅對主要能源產品批發價格的衝擊。對煤炭的衝擊會很大，因為煤炭是碳密集度極高的東西；石油受到的衝擊最小，因為石油每單位的二氧化碳排放量價值很高。

項目	單位	無碳價價格	含碳價價格	變化（單位：%）
價格（2005年美元）				
石油	每百萬btu（美元）	17.2	19.1	11
煤炭	每百萬btu（美元）	1.8	4.1	134
天然氣	每百萬btu（美元）	4.5	5.8	30
電力（工業用）	每瓩時（美分）	6.9	9.0	31

＊btu為英制能量單位

　　碳價對統計上的美國一般家庭整體支出，會有什麼影響？下頁表9所示，是碳價為每噸25美元時的例子。[8]碳密集產品的價格將劇烈上漲，輕碳產品漲價幅度會小得多了。漲幅最大的應該是電價，因為美國有極多的發電廠是靠燃燒二氧化碳密集度強的煤炭發電。汽車燃料一年通常的油料費用會增加8%上下。機票上漲範圍應該稍微少一點，電話和銀行服務幾乎完全不會上漲，因為兩種服務的用碳量極少。所有美國一般家庭的消費成本，從算盤到加蛋烤麵包片的價格漲幅，應該不到1%。

　　表9顯示，為排碳量訂價是延緩全球暖化的重要方法之一。和低碳產品相比，碳密集產品的價格漲幅會比較高，這樣會造成行為方面的改變，消費者會多買低碳產品，少買高碳產

品；碳價愈高，減少的二氧化碳排放量會愈多。這種「需求曲線向下斜定律」，即需求量會隨著價格上漲而減少的定律，是所有經濟學得到普遍證實的發現。

表9　每噸25美元二氧化碳價格的衝擊

事例	二氧化碳噸數	因為每噸25美元二氧化碳價格而增加的支出	支出增加比率 (%)
年度用電	9.34	$233.40	19.45
年度駕車	4.68	$116.90	7.79
越洋經濟艙	0.67	$16.80	5.61
年度家庭通訊	0.01	$0.36	0.04
年度家庭金融服務	0.02	$0.41	0.04
年度家庭消費	29.48	$737.00	0.92

🌏 碳價與財政收支

右頁表10所示，是以圖33價格為基礎的美國經濟。為了計算這些數字，我假設二氧化碳價格是靠著提高碳稅而來（但也可能是靠著拍賣排放許可）。這裡分析的碳稅會從2015年起徵，稅額為每噸二氧化碳25美元，是因為假設這時經濟已經達到充分就業。碳稅會徵收到龐大稅收，金額大約占美國國內生產毛額的1％。從2015年到2030年間，碳稅會促使美國的排放量大約穩定在2000年的水準。模型顯示，這種碳價路徑如果普遍得到其他國家類似政策的呼應，應該可以把全球氣溫增加的

幅度，限制在攝氏2.5度左右。

我們通常認為能源和氣候政策孤立於整體經濟政策之外，但是其中有一種重要的財政互動。大部分的大國都需要抑制不斷成長的政府債務，碳稅可能對政府的這番努力大有貢獻。

我要用美國的例子來說明這一點。2012年國會預算辦公室（Congressional Budget Office）估計，聯邦債務占GDP的比率將從2007年的36％，升到2013年的76％。[9]此一債務比率正快速增加，是因為當前的經濟下行期間延長，同時美國政府推動刺激經濟計畫，因此歲入劇減。除非政府採取重大的財政矯正措施，否則長期展望就是債務比率快速升高。

表10　碳稅提議對2010年至2030年間美國經濟的衝擊

年度	稅率	排放量 （10億噸二氧化碳）	歲入金額	歲入 （占GDP比率）
2010	0	6.3	0	0.00
2015	25	5.9	147	0.96
2020	30	5.5	168	0.97
2025	42	5.4	225	1.14
2030	53	5.2	277	1.25

＊稅率以2005年美元計算，單位為美元／每噸二氧化碳，歲入金額以2005年美元計算。

碳稅是想像中最接近理想稅收的稅，是考慮之中唯一能夠增加經濟效益的稅，因為碳稅會減少不受歡迎的活動（排放二氧化碳）產出的東西。美國要達成氣候變遷政策的目標，要履行已經承諾的國際義務，還有漫漫長路要走。碳稅具有龐大的

公共衛生效益，因為碳稅會減少有害的排放，尤其是減少跟燒煤有關的排放；碳稅可以加強或取代很多效率低落的管制計畫，更進一步改善經濟效益。

如表10所示，建議中的碳稅應該可以在2020年課得1680億美元的稅收，大約等於美國GDP的1%。因為稅率會急劇提高，稅收長期也會大幅增加。開徵碳稅可以成為財政保守派和環保分子之間的妥協，成為對市場友善、可以降低不斷成長的財政赤字、又能延緩全球暖化的手段。

國家氣候變遷政策

經濟學為全球暖化政策帶來兩個重大教訓。第19章討論過的第一個重大教訓是：人民和能源科技必須面對經濟誘因，才會嘗試改變行為，趨向推動低碳活動行為。國家主要必須靠著提高碳基燃料價格的方法，把排放二氧化碳及其他溫室氣體的活動價格，抬高到更貴的水準。這點是不方便的經濟事實，因為大家對能源漲價都會抗拒。

第二個經濟事實是：光是靠市場，無法解決這個問題。全球暖化沒有真正的「自由市場解決之道」，我們需要新的國家級和國際級的機構，協調並指導和全球暖化政策有關的決定。這些機制可以利用市場，卻必須由政府立法和執法，這點事實是本章和下一章要探討的重點。

🌏 碳訂價的兩種機制

政府可以透過碳交易與碳稅兩種機制，限制二氧化碳和其他溫室氣體的排放、提高排放價格。本章要討論這兩種制度及其相關優點。

第一種方法稱為「總量管制與排放交易」，簡稱碳交易，是藉著提高二氧化碳排放價格的方法，減少排碳量。一開始是由國家立法，管制或限制二氧化碳和其他溫室氣體排放量，然後發行數量有限的許可，涵蓋排放一定數量二氧化碳和其他溫室氣體的權利。世界各國政府已經採用這種管制方法，減少汙染。

右頁圖34是純粹為了好玩才編造出來的假想許可證。現代的許可證已經電子化，其中記載複雜的管制規定。但是，這張圖可以讓你瞭解，其中的基本概念是：許可證像就像汽車和房子，可以買賣。

下一步就是環境經濟學家的巧妙發明。企業除了要擁有排放許可之外，還可以買賣許可證。甲公司擁有1000噸的排放許可，卻決定關閉一座老舊電廠；乙公司希望設立一座有利可圖卻會釋出1000噸二氧化碳的電腦伺服器農場，甲公司可以把寶貴的許可證賣給乙公司。

企業如何決定排放價格？市面上可能有交易所，供許可證進行買賣；或是出現經紀商，作為買方和賣方之間的仲介。甲公司一定希望賣到最高價，乙公司一定希望找到最低價，雙方可以用每噸25美元的價格成交。

太平洋合眾國（USP）許可證1031144AH23號

太平洋合眾國
排放1000噸二氧化碳當量許可准證

本證規定登記有案所有權人已經獲准，得排放規定數量二氧化碳進入大氣層，排放量係由太平洋合眾國註冊局2013年8月13日發出之USP登記證120.12.12號規定，准證之移轉得受現行法令規範。

登記有案之所有權人為太眾國馬里隆迪亞州假想公司。

本准證之排放量經向太眾國環保署許可管理局備案後，得在太眾國全境完全移轉。

本准證規定之排放自2015年1月15日生效，2019年12月31日失效。

衛隆博士

（簽名）

2014年1月20日

圖34　異想天開的太平洋合眾國排放許可證

　　設立許可證交易市場的好處是：可以確保排放量以最有效益的方式得到運用。在我們的例子裡，如果甲公司的許可證賣不掉，公司可能還可以繼續營業，但每噸排放許可的價值可能只剩2美元。同樣地，買方乙公司可能發現，許可證用在新產品上，實際上貢獻了202美元的淨價值。因此，藉著准許交易，每噸的經濟福祉增加了200美元。

這種想法不只是瘋狂的理論性方案而已。過去半個世紀以來，這個想法已經以很多不同的方式廣泛運用。許可證已經用來拍賣鑽油權、砍伐林木權以及電磁頻譜的使用權。在環境方面，最成功的例子是美國利用許可證限制二氧化硫（sulfur dioxide）的排放，這個計畫在減少整體排放量上，實施極為成功，花費卻遠低於很多分析師的預測。美國的二氧化硫計畫極為成功，以致於用來當成《京都議定書》溫室氣體排放量計畫的基礎，還成為歐盟二氧化碳排放交易計畫的基礎。

把碳交易計畫納入二氧化碳排放的情境時，可以從受限制的排放量中，擠出最多的經濟價值。碳交易能夠達成這種成就，靠的是透過價格和市場機制，不是透過政府對能源科技的微管理。因為排放量受到限制，總量低於無管制或自由市場的水準，因而像土地或石油一樣，變成稀少的資源，二氧化碳排放許可的市場價格，會高漲到足以把排放量減少到數量限制之下。就像玉米的高價會擠壓玉米需求，達到能夠配合既有供應量的程度，碳價會促使生產者和消費者減少利用排碳產品，以便配合數量限制。具有約束力的碳交易制度會間接促使碳價變成正值，而不是零。

歐盟透過排放交易計畫，實施碳交易的構想。右頁圖35顯示2006年到2012年間，這項計畫的二氧化碳排放量價格。[1]從第一期開始，許可證的數字大於實際排放量，價格在2007年跌為零。到了第二期，一開始時，每噸價格約為20歐元（27美元）；但是到了2012年，下跌為每噸約8歐元（11美元）。

提高碳價的第二種方法稱為碳稅，就是由政府直接對二氧

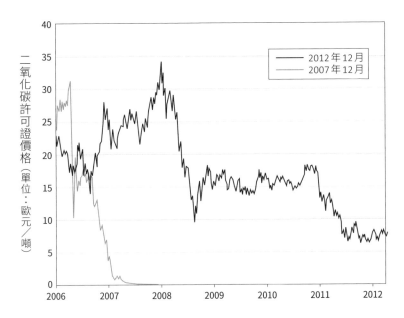

圖35　歐盟交易計畫中的二氧化碳市場價格。本圖所示，是2006年到
　　　2012年間，歐盟排放交易計畫的二氧化碳價格歷史。金融海嘯期
　　　間和2012年底全球氣候變遷協議前途未卜時，價格曾經劇跌。請
　　　注意，縱軸的單位是公噸，這段期間內，歐元匯率為1.36美元。

化碳排放課稅。其中的基本理念很簡單，一家企業燃燒化石燃料
時，會導致一定數量的二氧化碳進入大氣層。碳稅會對每種燃
料的二氧化碳含量課稅，這裡的定義問題跟碳稅和排放限制相
同。唯一的差別是其中一種對數量課稅，另一種是限制數量。
數量的定義則相同。[2]

　　舉例來說，假設有一家公司燒煤發電，一座大型電廠每年
可能要用500萬噸的煤；以每噸二氧化碳課稅25美元來說，這
家發電廠每年必須繳納將近4億美元的碳稅，這筆錢應該會成
為電廠最大宗的成本，經營階層一定會注意到。

普遍的碳稅應該類似這個例子，但是會適用所有二氧化碳（和其他溫室氣體）的來源。煤炭、石油和石油製品是二氧化碳的主要來源，但是其他領域如水泥生產和砍伐森林，也會成為普遍課稅的目標。碳稅和所有稅制一樣，有很多法律上的細節。

碳稅（或能源稅之類比較常見的相關稅項）出現在早年的氣候變遷政策討論中。到了1990年代晚期，因為國際會議的政治談判者認為，大眾和各國政府比較熟悉量的限制，也比較可能接受，因此把碳稅打入冷宮。從1997年起，碳交易和管制之類量的限制，變成國際談判的標準。

然而，有些國家一直用碳稅來提高歲入，若干西歐國家訂有碳稅或混合式的能源碳稅。印度對煤炭徵收每噸1美元的碳稅；中國正在考慮這種稅；南韓、澳洲、紐西蘭、加拿大和歐盟也在考慮類似的提議。到2012年為止，還沒有一個國家開徵高額的碳稅。

🌍 碳稅和碳交易同樣至為重要

拿碳交易和碳稅兩種體制來比較，會有什麼結果？大部分人都會驚訝地發現，兩者基本上相同；也就是說，在理想化的情況下，兩者對減排、碳價、消費者和經濟效益的影響相同。大家可能力辯何者較好，但是兩者都會藉著提高碳排放的價格，強力激勵消費者和企業減少二氧化碳排放量。

下例可以顯示兩者的相似之處。假設美國每年不受管制的二氧化碳排放量為50億噸，然後美國通過碳交易立法，要把排

放量限制為40億噸，方法是要拍賣40億噸的排放許可證（這是圖34小小漫畫許可證的現實世界版本）。接著許可證的交易會出現，以便大家用最符合經濟效益的方式減排。因為減排的成本高昂，許可證的價格會漲到等於減排最後一噸的成本。假設減排最後一噸二氧化碳的成本為25美元，許可證的價格就會漲到每噸25美元，因為這個價格正是排放者漠視減排和購買許可證成本有沒有差異的分野。從企業經營的角度來看，購買一噸二氧化碳排放權的成本就是25美元。

現在假設美國對二氧化碳課徵每噸25美元的稅。以這種稅率來說，企業會發現，減排10億噸將合乎經濟效益；從個別企業的立場來看，在兩種情況中，在大氣層增加一噸二氧化碳的價格，都是每噸25美元，因此企業在兩種狀況中的行為會相同。在第一種狀況中，會繳納25美元的稅款，以便排放一噸；在另一種情況中，會以每噸25美元的價格，購買許可證。碳交易體制與碳稅的排放量及二氧化碳價格完全相同，唯一的差別是，在其中一種狀況中，政府運用以市場為基礎的「量化」管制；在另一種情況中，政府採用課稅的形式，實施「價格」管制。

最後，企業付出1000億美元（40億噸×25美元）排放40億噸的二氧化碳。在第一種狀況中，企業繳納1000億美元的稅；在第二種狀況中，企業花1000億美元購買許可證。政府在兩種情況中，都得到1000億美元的歲入。總量管制與排放交易的運作方式就像空汙稅一樣。

🌐 碳稅和碳交易的重大差異

一旦我們從理想化的分析轉向現實狀況，重大差異就出現了。經濟學家通常傾向偏愛碳稅，談判人員和環境專家卻偏愛碳交易，下面是其中若干主要考慮因素。[3]

擁護碳稅的人指出，稅法是成熟而普遍的政策制度，每個國家都利用稅制，都有行政稅制、稅務人員、稅務律師和稅務法院。國家需要歲入，而且其實很多國家今天都要面對龐大的財政赤字。相形之下，大部分國家在碳交易制度方面的經驗有限，而且幾乎沒有國際經驗。

有一個相關的論點指出，量化限制會在訂定排放量目標的方法中，造成市場價格劇烈波動。和歐洲制度有關的圖35，就可以看到這種情形。請注意2008年內的價格起伏有多麼激烈，在幾個月內狂跌了將近75%。波動性會增加，是因為許可證的供需對許可證的價格不敏感。高水準的波動性在經濟上的代價很高，還會對民間部門的決策者發送不一致的信號。碳稅顯然會傳達一致的價格信號，年度和年度之間、甚至不同的日子之間，不會有這麼瘋狂的變化。

標準碳交易制度和碳稅之間，有一個重大差異，就是跟誰繳交稅款和誰收到稅收有關。歷史上，碳交易計畫中的准證和許可證，都是免費發放給受到管制的公司。例如，根據美國1990年的二氧化硫計畫，幾乎所有排放許可證都是免費分配，發給即將受到管制、而且一向都是重大排放來源的電力公司和企業。許可證是寶貴的資產，免費分配有助於降低受管制公司

在政治上的反對。同樣地，在歐洲實施碳交易計畫初期，許可證也是免費分配給企業。經濟學家發現，免費分配排放量許可證的做法令人反感，因為這樣是浪費財政資源，不見得能夠抵銷排放量限制對企業獲利的衝擊。

如果實施碳稅，寶貴的收入會進入政府口袋，可以用來回饋消費者，或購買重要的共同商品。現在有些碳交易提案規定政府必須拍賣許可證，有了拍賣的做法後，兩種制度的財政衝擊就會相同。

和碳交易制度相比，碳稅有兩大缺點。一是碳稅下的排放量不確定，如果我們制定每噸25美元的全面性碳稅，我們應該不會知道實際上的排放量。如果我們確實知道排放量的危險水準何在，這一點會是碳稅的重大缺點，因此這就是兩者之間真正不同的地方。在碳交易體制下，碳價會波動，二氧化碳排放量卻恆常不變；在碳稅的制度下，排放量會波動，價格會穩定下來，表示除非碳稅能夠定期變化，否則不能自動確保地球，留在「人為干預氣候系統危險」中安全的一面。

擁護者提出更進一步的論點，就是碳交易制度具有比較大的政治吸引力，也比較能夠耐久。原因之一是：因為加強管制而利益受損的產業團體政治反對派，已經遭到免費分配的許可證收買。事實上，免費許可證的價值似乎遠超過因為加強管制而喪失的利潤。如果政府改採拍賣許可證的方法，發自碳交易中的政治凝聚力應該會消失。

最後一個政治性的論調是，要推出租稅很難，要減稅卻很容易。科學家或許會說服政府，推出高稅率的碳稅，向企業界

發出開始從事低碳投資的強烈信號。但是如果政治風向改變，下一任政府可能推翻這種政策，撤銷這種稅項。從某個角度來看，如果碳稅陷入政黨政治鬥爭的困境，圖35中的價格波動，可能會被政治動盪取代。

管制的歷史顯示，環境法規都有比較高的耐久力量，而且通常不會遭到推翻。1990年，美國國會推出加強管制二氧化硫排放的法規，即使後來美國出現重大政治變化，排放標準還是沒有出現明顯變化。因此，很多分析師認為，碳交易政策的管制方法應該會更耐久，更有機會成為可靠的長期政策。

我衡量這些爭論後，得出什麼結論呢？我的第一個選擇是……任何一種方法都好！最重要的目標是提高二氧化碳和其他溫室氣體的排放價格。很多國家可能發現，用碳交易制度比較容易提高價格，達成目標；要是配合拍賣的話，更是如此。其他國家可能發現，國家需要穩定、可靠的收入來源，因而傾向開徵碳稅，我會為這些國家鼓掌。就像我在第21章探討各種方法時強調的一樣，任一種方法都遠勝過其他方法，因此我們必須把焦點放在提高溫室氣體價格的目標，不要讓差異妨礙了有效的政策。

如果有人逼問我，強迫我選擇，我會承認碳稅的經濟論點具有吸引力，跟歲入、波動性、透明度和可預測性有關的部分尤其如此。因此，如果有什麼國家真的無法決定時，我會建議他們採用碳稅制度。然而，如果有些國家像美國一樣，十分厭惡新的稅項，卻能夠容忍碳交易制度，尤其是容忍附有拍賣許可證的制度，這樣一定勝過容許氣候變遷不受約束，也一定勝過依靠無效的替代方法。

🌏 綜合解決之道

評估碳稅和碳交易時，有很多考慮因素互相競爭。其中是否有什麼妥協之道，可以跨越碳稅體制和碳交易各自優點的藩籬，產生一種強而有力的綜合解決之道呢？或許最有希望的方法是塑造一種綜合機制，結合量化限制、價格基準和比較高的價格安全閥。例如，可能擁有量化目標以及訂有最低二氧化碳價格作為碳稅基準的制度。像歐洲國家之類的某些國家，可能以碳交易模式為基礎，制定氣候變遷政策；也可能在制度中，納入位在上方的安全閥，然後在安全閥的限制內，根據某一種稅務乘數，例如可能是比基礎水準溢價50％的乘數，出售碳排放許可證，以便降低波動性，確保這種計畫合乎經濟成本。

綜合制度會分享兩種方法的優缺點，沒有純粹碳交易制度的固定量化限制，卻有彈性的量化限制，指引企業和國家產生信心，認為自己正達成氣候目標。綜合方法會擁有碳稅制度的若干優點，但不會有所有優點。綜合方法會有更多有利的公共財政特性，會減輕價格的波動性，減少貪腐的誘因，協助減少不確定性。價格基準和安全閥價格之間的差距愈小，計畫擁有的碳稅優點愈多；差距愈大，擁有的碳交易制度優點愈多。

在本書簡短的處理中，處理像經濟和氣候這麼複雜的系統時，很多設計細節都只是概要而已。如果讀者希望瞭解更詳細的分析，可以參考專業的法務或經濟分析。[4]處理藏在森林和土壤中的碳，是特別棘手的問題。原則上，系統對於潛藏在樹木裡的碳，應該發給碳積分。樹木遭到砍伐和焚燒時，應該對擁

有樹木的人扣分。在實務上，針對這種流量製作精確的紀錄，目前還沒有能力做好，因此把森林納入國際溫室氣體管制系統中，實際上還有問題。

各國的排放量管制不協調一致時，會有另一個麻煩，就是難以測量溫室氣體的跨國流動。假設美國的碳稅是每噸二氧化碳50美元，加拿大的碳稅是每噸20美元，在理想化的世界，從加拿大進口二氧化碳到美國，可能額外收到每噸30美元的稅額差距。問題出在如何處理間接或遭到「加持」（embodied）的二氧化碳和其他溫室氣體。我們在邊境稅（border tax）中，應該只包括化石燃料嗎？還是也要納入鋼鐵之類二氧化碳密集度很高的產品？或是應該納入所有進口產品的估計值？如果碳價低落，邊境稅的處理是有辦法管理的。但是，如果碳價像某些提案所說的一樣，高達每噸500或1000美元，那麼二氧化碳價格的幾個百分點，就會造成國際貿易中的產品價格與競爭力的重大差異。

這兩點只是任何全球暖化政策之中，必須解決的很多實際細節當中的兩個例子而已。對非專家來說，這些事情聽起來相當繁瑣，要由律師負責解決。但是研究細節、建立二氧化碳和其他溫室氣體的價格，是延緩全球暖化道路上的關鍵步驟。

從國家政策到協調一致的國際政策

前兩章討論政府如何利用市場，延緩全球暖化的腳步。我們發現，關鍵因素是給二氧化碳和其他溫室氣體訂出價格。接著，我們說明應該可能達成這個目標的兩種制度，就是碳交易與碳稅，這兩種制度在個別國家應該會有效，而且歐盟在其排放交易機制（Emissions Trading Scheme）中，甚至已經實施了將近十年。

有效的全球暖化政策最後一個層面是……政策必須具有全球性。本章要探討包括失敗的《京都議定書》在內的其他方法，考慮推出更有效國際政策的方針。新國際協議的一項重要創新應該是：推出激勵誘因，防止搭便車。

🌐 全球外部性的解決之道

全球暖化是一種不尋常的經濟現象，通稱全球外部性（global externality）。全球外部性並不新奇，卻因為大家偶爾稱

之為全球化（globalization）的關係，也就是因為科技快速變化、運輸與通信成本下降的關係，變得重要性日漸增加。全球外部性跟其他經濟活動不同，因為可以有效能又有效率處理全球外部性的政經方法，不是虛弱無力，就是付之闕如。

長久以來，全球外部性問題一直在挑戰各國政府。幾百年前，各國政府要面對宗教衝突、軍隊搶掠以及黑死病之類傳染病的蔓延。到了現代，舊的全球性挑戰並未消失，新的挑戰卻又出現；核武擴散、販毒、國際金融危機和網路戰爭的威脅，就是例子。

進一步的反省顯示，各國在達成處理全球經濟外部性的協議方面，成就有限。兩個成功的例子包括處理國際貿易爭執（今天主要是透過WTO）以及限制使用破壞臭氧層的氟氯碳化物（chlorofluorocarbon）協議。哥倫比亞大學經濟學家史考特·巴瑞特（Scott Barrett）領先群倫，率先推動環境條約經濟層面的研究。他和其他學者認為，這兩項公約很成功，是因為效益遠超過成本，也是因為創設了有效的機構，增進國與國之間的合作。[1]

治理是應付全球外部性的核心問題，因為有效管理需要大國之間協調行動。但是根據現行的國際法，沒有任何法律機制可以讓大公無私的大多數國家或超級多數國家，能夠要求其他國家分擔管理全球外部性的責任。此外，重點是說服各國合作行動時，動用武力之類的法外方法根本不宜推荐。

前文說明過，延緩全球暖化的有效行動，需要近乎全面的參與和協調一致的政策；大部分國家都需要加入協議，這樣才能夠協調政策，讓減排邊際成本平均分配在各個國家和領域之

間。有效政策的條件嚴格，正是為什麼需要國際協議和制度的原因。

世人為了應付氣候變遷這種全球外部性，曾經提倡並實際制訂過什麼制度？下面所列是其中四種主要方法：2

- 無所作為，就是不採取任何行動，促使市場供需失效。因此無法矯正氣候變遷的外部性。到目前為止，大部分國家都採用這種方法，但是這種方法不能解決問題。

- 片面行動，各國制訂自己的目標與政策，不和其他國家協調。這是大多數國家愈來愈喜歡採用的方法。例如，美國從2008年起，就開始把氣候變遷目標納入管制政策。2009年，歐巴馬政府並沒有和其他國家協調，就推動一種只在美國適用的碳交易機制。同樣地，中國承諾要在2020年前，把每單位GDP排放的二氧化碳降低40%到45%；但是中國也聲明，沒有義務要把這種計畫提交國際監督和核實。

- 區域性方法。歐盟的排放交易計畫是重要的例子。歐盟為所有會員國訂出限制，限制大約涵蓋歐盟一半的二氧化碳排放量。歐洲的做法是一種碳交易計畫，各國分配到排放量許可證，許可證可以在碳交易市場交易。區域性協議可以減少談判單位的數目，可能促成有效的國際協議。然而，歐盟是唯一這樣做的區域性聯盟，其他國家集團（阿拉伯國家聯盟或非洲聯盟）並未制定排放量管制安排。

✦ 大多數國家之間訂定具有約束力的國際協議，也就是揉合管制和稅務手段，限制溫室氣體的排放。下一節要討論這種方法的歷史。

🌏 國際氣候協議簡史

聯合國在1994年通過《氣候變遷綱要公約》，承認氣候變遷的風險。公約聲明：「終極目標……是要達成……大氣層的溫室氣體濃度穩定在一定水準，以便防止人為危險干預氣候系統。」[3]

1997年的《京都議定書》踏出實施綱要公約的第一步。高所得國家同意在2008到2012會計年度期間，把排放量限制為比1990年的水準低5％。根據《京都議定書》，申報規定之類的重要制度性特質得以建立。這份議定書也推動計算不同溫室氣體相對重要性的方法，其中最重要的創新是創設國際排放交易的總量管制與交易制度，以此作為各國協調政策的方法。

《京都議定書》的目標遠大，意在建構一種國際架構，有效地協調不同國家之間的政策。但是各國發現這份協議書沒有經濟吸引力，美國很早就退出協議，議定書也沒有吸引新的中等所得國家和開發中國家參與。因此，《京都議定書》涵蓋的排放量大量減少，而且議定書沒有涵蓋的國家，排放量反而加速成長，中國之類的開發中國家尤其如此。《京都議定書》設計之初，是希望在1990年時，涵蓋全球三分之二的排放量；但是到2012年時，實際上只涵蓋世界排放的五分之一。分析顯示，即使《京都議定書》無限期延期，議定的減排數量對未來氣候變遷的影響

也會非常有限。於是這份議定書在2012年12月31日靜悄悄地壽終正寢，沒有引起多少人的追悼（參見下頁圖36）。[4]

2009年的哥本哈根會議意在談判新協議，以便在後《京都議定書》時代應用。結果這場會議產生了《哥本哈根協議》。這份協議採納了一個全球氣溫目標，「承認全球平均升溫……應該低於攝氏2度的科學觀點。」然而，因為各國不願意做出有約束力的承諾，也擔心成本的分配；會議結束時，沒有得到什麼限制排放的重大協議。

《京都議定書》失效與《哥本哈根協議》失敗有什麼含意？以近期而言，看來氣候政策頂多會走上平行卻不協調的各自為政國策路線，也就是上文所列的第二條路線。某些國家（如歐盟國家）將繼續應用碳交易，其他國家（可能是印度和中國）可能推動碳交易限制或碳稅，還有一些國家（如美國）大致上會依賴限制特定科技排放量的管制措施。這些政策在未來的歲月裡，可能略為壓低排放量的軌跡，卻不可能有效地壓低，而且鑒於效能不彰政策的成本高昂（第22章會探討這一點），片面行動的國家不可能採取足夠有力的措施，確保氣候變遷不升到危險的門檻。

這裡必須痛苦地斷定，極多人數投入極多時間而且寄以厚望的用意良好重要方法，已經失敗。但是除此之外，大家很難對京都模式得出其他結論。經濟成本效益分析顯示，應該把全球暖化壓制在攝氏3度以下，但是目前全球行動的腳步，卻遠遠落在達成這個目標所必須採取的步驟之後。同時，哥本哈根會議宣布的攝氏2度目標雖然雄心勃勃，卻很可能行不通。

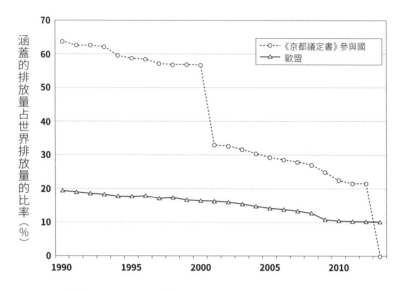

涵蓋的排放量占世界排放量的比率（%）

圖36　全球排放量比率。《京都議定書》（虛線所示）開始時，涵蓋將近三分之二的排放量。然而，開發中國家的成長及美加兩國的退出，造成該議定書在2012年失效前，涵蓋範圍縮小到大約五分之一。整個期間內，歐盟一直是中流砥柱（實線顯示歐盟占全球排放量的比率）。

　　目前氣候變遷談判已經陷入僵局。相關各方每年都會舉行另一回合的國際會議和談判：2006年在奈洛比、2007年在巴里島、2008年在波茲南（Poznań）、2009年在哥本哈根、2010年在坎昆、2011年在德本（Durban）、2012年在杜哈。每次會議結束，都會提出多種報告和決定，以及會議一事無成的怨言。[5]京都模式已經前進無門。

🌐 國際協議的結構

　　延緩全球暖化的有效政策，需要各國之間協調國家的政策。嚴格地說，政策協調的意思是：每個國家的減排邊際成本都相同。這裡的理念跟我在探討國家排放交易時說的道理正好相似。假設每年最適宜的排放目標是300億噸二氧化碳，為了儘量降低達成目標的成本，每個國家的每個領域最後一單位的減排成本（用經濟學家的術語來說，就是邊際成本）都必須相等。回頭看看圖34的文字說明，只要把「公司」換成「國家」就夠了，其中的推理完全相同。

　　達成邊際成本一致最簡單的方法，是確保每個國家的二氧化碳排放價格均一化，亦即每家公司設定的邊際減排成本等於二氧化碳價格，這表示每個國家的每家公司的邊際成本都相同，表示達成全球排放目標的成本會降到最低。雖然很多人會覺得，這個目標是烏托邦理想化加n級，但是考慮國家和全球政策的不同方法時，心中保有理想卻很重要。

　　就像國內政策，協調國際政策也有兩種方法。一種方法是像歐盟或《京都議定書》所設想的，透過國際總量管制與交易政策。在這種計畫下，國家的排放量會遭到限制（管制），同時排放許可證可以跨國買賣（交易）。市場機能會確保不同國家之間的價格均等化，這樣會導致國際邊際減排成本均一化，並促成全球性的最低成本。

　　第二個方法是設立體制。在這個體制之下，各國同意訂出協調一致的最低碳價，然後致力處罰根據此一最低價格的排碳。我會在下一節說明這種制度，然後比較兩種方法。

🌏 碳價體制

雖然密切關注氣候變遷談判的人，相當熟悉碳交易制度的結構，但這種碳價結構體制的構想很新穎，需要略加解釋。基本概念是各國必須達成碳價協議，而不是達成排放限制協議。實際實施時，要由個別國家依據協議出來的監督、查證和執法標準，負責管制。

第一步是同意一個碳價目標。各國可以參考的碳價文獻很多，我在本節的討論中，選擇符合限制升溫攝氏2.5度的碳價路線。雖然有其他目標可以選擇，但這個範圍是第18章成本效益分析建議的目標，也是比較完整綜合評估模型建議的路徑。回頭看看圖33，好幾個經濟模型依據普遍參與和有效實施的理想化狀況所產生的碳價路徑。我在本節的討論採用圖33估計的中點，就是2015年每噸二氧化碳為25美元、此後會急劇上升的估計，作為例子。然而，請注意，要達成這個目標所需要的碳價估計範圍很大，而且改變目標也會造成碳價改變。最後，如果經濟和科學資訊有變化，這條目標路徑也會隨著改變。

下一個問題是各國在碳價條約中必須承擔的義務。所有國家至少應該同意根據協商出來的最低價格，懲罰二氧化碳與其他溫室氣體的排放。如果各國願意，也可以把價格訂在比較高的水準，實際碳價的查核需要各國的透明申報。

制定國際標準價格的程序應該需要一份綱要條約。決策可以採用加權投票（weighted voting）的形式，但是這樣做顯然會變成爭議多多的重大國際談判；要點是承認談判出最低價格，

應該比談判出一整套個別國家的排放限制來得簡單許多。單一碳價比特定國家的排放限制簡單的好處，是重要卻難以捉摸的要點，可以用俱樂部會費談判的例子說明。假設好幾個人希望設立高爾夫球、板球或獵鴨俱樂部，大家的熱心、接近性、家庭大小和所得多少都不同，方法之一是跟會員逐個談判會費，這樣每位會員在會費總額中，都會占到一定的比率。比率的多少一定要經過漫長且痛苦的談判才能決定。跟每位會員逐個談判會費的俱樂部可能存在，但我從來沒有看過這樣做的例子。這是京都模式採用的方法，你可以看出來，事實證明這種方法極為困難，最後會毫無結果。

談判單一的最低價格，應該比談判排放配額容易多了。德國可能主張高價，加拿大卻主張低價，沙烏地阿拉伯贊成超低價。但是一旦價格決定好，就不需要進一步的後續談判，討論每個國家不同的價格。你可以從俱樂部會費的例子，看出談判國際碳價比較容易、比較可能產生建設性結果的原因，也可以看出為什麼逐國談判減排比較不容易獲得成果。

均一化價格的管理跟碳交易制度不同。國家可以用本身選擇的任何機制，決定價格。即使國家同意符合國際最低價格，協定也不會規定各國採用什麼機制履行義務；有些國家可能只採用碳稅，其他國家為了履行承諾，可能採用《京都議定書》設想並納入美國法律的碳交易機制。另一個方法是混合碳交易和最低價格基準的方式（可能利用附有保留價格的拍賣）。

從經濟和環境觀點來看，國際碳交易制度和均一化碳稅制度的比較，類似跟上述國內做法有關的討論，很多優缺點都相

同。然而，真正的問題不在於設計之類的技術性問題，而是基本的政治問題。任何條約觸及國家主權和國內特權時，都必須柔性處理，要讓各國相信自己在國際協議下，擁有自行處理本身氣候政策的龐大自由。最低價格機制是一種友善的方法，比較像各國已經參與的關稅或租稅條約協議，和《京都議定書》具有高度干預性的碳交易方法不同，比較不可能觸發民族主義式的嫉妒和禁忌。

🌏 貧富國家的義務

國際協議經常把窮國和富國的責任區隔開來。例如，根據《京都議定書》，富國有著具有約束力的排放量限制，中等所得國家和窮國卻沒有約束性的排放量限制，只需要申報排放量而已。在未來比較全面性的安排中，富國應該立刻採取行動，抑制排放量；中等所得國家必須加入協議，而且在近期內減少排放；窮國要像剛才簡短討論所說的一樣，可以延後參與，推動減排時會得到協助。

不同所得團體的國家之間，應該怎麼分配排放量？右頁表11所示，是根據不同國家團體列出的二氧化碳排放量。我採用世界銀行列有資料的167個國家，並把這些國家分成五組，按照國民所得排列。[6] 今天的高所得國家（國民所得超過2萬美元）排放的二氧化碳略低於一半，前三組國家代表90%目前的排放量，其中不只包括富國而已，也包括中國、南非、烏克蘭、泰國、哈薩克、埃及、阿爾及利亞、哥倫比亞、土庫曼、祕魯和

亞塞拜然（Azerbaijan）。

高所得國家在《京都議定書》中已經有所承諾（不過並非所有國家都履行承諾，美國及加拿大退出），這些國家會是有效協議中的關鍵多數。

然而，就像我一再強調的，如果富國單獨行動，這個問題將無法解決；要達成雄心勃勃的溫度目標，需要幾乎等於全部排放量的國家都參與。就像表11所示，有效的協議需要包括大部分中低所得國家的參與，尤其是中國和印度。要這些國家加入碳價體制，似乎是國際氣候變遷條約的合理目標。另一方面，印度或中國近期內加入京都式協議的展望似乎相當渺茫。這些國家的制度性結構和融入全球經濟與國際機構的程度大不相同，但是全球協議要有效的話，都需要說服這些國家加入，而且協議要用某種方式設計，以便這些國家知道對中等所得國家而言，加入並非全然是沉重的負擔，最低碳價體制的目的就是如此。

表11 按國家所得水準的排放量分配

國家組別	國民所得下限 （單位：2005年 固定美元）	全球二氧化碳 排放量累積比率 （單位：%）	國家總數
高所得	20,000	46.3	35
中等所得	10,000	60.8	30
中低所得	5,000	89.9	30
低所得	2,000	99.1	35
最低所得	280	100.0	37

最窮的國家怎麼辦？一方面，我們已經看出普遍參與的重要性；另一方面，期望辛辛苦苦、奮力提供乾淨飲水和小學教育的國家，為幾十年後比較富有國家的人民犧牲，既不公平、也不切實際。幸好，這樣不是重大損失，除了奈及利亞以外，目前最低所得國家的排放量微不足道。從表11可以看出，底下的72個國家只產生10%的全球排放量，如果前100個國家加上中印兩國，就會占到全球排放量的90%。

要鼓勵低所得國家參與，最好的機制應該是結合採用低碳科技時提供的財政與科技援助，以及努力遊說這些國家用碳稅取代其他稅項。碳稅勝過約束性減排措施的好處，特別適用於治理結構微弱無力的國家。看來這些國家不太可能實施碳交易制度，卻不爆發普遍的貪腐和逃避問題。[7] 相形之下，碳稅可以滿足政府的收入需要，同時減少其他沉重的稅負，又不會形成特別困難的治理問題。

🌏 用執法機制對抗搭便車

不論採用什麼國際體制來延緩氣候變遷——是採用起死回生的京都模式，還是採用碳價體制——都必須面對各國搭其他國家努力便車的傾向。新體制要有一個重要的部分，就是設計出一種機制，克服搭便車的問題。各國具有強大的誘因，宣布壯志凌雲的崇高目標，然後就忽視這些目標，行所無事。國家經濟利益和國際協議衝突時，退縮、掩飾和撤退的誘惑就會出現。

加拿大是個有趣的例子。加拿大起初熱心支持《京都議定

書》，簽約承諾要減排6%，而且批准了條約。然而，隨後的幾年，加拿大能源市場出現劇烈變化，亞伯達省（Alberta）的油砂（oil sand）生產快速成長。到了2009年，加拿大的排放量比1990年的水準高出17%，遠超過加國的目標。最後，加拿大在2011年12月退出《京都議定書》，除了遭到環保分子的一些譴責外，加拿大沒有碰到什麼不利的後果。加拿大的經驗顯示，《京都議定書》還有一個弊端：它是沒有什麼約束力的條約；沒有制裁能力，也沒有任何執法機制。從更深一層的觀點來說，《京都議定書》具有自願參與的性質。[8]

國際氣候變遷條約要如何引進執法機制？唯一值得認真考慮的方法，是把參與和遵行國際貿易法規結合在一起；例如，不參與或者不怎麼遵守義務的國家將遭到貿易制裁。依據現行國際法，運行制裁的標準方式，是對來自不遵守條約規定國家的進口，加徵關稅。這種方法普遍用在各國違反貿易協定的情形，也納入好幾項國際環境協議之中。[9]

有兩種特別的方法可以考慮。最簡單的方法是對不遵守規定國家的所有進口產品，直接課徵一定比率（可能是5%）的關稅。這種做法的好處是簡單、透明，但是不能把關稅具體地跟進口產品的碳含量拉上關係。

第二個建議比較常得到擁護這種執法機制的學者推崇，就是對產品中的碳含量課徵關稅，這種機制稱為「邊境稅調整」（border tax adjustment）。根據這種計畫，進口到某國的產品會在入境時，課徵一定金額的稅，稅額等於國際協議的碳價乘以進口產品的碳含量。

下面舉一個邊境稅調整法的例子，加以說明。假設經由國際談判，得出每噸二氧化碳25美元的最低碳價。假設加拿大不守法，對歐洲出口一噸鋼鐵，如果計算顯示，這噸鋼鐵生產時用了1.2噸的二氧化碳，那麼歐洲就要對這筆進口徵收每噸30美元的邊境稅。[10]另一方面，如果南韓遵守條約，國內二氧化碳價格至少為每噸25美元，他國將把南韓的貿易當成正常的國際商務，不必進行邊境稅調整。

　　這一切聽來簡單，但實際上，邊境稅調整體制對於不守法的國家將變得極為複雜。我們應該怎麼確切計算進口產品中的碳含量？我們應該把這種稅運用在所有產品上嗎？進口石油或天然氣要在邊境課稅，應該很容易；但是，不同種類的煤炭擁有不同的碳含量，各國應該必須處理這種問題。傳統產品會更棘手。如果我們把汽車納入，那我們是否要計算來自煤炭、進入鋼鐵、然後進入汽車中的二氧化碳呢？貿易專家警告說，依賴貿易制裁將打開保護主義之門。保護主義總是躲在陰影中，尋找藉口，阻擋外國產品與服務。

　　我們分析邊境稅調整執法機制時，必須考慮貿易制裁只影響國際貿易中的商品。然而，一個國家大部分的二氧化碳排放量，卻只是在國內生產時排放。例如，美國居民用在運輸和發電上的能源，幾乎沒有半點會直接進入國際貿易，但是這部分的能源卻構成美國二氧化碳排放量的95％。換一個角度來看這件事時，就要考慮減少燃煤發電所排放二氧化碳的問題。研究顯示，這樣應該是減少排放最有效的方法，但是美國發電的出口比率不到1％，因此關稅在這方面的影響很小。

因為邊境稅調整法很複雜，對進口徵收統一比率關稅的替代方法，可能比較受歡迎。理由是損害其他國家的是非參與國的溫室氣體總排放量，而不只是表現在貿易商品中的排放量而已。雖然貿易是工具，卻不是制裁的目標。關稅的高低應該跟損害連結，以便鼓勵各國成為解決之道的一環，而不只是變成問題所在而已。

　　這種討論顯示，各國加入碳條約的主要動機，出自自外於遵守減碳法律區域的恥辱和麻煩，但是這樣行得通嗎？不遵守法規的主要成本應該是會為這種國家帶來顯而易見、代價高昂、爭議多多、不受歡迎的一連串程序。實際上，應該要有一個自由貿易區讓遵守法規的國家發揮，還要有一堆管制和罰則對付不守法的國家才對。

　　有的國家會在別國的努力之下搭便車，而將世界貿易體系用於氣候協議，是克服這種傾向最有希望的方法，但運用起來卻必須十分謹慎。目前的自由開放貿易體系是辛苦對抗保護主義的結果，已經為世界各國的生活水準創造了龐大的好處，只有在貿易體系對氣候體制的好處很明顯，為貿易體系帶來的危險值得拿這種好處去冒險時，才應該把貿易體系和氣候變遷協議連結起來。

　　現在要總結從設計參與誘因問題當中學到的教訓。首先，《京都議定書》之類舊方法的執法機制極為不足，結果各國可以置身事外，卻不會碰到不利的後果。對來自非參與國的進口徵收關稅之類的貿易措施，可能是克服搭便車和引導參與最有用的工具。然而，貿易措施跟排放量只有間接關係，必須經過有

效調整，才能有效運用於環境和貿易政策等未知領域。

要制訂有效延緩全球暖化的政策，必須採取四大重要步驟。首先要把重點放在提高二氧化碳和其他溫室氣體排放量的市場價格。第二、因為自由市場無法建功，必須各國利用碳交易或碳稅制度，提高二氧化碳價格。第三、大多數國家必須同意前面兩個步驟，而且在全球層次上協調政策。最後，國際氣候變遷協議必須包括有效對抗搭便車的機制。

全球協調合作面對的困難極為艱鉅。各國像保護傳家寶一樣，保護自己的主權，討厭屈從國際組織或其他國家組成的團體。鑒於達成協議的急迫性和各國不情不願的現實，最能創造成果的方法是：協調一致的碳價，加上用貿易制裁防止各國搭其他國家投資的便車。

22

次佳之外

很多認為全球暖化是嚴重問題的人,可能都同意前三章的建議。他們看出為碳訂價的重要性;他們可能喜歡碳交易或碳稅,或兩者都喜歡;他們承認,為了有效率又有效能地管理我們的全球公共領域,需要世界一致的努力。同時,他們可能說:「唉,這些都是烏托邦式的想法,科學家和經濟學家可能同意這種計畫,但是老百姓有其他優先要務,他們擔心自己的工作、所得減少和醫療保健,美國人還沒有準備好,不能進行這種根治性手術。」

大家針對目前的態度和政策進行嚴肅的評估後,一定會同意公眾態度和國家政策中的悲觀看法。歐洲是很多國家透過排放交易計畫確實提高碳價的主要區域,美國國曾一再無法制定強而有力的氣候變遷政策,問題之一是大眾抗拒提高能源產品與服務價格,尤其是抗拒以課稅方式漲價的做法。世界各地普遍都有這種情緒,但是美國在言詞和政治上,卻對稅負表現出極端的過敏。

各國為了因應大眾抗拒漲價，經常改採其他方法。我們可以拿美國為例。1997 年時，柯林頓政府支持《京都議定書》談判所提具有約束力的排放上限。然而，因為國會的抗拒，這項條約從來沒有送請國會批准。後來，到了 2009 年，歐巴馬政府提倡碳交易立法，這項立法經眾議院通過，卻在參議院闖關失敗。

歐巴馬總統當選連任後，繼續強力主張延緩全球暖化的政策。因為他的全面經濟措施推動毫無進展，他還提出警告，說要利用修正提案（regulatory proposal）繼續推動下去：

但是如果國會不迅速行動，保護未來的世代，我會這樣做。我會訓令內閣，利用行政行動，推出我們所能採取的行動，減少汙染，讓我們的社區做好準備，面對氣候變遷的後果、加速過渡到更能永續維持的能源。[1]

「減少汙染」行動是指減排二氧化碳和其他溫室氣體。這樣做涉及管制新車的燃油效率、新發電廠的二氧化碳排放，以及可能管制現有發電廠的溫室氣體排放。

因為漲價政策的替代做法很重要，我們必須評估氣候變遷政策的其他方法。提高二氧化碳排放量價格有哪些主要的替代方法，是透過碳交易計畫或利用碳稅的呢？

⚀ 幾乎所有國家都依靠管制，要求汽車、家電和建築物等利用能源的主要資本改善能源效率。

⚁ 很多國家補貼「綠色」科技，包括降低成本的財政誘因、增加風

電和太陽能發電之類再生電力的利用、採用油電混合動力車和
乙醇之類的生質燃料。

⚅ 幾乎所有國家都訂有某種能源稅。除了石油生產國之外，各國
通常都徵收高額的汽車燃料稅負。

⚃ 所有國家都有自願措施，通常是由工業承諾減排。例如，大石
油公司承諾減排10％到20％。

　　我要暫時放下研究發展計畫這個特殊類別。這種政策試圖
培養新的低碳科技或基礎能源科學。新科技在轉型到低碳世界
的過程中，扮演至為重要的角色。正如第23章所說，不論有無
碳價政策，鼓勵能源效率基礎科學與科技，在長期減少二氧化
碳排放量的策略中，都是至為重要的一環。

　　上列的大部分政策都經過慎重分析，顯示在延緩全球暖化
方面，它們都是沒有效率又沒有效能的方法。這些替代方法可
以補充和補強比較全面性的溫室氣體排放限制或碳稅，效能卻
還是不足，因為這些方法需要花費巨額資金，能夠造成的影響
卻微乎其微。有些方法效率低落，有些方法根本就是太貴，還
有一些方法會產生不利衝擊，實際上反而會增加排放量。

　　我不能全面檢討這些替代方法。反之，我把主要重點放在
各國最普遍利用的管制類替代方法。我要說明的是，替代方法
引發的問題是它們成本通常都很高，而且相對於限制溫室氣體
排放的更直接方法，效率比較低落。本章的第一部分要評估若
干替代方法，第二部分要檢視藏在不同政策建議中的一種特殊
短視毛病。

⊕ 氣候政策的主要替代方法

本章要評估不同替代方法的相對效能。公共財政經濟學家發展出「絕對損失」（deadweight loss）的理念，以便衡量不同政策效能低落的問題。衡量絕對損失看起來很複雜，但是概念很簡單，就是從放棄掉的產品與服務的角度來看，社會的淨損失就是絕對損失。例如，估計第15章所探討延緩氣候變遷成本時，我估計所產生的成本（其實是絕對損失）大約為1%上下，等於潛在消費減少的金額。

政府對家電的管制是具體的例子。假設政府規定電爐必須降低每單位加熱所利用的燃料，每臺使用較少燃料的電爐，資本和使用期限的燃料成本會增加500美元，卻也會讓使用期限內排放的二氧化碳減少10噸。因此我們會說，減少每噸二氧化碳的成本是50美元。

請注意，我們不把稅負當成效率損失。假設碳稅為每噸25美元，如果我每年直接和間接總共使用10噸二氧化碳，我就要繳納250美元的碳稅（不只是直接使用而已，也包括我以較高成本採購產品與服務的間接使用在內）。然而，這種成本不是絕對損失，只是一種移轉。政府得到的250美元歲入，可以用於政府服務，或提出250美元的減稅。如果我繳納250美元的碳稅，我的所得稅卻減少250美元，那麼基本上，我的實質所得會回到原來的起點。這點顯示，為什麼我們在最接近最好狀況的情況下，不該把稅收當成絕對損失。[2]

⚙ 管制的例子：汽車燃油效率標準

一開始，用汽車燃油效率標準作為管制方法的例子會很有用。幾乎每一個大國都這樣做；這種方法很受歡迎，也很昂貴。

歐巴馬政府2012年發布的最新標準，是說明管制法利弊的範例。這項標準規定2012年至2025年間，新車的二氧化碳排放量必須減少40%，估計汽車和小貨車在2011年到2015年型式年分（model year）中，會因此增加1200億美元的科技成本。

實施起來會很複雜，標準將因為車種的不同而有所差異。小汽車每加侖必須跑52英里，大型小貨車（大型休旅車和皮卡車）每加侖只需要跑38英里。這種安排和汽車與休旅車燃油效率標準相同時相比，會產生逆誘因（perverse incentive），促使大家購買大型休旅車，而不買小汽車。因此不同的標準破壞了燃油效率規定的效能，這種情形類似大型車汽油稅比小型車少的狀況。

此外，針對管制所做的經濟分析顯示，大部分「效益」出自燃料節省，不是出自減少二氧化碳排放量或減少汙染。[3]制訂這種規定，主要是基於我所說的「能源成本短視」（energy-cost myopia），本章的下半部會討論這一點。

專注於環境與資源經濟學的無黨派研究機構「未來資源」（Resources for the Future，RfF），在一項慎重的研究中，說明了不同方法的成本。該機構的研究小組評估「企業平均燃料經濟性」（Corporate Average Fuel Economy，CAFE）效率標準和其他減碳方法的效率後，估計減排和減排每單位二氧化碳的成本

（絕對損失）。[4]

　　他們從稱為「無市場失靈」（no market failures）的標準經濟方法中的發現開始探討，假設市場有效運作，消費者瞭解燃料成本和節省是什麼。研究小組計算減排的基準是類似碳交易或碳稅之類的碳訂價制度。然後研究人員在無市場失靈的假設下，檢視不同燃油效率標準的成本和二氧化碳節省數量（這是另一種假設，下文很快就會討論）。研究小組發現，在無市場失靈的情形下，CAFE效率標準遠比效能最好的碳稅或碳交易法昂貴多了。用CAFE的標準計算，消除每噸二氧化碳的成本為85美元，上述經濟有效的政策每噸成本只有12美元。

　　管制政策的成本之所以這麼昂貴，有兩個原因。一是在無市場失靈的情況下，大家假設汽車廠商會把汽油價格納入汽車設計，在設計時會追求最優化，以便額外的每加侖汽油成本，剛好由能源經濟改善所節省的每加侖成本抵銷。此外，因為2012年法規規定的每加侖英里數變動非常大，最後的燃油效率改善成本變得極為昂貴。基本要點是：在無市場失靈的情況下，利用CAFE減碳標準減少二氧化碳排放量的成本，會超過最適宜的碳稅或碳交易方法的減排成本。

　　有很多管制性的干預手段，可以減少能源用量或二氧化碳的排放量，汽車燃油效率只是很多手段中的一種而已。我們是否可以根據這個案例歸納，探問採用管制目標的計畫效率如何？

　　能源經濟學家對這個主題做過深入研究。右頁表12所示，是從未來資源的研究中取材，顯示不同管制與租稅措施的成本效益部分清單。[5]這張表顯示兩種指標，第一種指標顯示的是效

率。效率的定義是：特定管制對美國達成基準氣候變遷政策，會有多少貢獻。[6]第二欄顯示減少每噸二氧化碳所需要的成本，這就是前面討論的絕對損失效能指標。

我們從最底下一行說起，這一行顯示最低成本的基準——普遍參與的碳交易或碳稅計畫。計算顯示，達成美國基準減排目標的這兩種方法，減排每噸二氧化碳的平均成本都是12美元，其餘政策依序由最低廉的方法排到最昂貴的方法。如表12所示，情況符合上面探討過的經濟理論，所有其他政策在沒有其他市場失靈的假設下，都比理想的政策昂貴、效率也全都不如理想的政策。正如上文所示，汽車標準實施起來很貴，因為要求這麼大的每加侖英里數改善不合乎經濟。其他政策則從小幅無效排序到極為無效。

表12 其他管制與租稅政策的效率與成本。「未來資源」的一個小組檢視不同減排二氧化碳排放政策的成本效益，請注意間接方法的成本，比直接而有效方法的成本高出多少。

政策	效率（占2010年至2030年排放量的百分比，單位：%）	成本（每噸二氧化碳所耗成本，單位：美元）
汽油稅	1.8	40
建築規範	0.1	51
加強汽車標準	0.6	85
液化天然氣貨車	1.5	85
氣候化寬減額	0.3	255
聯邦利息補貼	0.0	71,075
碳交易／碳稅	10.2	12

這裡應該注意的是，表12具有負向與正向兩種偏差。這樣可能低估二氧化碳的減排成本，因為這時是假設政策經過最佳設計；要是其中有豁免或漏洞，那麼成本就會升高。同時這樣會高估成本，到消費者做出差勁決定的程度（本章稍後會討論這一點）。

沒有列在表12的其他政策實際上會產生反效果，最好的例子是補貼汽車燃料用的乙醇生產。乙醇法規（實施多年，但已經在2011年底廢止）規定，乙醇和汽油混合時，每加侖乙醇補貼45美分。你可能認為這樣做是好主意，因為乙醇取代了化石燃料。其實不然，謹慎的研究指出，如果納入生產肥料產生的所有化石燃料和溫室氣體，那麼，以玉米為基礎的乙醇，排放的二氧化碳當量跟汽油大致相當，乙醇真的是致病而不是治病良藥。

🌍 非管制方法

如何因應全球暖化還有很多其他的構想，無法在本書篇幅的限制之下，進行有系統的分析。然而，略為說明應該會有所助益。

有些政策有助於訂定排放量的市場價格。例如，強力支持公家和民間研發低碳能源科技，會降低這些科技的成本，確實值得推荐。這些科技將更大幅減少排放量、降低達成目標的成本，這些政策將在第23章分析。

另一些方法要歸屬於值得懷疑的類別。列在《京都議定書》和歐盟碳排放交易機制的「清潔發展機制」（clean development mechanism）就是一例，它讓窮國可以向富國出售減排權，使富國可以在碳交易體制中獲得減排積分。例如，中國建設了一座水力發電廠，（如中國所說）要取代一座燃煤火力發電廠，因而獲得3萬1261噸的二氧化碳積分，然後把這些積分賣給荷蘭。此處可疑的因素是：我們無從知道中國即使沒有得到出售積分的鼓勵，是否還會建設這座水力發電廠。如果沒有有效的國家二氧化碳排放限制，我們可能永遠不知道向窮國購買排放權的計畫或沖銷我們碳足跡的做法，是否真的能夠減少排放。

另一套值得質疑的建議是補貼某某「綠色能源」或「綠色任務」。這些建議的精神是某些活動具有低碳性質，應該得到鼓勵。然而，我們總是需要檢視「綠色」標籤的背後，判定這是不是掩飾在政治上獲得偏愛、實際上卻像上文所說的乙醇一樣，是完全無效的補貼。

在這種情況中，補貼構成更常見的問題。補貼藉著提高其他活動的吸引力，以便阻撓碳密集的活動。補貼的問題之一是：要辨認合格的低碳活動很困難，為什麼補貼油電混合動力車（美國確實這樣做），卻不補貼騎自行車（美國沒有這樣做）？答案是不是應該補貼所有的低碳活動？這幾乎是不可能的任務，因為低碳活動實在太多了，而且這麼做要耗費天文數字般的成本。另一個問題是補貼的效果極為不平均。美國國家科學院最近進行一項研究，檢討多種補貼對溫室氣體排放量的衝擊，發現從每一美元補貼所消除的二氧化碳數量來看，效果大不相同。沒有一種補貼具有效能；有些補貼極為無效；補貼乙醇之類的另一些補貼具有反效果，實際上反而造成溫室氣體

的排放量增加。把所有補貼加總在一起，產生的淨效率實際上等於零！[7]

到頭來，懲罰排碳遠比補貼其他一切事物更為有效。

分析碳訂價以外的所有方法後，可以得到三點暫時性的結論。第一、和以價格為基礎的政策相比時，管制之類的其他方法，減少每單位排放量的成本通常都比較高。原因在於其他方法不能微調不同廠商和領域的反應。第二、即使管制法規的組合強而有力，也不可能達成哥本哈根氣候公約規定的宏大目標。這種管制可能有助於提高若干領域的減排效果，卻不足以產生龐大的助益。第三、管制組合的選擇很困難，因為某些選項成本極為昂貴，甚至具有反效果，利用以玉米為基礎的乙醇就是好例子。因此，光靠管制，不可能有效改善氣候變遷問題，而且絕對無法有效能地加以解決。

這項分析顯示，從經濟的角度來看，防止人為「危險干預」氣候最好的方法，其實很簡單。世界各國必須迅速行動，適應高昂又不斷上漲的二氧化碳和其他溫室氣體的排放價格，而且這些價格應該協調一致，促使所有國家的價格大致上相等。要推動這種政策，可以靠著徵稅或交易排放量限制的手段，把這種政策付諸實施。雖然這兩種機制並不相同，但是如果經過良好設計，兩種方法都能夠減少排放，達成環境目標；也會提供政府寶貴的歲入，推動公共服務或降低其他稅項；而且能夠以改善經濟發展而非妨礙經濟發展的方式，完成各種目標。這是正確解決之道正好很簡單的罕見例子。

🌏 能源成本短視問題

上一節斷定，減少二氧化碳排放量的管制法效能不彰，有時候還會產生反效果。如果全貌就是如此，我們就可以把這種方法打成政治上的權宜之計，不再推荐。但是，管制的做法比這種簡單的表象複雜多了。能源市場的分析發現，在能源效率的道路上，有很多市場失靈和阻礙。有些問題涉及制度性因素，例如沒有什麼誘因能夠鼓勵租屋者投資在長期才能看到回報的節能措施。大學宿舍的能源使用也有類似的問題，因為房間的用電沒有裝設個人電表，學生沒有多少誘因去關燈或降低取暖溫度。

此外，最重要又最讓人困擾的是「能源成本短視」現象。這種現象指的是大家低估（或過度折現）未來的燃料節省，因此投入能源效率上的投資太少。如果我們能夠解決這個謎團，管制的角色會變得清楚多了。[8]

下面是一個小故事：假設我去福斯汽車經銷商看新車，業務員要我看兩種車型，一種是汽油引擎的車型，每加侖汽油可以跑31英里；一種是柴油引擎的車型，每加侖柴油可以跑42英里，柴油引擎的新車貴2000美元。

如果我像大多數人一樣，我會選擇汽油車型。畢竟，如果我不能持續償還信用卡債務，或是要面對子女高昂的大學學費，或是必須把家庭度假延期的話，那麼2000美元就是不受歡迎的額外開支，所以我選擇汽油車型。

但是，假設業務員解釋了汽車的生命周期成本。我告訴

他，我們每年行駛1萬2000英里（約2萬公里），他拿出小型的生命周期計算機，發現汽油車型每年要比柴油車型多消耗100加侖的燃料。以每加侖汽油4美元計算，汽油車型每年多出的駕駛成本總共就是400美元。在汽車沒有折現的十年生命周期中，我們為了節省2000美元的前期成本，要多花4000美元的燃料成本。即使經過正確的折現，燃料的節省金額仍然超過前期成本。9

因此我們得到啟發之餘，會怎麼做？很多領域的研究證據顯示，大部分人仍然會買前期成本較低的汽油車型。就相同的車型來說，美國汽油引擎車型的銷售量超過柴油引擎車型的兩倍以上。10更常見的證據顯示，大家採購時——從購買汽車、家電到房屋隔熱——都會有系統地在能源效率上投資過少。有些研究更顯示，我們可以用零淨成本，節省很大比率的能源使用（介於10%到40%之間，視不同的研究而定）。會喪失這樣的節省，原因之一是我們患了善於計算短期成本、卻忽略長期節省的毛病，這種毛病稱為能源成本短視。

我研讀過很多跟能源成本短視有關的研究報告，在課堂上也教導這個問題，我自己卻仍然多次受到這種毛病侵害。例如，三年前，寒舍經過一番能源評核後，產生一張建議清單，可以讓我以小額的前期投資，節省千百美元的取暖和空調成本，但是這項評核現在還放在我的「待辦事項」盒子裡。

能源成本短視的原因是什麼？有人說，大家的資訊不足，不知道自己的家隔熱狀況多麼不好，或是不知道過量的能源讓他們付出多少代價。而且他們可能受到複雜計算的困擾，無法

判定能源節省的現值。但另一個理由是很多人短缺現金——如果你要繳交卡債29.99％的年息，長期燃料節省畢竟不是很好的投資。大家也可能有系統地低估未來，他們個人的折現率遠高於金錢的折現率。至於我的藉口只是忙於做別的事情，容易耽誤瑣碎卻並非不重要的任務。

我應該強調的是，這種決策失靈不限於買車或住宅隔熱。大家經常在醫療保健（不吃該吃的藥）、財務（不看房貸文件，失去自己的房子）、事業（一半的小型企業在第一年內倒閉）和很多其他領域中，做出可疑的決定。疏於做出最經濟的決定是人類行為的通病，心理學和行為經濟學領域有愈來愈多的相關研究。[11]

不管原因是什麼，能源成本短視症候群是人類行為中的實際特徵，必須納入我們的分析。

能源成本短視為全球暖化政策管制之路，提供了重要的理由。假設大家真的有系統地低估未來的能源成本，那麼我們藉著規定廠商改善能源效率，就可以節約能源、減少排碳量，同時為消費者提供良好的投資。這樣做類似要求汽車廠商安裝法令如果沒有規定、消費者或許就不會購買的安全氣囊。由於大家並非總是根據自己的長期利益行事，慎重地運用管制法規可以拯救人命（如安全氣囊的例子）或是節省金錢和二氧化碳排放量（如有效能源法規的例子）。

納入能源成本短視的考慮因素時，我們應該如何評估能源法令？事實證明，這個問題很艱深，因為我們不完全瞭解大家展現能源成本短視的原因。有一個有趣的方法是假設大家「過

度折現」未來的能源節省；也就是說，大家對於未來的能源節省，暗示性地運用非常高的折現率。在上述例子裡，過度折現會讓4000美元的長期節省減少。假設我採用20%的年度折現率計算未來的燃料節省金額，試算表分析會算出來，經過折現後，汽油節省金額只有1837美元，比額外要負擔的前期成本2000美元還少。採用超高折現率時，我確實應該購買以汽油為燃料的車輛。

金融專家可能告訴我，我的做法眼光短淺；我最好把錢花在柴油車，勝過擺在儲蓄帳戶。我回答說：「老兄，在你說我短視之前，請先打住片刻！」我的行為有一長串原因。我需要儲蓄，以防不時之需；汽油價格可能上漲；我可能毀了這部車；我可能不喜歡這輛車，幾年內可能以極大的折價，把車賣掉。因此把2000美元放在銀行而不是投入柴油車，看來可能完全合理。這些理由或許不很健全，卻足以促使大家把錢投入前期成本低落、遞延成本較高的東西。

在這種情況下，我們要在假設買方短視、對未來的能源節省又過度折現的狀況中，重新評估不同法規的效能如何。這種情形其實主要應該應用在消費者購物上，因為企業的經濟決策比較具有一貫性。製作表12估計數字的小組在消費者採用高折現率時，也研究了管制成本，把這種情境標示為「市場徹底失靈」（complete market failures），代表消費者做投資決定時，採用每年20%極高折現率的情形。

表13　具有能源成本短視性質的其他管制政策的成本與效益。本表顯示在兩種折現假設下，包括無扭曲假設（每年折現率為5%）和過度折現假設（每年折現率為20%）的情況下，減少二氧化碳排放量的成本。

政策	成本（減少排放每噸二氧化碳的美元成本）	
	能源決策中沒有扭曲（折現率為5%）	能源決策中過度折現（折現率為20%）
汽油稅	38	6
建築規範	51	-15
加強汽車標準	85	-22
液化天然氣貨車	85	69

　　表13比較在沒有市場失靈和徹底市場失靈的情況下，減少二氧化碳排放量的成本。[12] 就汽車效能標準而言，如果消費者以每年20%的折現率，折現未來的燃料節省，那麼這個數字就會改變符號，消除每噸二氧化碳的成本實際上會變成負22美元。換句話說，如果我們假設消費者過度折現未來的節省，這種管制法規可以同時減少二氧化碳，又能夠省錢，這是大多數最新CAFE背後的理由。我們在建築規範上發現類似的情形，也就是在過度折現的情況下，管制成本為每噸負15美元，而不是每年5%正常折現率狀況中的每噸正51美元。表13的另兩種狀況顯示，即使在能源成本短視的情況下，成本較低，但仍然是正數。

　　消費者理性問題的確是管制政策的要素。如果決策受到能源成本短視的影響，在減少能源使用和溫室氣體排放方面，可能就會有成本是負數的很多對策可以選擇。

🌍 盤點其他方法的優缺點

本章評估過把提高碳價當成工具，以便減少二氧化碳與其他溫室氣體排放量的其他方法。我們首先要從好的一面來看，情形很清楚，經濟體充滿了無效的能源使用決策。消費者似乎普遍都得了能源成本短視的毛病。慎重設計的管制在不少領域中，很可能可以用低成本、甚至零成本的方式，減少二氧化碳的排放量。

此外，有效的管制可以補充並支撐碳價政策。即使是實施以碳交易或碳稅提高碳價政策的國家，在政治上，總是存在著風向會不會改變、管制或稅負會不會減少的不確定性。在這種環境中，管制性的排放限制會確保企業在政治氣候變遷的情況下，繼續向低碳經濟的方向前進。

但是以依賴管制為主的政策有著重大缺陷。問題之一是：靠管制完成大部分的減排任務，必須動用幾乎成千上萬的科技，做成數以百萬計的決定。政府會明令大家，在整個經濟體中，「要這樣做，但是不要那樣做」。實際上，政府沒有充足的資訊為整個經濟體訂定管制法規。此外，活在市場民主制度下的人民，不會容忍政府這麼極度地干涉人民生活。

這點引發了第二個問題：光靠管制政策，不能獨力解決全球暖化問題。政府不可能為每一個領域、每一種能源產品和服務，訂定管制法令。因此，政府雖然可以制定汽車燃油效率法規，實際上卻無法命令人民不要開車，或者下令航空公司不要使用噴射燃料。

第三、管制的成本可能很高，如果設計不妥善，甚至可能產生反效果。美國補貼乙醇的例子可以提醒大家，看來合理的政策最後可能毫無價值，甚至可能適得其反。

看到管制法的不良紀錄，你可能會問，既然各國政府明知管制的效率極低，為什麼還普遍採用管制工具。研究一再顯示，在減少汽油消耗或減少運輸排放的二氧化碳數量上，汽油稅的效率勝過管制。大部分國家還是喜愛制定燃油效率標準，不喜歡制定稅目。美國在強化標準之際，卻讓經過通貨膨脹調整的實質汽油稅降低。

偏愛管制有很多原因，原因之一是消費者看不出管制成本。以汽油為例，燃油效率標準抬高汽車售價，卻沒有留下政府上下其手的痕跡；相形之下，提高汽油稅通常會引發高度爭議，高昂的燃料價格甚至會在某些國家引發暴動。還有一個額外的因素會提升管制法的地位，就是企業通常會發現，企業可以操縱管制機關、增進本身的利益，甚至可以「俘虜」管制機關（從管制機關增進受管制產業的利益、而不是增進公眾利益的角度來看，就是如此），要操縱租稅卻難多了。碳交易方法是企業偏愛管制的範例，在碳交易的架構下，現有的汙染廠商通常會免費獲頒寶貴的汙染配額；在汙染稅的架構下，要加惠企業會變得極為礙眼，因此將更難上下其手。

悲觀派可能十分絕望，管制不能有效地達成任務，政府卻繼續把管制當成主要手段。擁護碳價的人不否認有人反對他們的提議，但是人類面對全球暖化這種陌生又深奧的危難時，需要新的工具，以便有效應付這種危險。

事實上，除非我們實施有效的碳價政策，否則我們幾乎不可能延緩氣候變遷。大家可能需要時間適應新的方法。此外，大家通常高估管制性租稅的淨成本，所以會忽略稅收可以藉著降低其他稅項，從而回收再利用的事實。因此，解釋採用碳價之類市場性方法的重要性，跟解釋氣候變遷背後的科學一樣，是教育過程之中同樣重要的一環。

新科技催生低碳經濟

前面的章節說明如何用經濟政策提供企業和個人誘因，以便轉型為低碳經濟，內容只泛泛描述了推動這種轉型的確切科技。但是我們不能靠泛泛之論開車或給房子取暖，我們要使用實際的能源，例如飛機要用噴射燃料，電腦要用電，汽車要用汽油。經濟要「去碳化」談何容易？

第二個問題是科技問題。今天的經濟大致上是靠石油與煤炭等化石燃料推動，什麼東西會取代現代經濟的這些忠僕？在低碳世界，我們用什麼東西驅動汽車？給房子取暖？核能、太陽能、風力和其他燃料在發電上，會扮演什麼角色？這些問題令人著迷，吸引世界各國的工程師和科學家。

第三個經濟學上的問題有點微妙，卻同樣重要。我們要怎麼促請企業發明並生產這些新科技、要如何促使消費者購買且愛用？光是有太陽能熱水器或食碳樹的構想還不夠，一定要有人受到激勵，開發出效能良好的原型。企業一定要發現產銷這

些東西有利可圖，才會投資千百萬美元、甚至投資數十億美元來開發這些科技。消費者一定要發現這些東西有好處，才會購買。這種發明、投資、生產和購買新低碳科技的循環，要靠什麼機制來推動？這是本章要處理的核心問題。

🌐 最後的慰藉

2012 年底《京都議定書》失效時，很多觀察家轉趨悲觀。重要的英國科學雜誌《自然》（*Nature*）發行一份特刊，封面的大標題寫著〈火上加油：後京都世界存活教戰守則〉；導言指出「全世界現在可以重新隨意排放溫室氣體了。」[1]有些人放棄了寄託於排放限制的希望，認為能源效率和新科技才是王道。歐巴馬政府力推管制之道；其他國家認為，除了適應快速暖化、乾旱和海平面上升之外，已經別無他法。

我們應避免從簽署《京都議定書》後的過度樂觀，到議定書失效時卻十分悲觀的情緒波動。本書主要是致力於思考不同的後續體制。但是如果悲觀派對減排計畫的看法正確，大家可能無法達成有效提高碳價的國際體制。警告性的管制做法效能不佳，不可能達成適當限制氣候變遷的目標。這樣我們的世界還有什麼希望？

實際上，積極政策失效時，想要有圓滿結局，剩下的唯一希望是能源科技出現革命性變化，使低碳、甚至負碳活動變得極為便宜，以致於完全不需要政客的敦促，就可以取代化石燃料。要達成這種目標，現有的再生燃料（如風力、太陽能和地熱）成本必須大幅下跌，或是發現目前還沒有廣泛運用的新科技。

在目前的氣候賭局中，要在科技方面獲得這麼有利成果的機率相當低。但是，科技史上充滿令人驚奇的事例，尤其是如果我們悲觀看待穩定氣候的其他對策時，我們應該盡我們所能，促進有利於低碳科技的驚人成就更可能出現。本章要探討的，就是其中的挑戰和選項。

🌐 低碳經濟的挑戰

如果沒有政策支持，科技要完成這項任務的機會相當渺茫，主因在於需要的改變極大。以歐巴馬政府制定的政策為例，歐巴馬政府用2005年的水準作為基線，建議在2020年前，美國要減少二氧化碳和其他溫室氣體排放量17％；到2050年前，要減排83％。這項政策大綱得到好幾個顧問團體的支持。

光靠美國國內減排，要達成上述目標的話，美國的經濟行為必須做出重大改變。我們可以用過去和預測的經濟活動「碳密集度」（carbon intensity）證明這一點；碳密集度指的是產出當中二氧化碳排放量所占的比率。

下頁圖37左軸所示，是美國去碳化的歷史趨勢。[2]近年美國的碳密集度大約每年減少2％。2010年後，有一條線標示為「美國政策提案」（U.S. policy proposal），顯示根據歐巴馬政府與多個科學顧問團體的政策建議，美國在未來40年所需要的去碳化比率。在整個2010年至2050年期間，美國平均每年需要減碳6％。[3]這在能源的使用型態上是重大變革，除了電子業，沒有一個領域曾經創造這種長期生產力成長率。

我們可以為全世界進行相同的計算。為了達成全球暖化限制在攝氏2度以下的目標，2010年至2050年間，全球去碳化的速度必須達到每年4%，低於美國所提議的目標，[4]因為美國主張富國的減碳比率應該高於開發中國家。然而，從全球的層面來看，4%仍然是艱鉅的挑戰。

　　總之，要達成美國政策規定的減排目標，又要符合《哥本哈根協議》訂定的攝氏2度升溫目標，所需要的科技變化速度，幾乎會比所有行業過去所見的速度還快，此一事實凸顯了氣候變遷帶來的艱鉅挑戰。

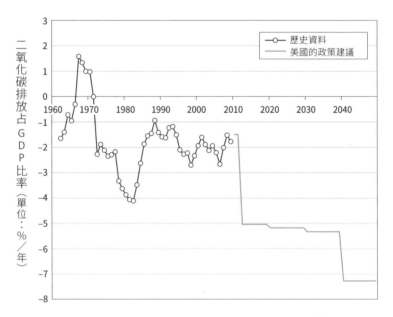

圖37　美國經濟歷史性與預測性的未來去碳化比率。數字顯示二氧化碳排放占GDP比率，即去碳化比率的變化。左側顯示過去50年的實際去碳化速度；右側顯示，要達成既定的宏大目標，本世紀中葉之前，二氧化碳排放量必須減少83%。

🌐 有希望的科技

　　我們可以先評估現在的能源來源，作為評估科技的基礎。圖38所示是美國今天的能源從何而來：將近80％的能源取自化石燃料。[5]這點暗示，從一開始，如果我們要走向零碳世界，我們今天所需的能源中，大約有80％將來必須以不同的方式生產或是來自不同來源。這正是問題所在。

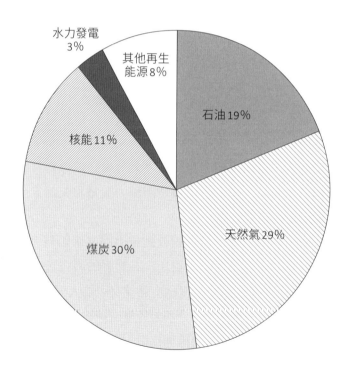

圖38　2009年美國使用的能源來源

🌐 走向低碳世界的科技之路

　　轉型為低碳經濟的挑戰至為艱鉅，我們應該寄望於哪些低碳能源呢？國際應用系統分析研究所（IIASA）副所長、前維也納科技大學（Technical University in Vienna）教授內博伊沙·納奇斯諾維奇（Nebojsa Nakicenovic），對我們瞭解能源系統創新的基本過程做出了重大貢獻。這方面是今天重要的研究領域，我只能談到這個主題的皮毛而已，但是應該足以說明這種轉型的本質。[6]

　　如右頁表14所示[7]，從美國不同發電方式現在和未來的成本說起，應該是好的開始。這張表顯示成本、可以全面利用的日期估計，以及科技的成熟水準。現有發電廠的發電成本只包括變動成本（因為資本和其他固定成本屬於已經用掉的成本）；變動成本很低，通常每瓩時不到5美分。只要這些電廠繼續運作，又不必繳納排放二氧化碳的費用，未來的很多年，這種電廠會繼續獲利。就新電廠來說，天然氣發電是成熟科技中最經濟實惠的發電科技；傳統燃煤發電跟風力發電和天然氣發電廠相比，成本大約貴上五成。

　　未來的核心問題是經濟實惠低碳電力的展望如何。風電是唯一成熟的低碳科技，成本大約比現有最好的科技貴上50%。此外，美國的風電能力有限。其他有希望又可能大規模部署的科技，由最低廉到最昂貴排序，分別是先進碳捕捉與封存天然氣發電、先進核能發電科技和先進碳捕捉與封存燃煤發電。這些科技的成本，都比現有最經濟實惠的發電科技貴上50%到100%，而且距離大規模部署的日子還很久。表14值得仔細研究，因為這

表14 近期發電成本估計。本表所示，是美國能源資訊管理局估計的不同發電方式成本。請注意，再生能源或低碳排放的碳捕捉與封存科技成本高昂多了。

電廠型態	資本與其他固定成本	變動成本	總成本	供應日期	科技狀態	排放率（每千瓩排放二氧化碳噸數）
傳統複循環天然氣發電	2.05	4.56	6.61	現今	成熟	0.60
傳統燃煤發電	7.05	2.43	9.48	現今	成熟	1.06
風力發電	9.70	0.00	9.70	現今	成熟	0.00
地熱發電	9.22	0.95	10.17	現今	發展中	0.00
先進燃煤發電	8.41	2.57	10.98	2020年	發展中	0.76
生質材料發電	7.02	4.23	11.25	2020年	發展中	0.00
太陽能光電	21.07	0.00	21.07	現今	發展中	0.00
太陽熱能發電	31.18	0.00	31.18	現今	發展中	0.00
先進碳捕捉與封存天然氣發電	3.97	4.96	8.93	2030年	初期	0.06
先進核能發電	10.22	1.17	11.39	2025年	初期	0.00
先進碳捕捉與封存燃煤發電	10.31	3.31	13.62	2030年	初期	0.11

張表顯示，不論我們靠科技改善，還是靠碳訂價的方式，我們都必須跨越很多鴻溝，才能把低碳科技推廣到市場。

　　承認發展低碳經濟之路前途多舛，會使人慎重其事。第14章分析過大規模部署碳捕捉與封存科技的困難。今天經過證明的其他主要大規模非化石能源是核能；核能可以用來發電，但目前還沒有經濟實惠的方法，可以把核能用在如航空旅運之類的很多用途。此外，核能要面對兩大障礙，第一個麻煩是：核能比化石燃料貴（參見表14）；更大的障礙是，需要取代的化石燃料火力發電廠數目太大。此外，因為大眾普遍擔心核能的安全，擴大使用核能，必須克服若干國家（如德國）計畫逐步淘汰核能的環境。

　　鑒於核能的應用受到限制，要轉型為低碳的未來，需要利用新穎而未經證明或既有的昂貴科技。大部分人心目中，最有吸引力的選擇是太陽能、風能和地熱能之類的選項，但是這些能源來源比化石燃料貴多了，能夠發展主要是靠巨額的補貼。這些科技的成本如果沒有大大改善，想要以再生能源取代化石燃料，將造成驚人的龐大費用；光是美國，就要耗費千百億美元。

　　評估能源模型，有助於深入瞭解轉型為低碳經濟的性質。以未來40年內穩定排放量所需要的科技分析為例，有兩個小組檢視了美國發電業要符合穩定溫度目標時，在科技上需要出現什麼變化。第一個小組隸屬聯合全球變遷研究所（Joint Global Change Research Institute），第二個小組隸屬國家可再生能源實驗室（National Renewable Energy Laboratories）。兩個模型都屬於當代科技。第一個小組所用模型是全球性模型，涵蓋主要區

域詳細的能源服務。第二個模型是美國電力部門的模型，內容包括詳細的地區性解析度。[8]

模型經過調整，以便在2010年到2050年間產生相同的發電量，然後每個模型再計算符合最低成本發電路線的科技組合。雖然兩個模型的架構、重點、經濟結構和科學小組不同，產生的結果卻非常一致。

⚀ 目前流行的發電科技——傳統燃煤和天然氣發電——將在2050年前遭到淘汰。

⚁ 核能發電將微幅成長，大約維持目前的發電比率。

⚂ 完全低度發展的科技——碳捕捉與封存燃煤和燃氣發電，到2050年前，大約會占有電力市場的一半。

⚃ 2050年前，風力發電將占有大約四分之一的市場。

⚄ 各種先進再生能源發電（太陽光能、太陽熱能、生質發電、地熱發電）占有另外四分之一的市場。

⚅ 兩種模型的主要差別在於碳捕捉與封存煤炭科技及風力科技，因為其中牽涉到成本與未來的利用性問題。

我要強調這項研究的兩大特性：第一，兩個模型都需要很高的碳價，以便誘導電力業者重新配置資本，達成急劇減排的目的。要達成目標，2050年時，每噸二氧化碳的價格必須介於150美元到500美元之間。較低的下限價大致上符合圖33所示的價格，也符合很多全球綜合評估模型提出的價格；上限價是

估計值中的高檔數字，會為能源市場帶來沉重的經濟壓力。

最需要強調的重點是：要達成目標所需要的科技轉型規模，占目前發電科技70％的煤炭和天然氣，必須全部予以取代；預測未來的發電中，整整一半要由目前還沒有在任何地方、以所需規模運作的科技提供。另四分之一的電力（核電）要由美國大眾通常無法接受的科技提供；的確如此，1978年到2012年間，美國沒有發出半張核能電廠執照。剩下的電力要靠目前比現有科技（風電）貴太多的科技提供，或由實際上只是工程師眼中一絲希望的科技（例如大規模太陽光電和地熱發電）供應。

事實上，這種規模的科技轉型需要耗費多年，經歷很多階段的科技、政治、管制和經濟上的批准；一路上必須通過大眾接受與否，以及民間部門獲利能力高低的考驗。碳捕捉與封存之類的科技，可能需要十年的研究發展；另外十年的先導工廠測試、持續的大眾、環境和董事會的查核；可能還需要另一個十年，在很多國家推廣大型電廠的經驗支持。只有到了這種時候——如果新科技通過沿途的每一道考驗，才能備便，才可以大規模部署，以便每年捕捉幾十億噸或幾百億噸的二氧化碳。

這項研究只是稍稍涉及氣候問題可能的科技解決方法。我得到的暫時性結論是：在可預見的將來，沒有一種成熟科技可以經濟實惠地達成雄心勃勃的減排目標。但是我們不能穩當地預見未來，而且很多領域的科技迅速發展，所以我們必須配合新的可能性。更重要的是，我們必須鼓勵基礎科學和應用科學，確保市場提供適當的誘因，供發明家和投資人發現並推出新的低碳科技。這個問題激發了本章探討創新政策的最後一節。

🌐 創新的本質

　　大部分有關能源的決定，是由民間企業和消費者根據價格、利潤、所得和習慣作成。政府透過管制、補貼和租稅，影響能源的使用，但是核心決定是在市場供需的背景中作成。

　　情形很清楚，快速去碳化需要能源科技上出現重大變化。科技變化如何出現？答案通常是透過個人天分、耐力、經濟誘因與市場需求的繁複互動產生。太陽能發電所用的光電池（photoelectric cell）曲折歷史是其中的典型實例。

　　故事始於1839年，當時年輕的法國物理學家艾德蒙·貝克勒爾（Edmond Becquerel）在實驗電解槽（electrolytic cell）時，無意間發現光電效應（photovoltaic effect）。1905年，愛因斯坦解釋光電效應的基礎物理學，因此獲得諾貝爾獎。

　　貝克勒爾發現光電效應一個多世紀後，第一個重要的光電池實際應用才出現。貝爾電話實驗室（Bell Telephone Labs）的科學家在1950年代中期，開發出太陽能電池。政府瞭解太陽能電力在太空衛星和偏遠地區的應用潛力後，開始介入。這時，太陽能科技勃然興起，開始應用於太空衛星、住宅上方的小型太陽能設備，以及大型太陽能電廠。效能從第一批太陽能電池的4％，提高到目前最佳應用中的40％以上。從第一批太陽能電池生產出來以後，成本急劇降低；有些觀察家預測，20、30年內，太陽能電力會跟化石燃料競爭。近年內隨著成本下降和氣候變遷政策變得愈來愈重要，太陽能光電池的專利急劇成長。下頁圖39所示，是光電模組的價格走勢。9

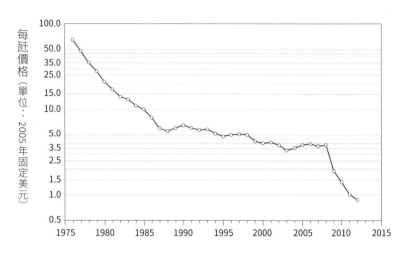

圖39　太陽能電力價格下降。早期價格劇降後，徘徊高檔；中國涉入市場，提供大量政府補貼後，價格再度下跌。

如果你看看發明的歷史，就會發現幾乎每一項發明，都需要基礎科學、應用、商業利益、錯誤的開始、改善和成功後的市場利潤之間類似的交互作用。科技史方面的一項研究也顯示，預測科技進步跟預測股市一樣困難。例如1958年時，在其他方面堪稱睿智的約翰・朱克斯（John Jewkes）、大衛、沙爾斯（David Sawers）與理察・史蒂曼（Richard Stillerman），在他們研究報告的第一版中，並沒有把電腦列為重大發明。十年後的再版中，他們寫道：「電子數位電腦的商業展望極為不確定，因此我們決定把電腦排除在我們的個案研究之外。」三位最著名科技歷史學家的預測鄭重提醒我們，要預測未來的趨勢很困難。

研究創新和科技變化的經濟學家強調：兩者和正常事物最重要的不同，在於創新與科技變化具有龐大的外部性。請回想

一下，個人從事活動卻不繳付代價，或全額補償這種活動的全部社會成本或效益，就是所謂的外部性。[11]

所有新科技都具有這種特性。你發現一種新器物或程序時，我可以拿來利用，卻不會讓你的生產力減損。此外，科技一旦發展成功並且經過披露後，就不可能（要是沒有跟專利及著作權有關的特定法律存在）排除別人利用這種科技。知道歷史上很多偉大發明家死於窮困，你可能覺得驚訝，因為他們得不到自己的構想所創造的果實。

從經濟觀點來看，基礎發明的根本性質和全球暖化相同，價值會傳布到世界所有角落，手機發明者很可能夢想不到；手機的主要受益者當中，有一群人是熱帶非洲偏僻村落的居民。如果你嫻熟全球暖化的外部性，你也會瞭解創新的基本經濟學。唯一的差別是：創新的外部性大部分都是益處，全球暖化的外部性卻大都是壞處。

創新外部性的主要經濟影響由此而生，因為新知識的創造者不能從中得到全部的利益，民間的創新報酬率低於社會報酬率，因此，創新水準低於整個社會所需要的最適當程度。

發明史顯示，投資經常是公共或民間部門有目的（而且經常是正式研究發展）活動所產生的結果。今天實際上是誰在進行研究發展？基本事實很清楚，政府和非營利部門贊助了美國大部分的基本研究，產業界則資助大部分的產品開發和資本財的投資。這種型態顯示，低碳創新需要兩方面的資助。首先，在能源和相關領域裡，基本科學和工程學等基礎科學的基本研究，需要政府的支持；美國有國家科學基金會（National Science

Foundation）和能源部（Department of Energy）之類的機構，支持這些活動。

低碳科技要從實驗室移到市場，需要營利導向的企業資助，由企業開發新產品和製程，以便提高本身的獲利。

最困難的挑戰之一是：如何激勵民間部門投資低碳科技。主要的問題是，企業在低碳創新上的投資，受到雙重外部性的抑制。第一個外部性是前文所說的事實，即創新者只能得到創新社會報酬率中的一小部分。第二個妨礙是全球暖化的環境外部性，也就是缺少碳排放價格。換句話說，低碳科技的投資之所以受到壓抑，是因為創新的民間報酬率低於社會報酬率。而且因為碳的市場價格低於真正的社會成本，因此民間報酬率還受到進一步的壓抑。淨結果是營利導向的低碳科技研究發展遭到加倍打壓。

一個具體的例子可以澄清這個問題。在沒有限制二氧化碳政策的世界上，有一項科技一定不會有利可圖，就是前面討論過的碳捕捉與封存。這種科技利用昂貴的程序，捕捉排放出來的二氧化碳，再儲藏到安全的地方，封存一個世紀以上。目前的估計是根據好幾個大型展示計畫的資料作成，顯示一座大型碳捕捉與封存廠，大約可以用每噸二氧化碳50美元的成本，捕捉與封存排碳。[12] 如果二氧化碳的價格為零，那麼這種工廠一定會虧損；如果營利導向的企業知道二氧化碳的價格永遠都是零，就不會有企業投資這種製程。

現在假設一家公司認為，各國會實施嚴格的全球暖化政策；幾年內，碳價會漲到每噸100美元。企業根據這種價格，估計碳

捕捉與封存工廠應該會賺錢；因為實際上，每噸二氧化碳的生產成本為50美元，卻可以用100美元的價格賣掉。企業將慎重其事，評估不同的方法，但是會找到投資這種科技的經濟原因。這種相同的邏輯適用於太陽能、風力、地熱和核能電力。

這樣會導向一個重要的結論：我們確實需要高昂的碳價，才能誘導營利導向的企業，從事研究、發展和投資新的低碳科技。

美國有最好的氣候學家，發展最好的氣候變遷預測；也有最好的材料科學家，研究高效能的二氧化碳管線；美國可能有最好的財務天才，能夠開發新的衍生性金融商品，為所有這些投資募集資金。但是如果碳價為零，那麼開發碳捕捉與封存之類有希望的低碳科技的計畫，絕對進不了營利導向企業的董事會。

🌏 穿越死亡谷

美國的大學和實驗室，擁有一流基礎科學和工程技術；美國的企業高度瞭解市場，每年生產成千上萬的新產品和經過改良的產品。但是，在象牙塔和市場叢林之間，地形沉降，變成史丹佛大學經濟學家約翰‧韋揚（John Weyant）所說的「死亡谷」無人地帶，[13]以致實驗室提出的高明構想因為缺乏資金，無法在過渡到市場的過程中倖存下來（參見下頁圖40）。

該領域的領導學者謝勒（F. M. Scherer），曾經深入分析這個問題：

在基礎研究和具體新產品或製程開發的兩極之間，有一塊地帶是科技進步投資還沒有成熟到足以商業化、卻可以為具體發展充當開路先鋒的地方。一般認為，投資這種「競爭前普遍加持」科技（precompetitive generic enabling technology），碰到民間部門市場失靈的可能性，幾乎和具有相同風險的基礎研究一樣嚴重。把科技推進到商業應用階段所需要的投資支出，可能十分龐大，但是一旦決定性的進展出現後，這種科技的特性可能變得廣為人知，遭到他人取用，而且專利保護可能太無力，不足以遏止他人用於自己的研究發展計畫。[14]

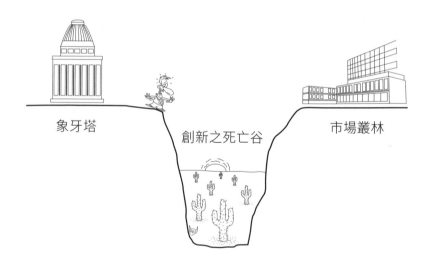

圖40　從科學實驗室過渡到市場的過程中，能夠倖存的創新很少

要怎麼提高健全的創新穿越死亡谷的倖存比率？第一，必須用適當的碳價消除全球暖化的外部性。政府或可提供競爭前科技額外的租稅優惠，作為額外的誘因。美國政府的一項創新計畫很有意思，稱為「能源先進研究計畫署」（Advanced Research Projects Agency-Energy，ARPA-E）[15] 其目的是資助營利導向企業因為科技和財務上的不確定性，因而不可能支持的早期能源研究。這種計畫初期涵蓋新電池科技、二氧化碳捕捉和渦輪機的改善。為了追求實際，根據整體研究發展標準來看，這種計畫的規模都很小，2012 年的預算為 2.75 億美元；相形之下，同一年裡，所有能源的研究發展預算為 50 億美元。但是如果死亡谷理論正確，用在這個階段的資金可能產生極高的報酬率，大家會密切注意這種做法，看看是否有助於把創新的構想推到市場上。

本章可以導出三個結論。第一，政府繼續支持能源及相關領域的基礎科學與科技，是很重要的。我們不知道哪些科學發展會得到報償，所以必須儘量普遍、儘量明智地資助研究計畫。對基礎科學的支持應該包括支持陷在死亡谷風險的早期計畫。

第二，我們必須承認，民間部門在開發新科技上很重要──不分非營利研究人員或是營利導向的企業家。特別重要的是，確保營利導向的企業得到適當的誘因，以便促進經濟以快速又合乎經濟效益的方式，過渡到低碳經濟。其中重要的條件是碳價必須夠高，才能指望低碳科技投資得到有形且安全的財務報酬。如果沒有居高不下的碳價，創新專家和企業不會受到鼓勵，不會在低碳科技上投資。因此，碳價再度成為制服全

球暖化危險策略的核心。

最後，我要再次強調，快速的科技變革必須在過渡到低碳經濟過程中，扮演核心的角色。目前的低碳科技不能在不造成嚴重經濟懲罰的狀況下，取代化石燃料。開發低碳科技將降低實現氣候目標的成本。此外，如果其他政策歸於失敗，開發低碳科技將成為我們達成氣候目標的最後希望。

5
PART

氣候政策

沒有什麼賭博比得上政治。
——班哲明·迪斯雷利（Benjamin Disraeli）

24

氣候科學及其批評

如果本書是因應氣候變遷最佳經濟策略的學術論文，現在該是告一段落的時候了。我們已經檢討過科學、經濟學和政策，得到氣候變遷很嚴重的結論；還列出若干選項，供政府選擇，以便應付氣候變遷。整個論述應該到此為止。

實際上，論述將繼續下去。本書嚴肅看待氣候科學，但還是有人對氣候科學抱持懷疑態度，很多人誤解這個問題。懷疑主流氣候科學和延緩暖化政策的正確性，正是今天美國政治中的核心議題，下面列舉若干爭議對話的例子：

某位美國總統候選人：「我認為全球暖化即使不是存在幾百年、也是已經出現很多、很多年的最大騙局。」

美國某位參議員一本著作的書名：《最大的騙局：全球暖化陰謀威脅你的未來》（*The Greatest Hoax*）。

某利益團體：「碳稅會害國家破產。」[1]

這種看法不只局限於美國，下面是兩項外國的觀點：

俄羅斯總統普亭（Viadimir Putin）的某位重要顧問：「二氧化碳排放和氣候變遷沒有關連。」

捷克前總統：「全球暖化是虛假的迷思，每一位看事認真的人和科學家都這麼說。」[2]

名單可以一直列下去。這些論辯似乎相當有趣，可能讓人分心，卻會影響輿論，形成重大挑戰。因此我在最後的篇章裡，要探討氣候變遷政策今天所面臨的重重難關。

🌍 科學共識的意義

假設你是學生，受命要寫一篇報告，探討人類在全球氣候變遷中扮演的角色。鑒於雙方爭持不下，你可能希望確認科學家到底有什麼看法。你檢視維基百科時，發現下列文字：「目前科學界對氣候變遷的共識是：人類的活動非常可能是過去幾十年內，全球平均溫度快速上升的原因。因此，辯論大致上變成降低人類的進一步衝擊、設法適應已經出現的變遷。」[3]

因此，你從一開始，就得知科學界有一種共識。你腦海中可能浮現小小的鈴聲，科學界的共識是什麼？我們如何決定是否有共識？誰決定有沒有共識？過去的共識是否出錯過？

科學界的共識是特定時間、特定領域中，明智又有知識科學

家的集體判斷（collective judgment）。但是，判定「集體判斷」是難上加難的事情。科學並不遵循過半數的原則，科學原理不是靠投票決定，科學家大都會嘲笑用全民公投決定科學問題的想法。此外，我們知道，連最聰明的科學家偶爾都會走錯路。

有一個方法可以確定共識，就是查閱相關課題的權威教科書和專家報告。以在瞭解氣候變遷經濟學時十分重要的外部性觀念為例，我們可能求助於普林斯頓大學（Princeton University）經濟學家威廉·鮑莫爾（William Baumol）和艾倫·布蘭德（Alan Blinder）合著，已經發行11版的絕佳入門教科書。實際上，兩人把外部性列為經濟學的「十大傑出理念」之一，並且說明如下：「有些交易會影響並未參與決定的第三者……這種社會成本稱為外部性，因為會影響處在有害經濟交易之外的各方，外部性會逃避市場機制的控制，因為汙染者沒有財務誘因，不會儘量減少自己所造成的傷害。」[4]

你在其他的經濟學教科書會找到類似的定義。因此外部性觀念的運用，以及外部性在瞭解汙染這種市場失靈的用處上，是經濟學中科學共識的例子。經濟學家可能意見紛紜，在哪些外部性比較重要、矯正外部性的最好政策、加強管制有毒廢棄物或全球暖化之類外部性的程度方面，確實會有不同的意見。但是主流經濟學家不會宣稱外部性是騙局，主流科學家同樣不會宣稱氣候變遷是騙局。

假設我們想找出一個特定科學問題的集體判斷，實際上應該怎麼做？在科學的很多領域，共識是由專家團體的報告決定。以美國國家科學院這個首要的科學機構為例，這個單位有

著經過慎重設計以便產生共識報告的程序。美國國家科學院在撰寫報告時，堅持幾個重要因素，包括獨立於外部壓力之外、專業知識、依賴證據、客觀性、經過國家科學院領導階層批准、揭露有無利益衝突。[5]

例如，美國國會擔心刑事犯罪案件審判當中的證據使用問題。近年來，去氧核糖核酸證據顯示，很多人遭到判處死刑，是根據錯誤的目擊證詞。國會因此要求美國國家科學院準備一份報告，以便「建議儘量使用法醫學科技和技術，解決犯罪、調查死因和保護大眾。」

隨後，美國國家科學院召集一群專家，研究這個主題，提出報告。這個小組檢視科學文獻，綜合現有知識，寫出小組成員達成共識的報告，交由外界專家評論，然後由國家科學院理事會批准。你可以在這份《加強美國法醫學進步之道》（Strengthening Forensic Science in the United States: A Path Forward）的報告中，看看這些專家的建議內容。[6]

美國國家科學院的氣候變遷報告得出的結論是什麼？ 2001年，小布希總統和顧問入主白宮時，對氣候變遷抱持懷疑態度，因此要求國家科學院「協助確認氣候變遷科學當中最確定及最不確定之處。」委員會在著名氣候學家雷夫・科克隆（Ralph Cicerone，後來出任國家科學院院長）主持下，提出一份清楚而有力的報告，開宗明義就說：「人類活動導致溫室氣體在地球大氣層中累積，造成地表空氣溫度和地表下的海洋溫度上升。」因此，這篇報告斷定人類造成全球暖化的證據健全無疑。

十年後，美國國會再度拿同樣的問題，詢問美國國家科學

院。科學院提出另一份共識報告，報告摘要的頭兩句指出：「燃燒化石燃料排放的二氧化碳開啟了新時代。在這種時代，人類的活動大致上會決定地球氣候的演變。因為大氣層中的二氧化碳是長壽氣體，實際上可以用一系列的衝擊，困住地球和未來的世代，其中若干衝擊可能變得非常嚴重。」[8] 根據這份報告的說法，氣候的變化或其主要原因，絲毫無可質疑。

最後，我們可以再看看具有國際權威的政府間氣候變遷專門委員會在評估氣候變遷科學後出版的最新研究報告。這份報告評論完證據後，斷定：「氣候系統的暖化明確無疑，目前觀察到的全球平均氣溫與海溫升高、冰雪普遍融解、全球平均海平面上升……就是明證。從20世紀中期開始觀察到的全球平均溫度升高，主因非常可能是人為造成的溫室氣體濃度上升。」[9]

我可以繼續提出進一步的例子，但是世界各地專家小組的基本發現完全相同：氣候變遷預測的根本程序是已經確立無疑的科學；氣候正異常快速地變遷；地球正在暖化。

🌐 全球暖化的相反觀點

前面章節提出有關氣候變遷的主流科學觀點——認定氣候變遷是已經確立的不確定與未知現象。並非每一位科學家或經濟學家對每一項發現都抱持一致的看法，但是大部分已經發表或經過同行評審的文獻，都具有穩固的立足點。

共識不代表一致同意。我們發現，今天有少數暢所欲言、意見相反的科學家，主張氣候變遷共識的基礎薄弱，延緩暖

化的政策沒有必要。2012年，《華爾街日報》（*The Wall Street Journal*）刊出「16位科學家」的意見投書，標題訂為〈對全球暖化不必恐慌〉。[10] 這篇投書很有用，因為文中的簡潔聲明包含了很多標準的批評。[11]

這篇文章的基本訊息是全球並未暖化，眾多模型是錯誤的，延後50年實施延緩氣候變遷政策，不會帶來經濟或環境的嚴重後果。我要把他們的聲明當成典型的反向觀點來分析。[12]

唱反調者（contrarian）的第一個聲明是地球並未暖化，這16位科學家寫道：「或許最不湊巧的是，過去十多年來，全球沒有暖化的事實。」

這裡大家很容易迷失在最微小的細節。大部分人如果退後一步，看看實際溫度測量的紀錄，或許會有好處。我在圖8已經說明全球氣溫的歷史，我不需要任何複雜的統計分析，就可以看出溫度正在上升，而且過去十年的溫度，高於更早之前的幾十年。[13]

此外，氣候學家在尋找人為造成氣候變遷的證據時，已經遠遠超越全球表面平均溫度的層次。科學家發現多種指標，指向人類是造成世界暖化的主因，這些指標包括冰河和冰層融解、海洋熱含量、降雨型態、大氣層溼度和河川逕流量改變；海平面上升；同溫層冷卻；以及北極海冰縮小。只關心全球氣溫趨勢的人，好比調查人員只用目擊報告，忽視指紋、監視攝影機、社交媒體和以DNA為基礎的證據。[14] 但是唱反調者持續重複利用以過時的技術和資料為基礎的聲明。

唱反調者的第二個論點是氣候模型誇大了暖化的程度。這

16位科學家寫道:「十多年沒有暖化的事實——從聯合國IPCC開始發布預測22年以來,暖化程度確實比預測的還小,顯示電腦模型嚴重誇大了額外的二氧化碳可能造成暖化的程度。」

有什麼證據證明氣候模型的表現優劣嗎?氣候模型能否精確預測到歷史趨勢呢?統計學家經常處理這種問題,標準做法是進行實驗。實驗時,建立模型的人把二氧化碳濃度和影響氣候的其他因素,納入氣候模型,估計(「納入溫室氣體」狀況下)所得到的溫度路徑;然後建模人員計算在違反事實的狀況下,也就是溫度變化的起因只包括太陽和火山之類的自然原因,不包括人類所引發的改變(沒有「納入溫室氣體」的狀況下)所得到的結果,然後比較三種升溫狀況,一是實際升溫,二是涵蓋所有來源(「納入溫室氣體」狀況下)時模型預測的升溫,三是只涵蓋自然來源時(沒有「納入溫室氣體」的狀況下)模型所預測的升溫。

統計學家利用氣候模型進行這種實驗很多次。[15]顯示氣候模型的預測,符合最近幾十年錄得納入人為衝擊狀況下的溫度趨勢。1980年後,趨勢的分歧特別明顯;到2010年,只納入自然來源的計算所預測的升溫,比實際增溫大約少了攝氏1度,而納入人為因素計算出來的結果,卻緊密契合實際的溫度趨勢。

IPCC評論這些結果後,斷定「只納入自然來源(即自然暖化因素)的氣候模型中,沒有一個模型能夠重現20世紀下半葉所觀察到的全球暖化趨勢。」[16]

唱反調者的第三個論調最奇怪:「事實上,二氧化碳並非汙染物質。」這句話是什麼意思?想來這句話大概表示:在我

們可能碰到的濃度範圍內的二氧化碳，對人類或其他有機體並沒有毒性；實際上，比較高的二氧化碳濃度可能還有好處。」

然而，依據美國法律或標準經濟學，汙染的意義不是這樣的。美國《淨化空氣法》（*Clean Air Act*）把空氣汙染定義為「任何空氣汙染物質或這種物質的結合，包括以排放方式或其他方式，進入周遭空氣的任何物理、化學、生物、輻射……物質或物體。」美國最高法院在 2007 年針對這個問題做成的裁定指出：「二氧化碳、甲烷、一氧化二氮（nitrous oxide）以及氫氟碳化物（hydrofluorocarbons）無疑是排放到……周遭空氣的『物理與化學……物質……溫室氣體充分符合《淨化空氣法》對『空氣汙染物』的廣泛定義。」[17]

在經濟學中，汙染物質是一種負外部性，也就是對無辜第三人致生損害的經濟活動副產品。這裡的問題在於二氧化碳和其他溫室氣體的排放，現在或未來是否會造成淨損害。我在第 20 章檢討過這個問題，這裡回顧一下圖 8 顯示的結果，或許會有用處。13 項研究中，有 11 項斷定排放有淨損害，而且暖化超過攝氏 1 度後，淨損害會急劇增加。[18] 二氧化碳確實是汙染物質，因為二氧化碳是經濟活動當中有害的副作用。

這 16 位科學家在他們提出的最後一點，主張暖化可能有益。他們在論證中引用我先前的著作，宣稱我的研究顯示，未來半個世紀沒有必要實施延緩氣候變遷的政策。他們的說詞是：「耶魯大學經濟學家諾德豪斯最近研究過各種政策選項後，表示容許經濟在不受溫室氣體管制政策妨礙的情況下，再成長個 50 年，會達成將近最高的成本效益比率……而且隨之而來的

更多二氧化碳和微幅暖化，將為地球帶來整體好處。」

這種說詞的第一個問題是犯了經濟分析的基本錯誤。這些科學家利用「成本效益比率」的觀念，支持他們的論調。成本效益和企業經濟學告訴我們，在選擇投資標的或政策時，這個比率是不正確的標準。在這種情況下，適當的決策標準是淨效益（就是成本和效益的差異，而不是兩者的比率）。[19]

然而，主要的重點是，這16位科學家的經濟分析摘要不正確。我和幾乎所有其他經濟建模專家的研究都顯示，現在立刻行動的淨效益，遠比等待50年後再行動的淨效益龐大。我利用DICE-2012模型，重新計算等待的經濟衝擊，以便判定延後行動50年的成本，結果算出來的損失為65兆美元。「等待」不但在經濟上成本高昂，也會使最後的過渡發生時，成本高出許多。

🌍 氣候賭局中的政策

唱反調者經常主張，我們對未來的氣候變遷和衝擊並不確定，應該延遲所有成本高昂的減排措施，同時收集更多的資訊。這16位科學家對個中風險很是放心，放心到建議等待個50年再採取行動，延緩氣候變遷的程度。

要瞭解等待的危險，我們可以回到氣候賭局的比喻。我們排放二氧化碳和其他溫室氣體到大氣層時，實際上是在轉動輪盤；球可能落在有利的黑格子，也可能落在不利的紅格子，或是落在危險的一個0或兩個0的格子。

唱反調者實際上等於認為，大部分的球會落在有利的黑格

子裡，因此我們應該延後推動減排行動50年。事實上，唱反調者也把不確定性的衝擊推遲同樣的時間。理智的政策應該繳交保費，希望避免推動氣候賭局中的輪盤賭。經濟模型估計無所事事50年的成本有低估之嫌，因為這種估計無法納入所有的不確定性——不只是納入氣候敏感度之類明顯的因素，也要納入一個0或兩個0代表的臨界點不確定性、生態系統風險，以及海洋酸化的風險。

氣候科學相反意見者的建議，忽視了氣候賭局的危險，聽取這種建議好比自取滅亡。

🌐 無法達成的不確定性

經常有人問我，考慮所有的不確定性後，我們是否可以絕對確定人類正引發溫度上升，而且這種趨勢未來將持續下去。IPCC的第四次評估報告針對這個問題，提出了下列答案：「從20世紀中期開始觀察到的全球平均溫度上升，大致上非常可能起源於我們觀察到的人為溫室氣體濃度升高。」[20]

批評者繼續攻擊類似的這些結論。有一種論調說，科學家對全球暖化其實不是百分之百確定。確實如此，但是優秀科學家對於任何實證現象，從來沒有百分之百確定過。著名物理學家理察・費曼（Richard Feynman）曾經用幽默卻意味深長的方式，解釋過這一點：

若干年前，我曾經跟一位外行人談過飛碟的事情。因為我講求科學，我對飛碟瞭解得一清二楚！我說：「我認為世上沒有飛碟。」我的對手說：「不可能有飛碟嗎？你可以證明這件事不可能嗎？」

「不能，」我說：「我不能證明這件事不可能，這件事只是非常不可能而已。」他聽了之後說：「你很不科學，如果你不能證明這件事不可能，那麼你怎麼能夠說這件事不可能？」但是，這正是科學，科學就是只說什麼事情比較可能，什麼事情比較不可能，而不是時時刻刻都要證明事情的可能和不可能。」

為了替我說的事情定義，我可能告訴他，「噢，我根據自己對周遭世界的瞭解，認為飛碟的報導非常、非常可能是出於地球智慧已知不理性特質的結果，而不是出於外星智慧未知理性努力的結果。」[21]

我從吶喊和辯論中退而求其次，希望吸取兩個教訓。第一個教訓是虛假的科學共識可能存在的警告。很多科學家不滿唱反調者囉哩囉嗦，總是指出少為人知的資料，或總是指出跟氣候變遷背後標準理論方向矛盾的趨勢。例如可能指出 2000 年到 2010 年間出現的暖化暫停現象；衛星觀察和地面觀察不相同的情況；或是顯示農業可能從二氧化碳施肥中受益的研究。

大家很容易傾向希望批評者就此消失。然而，科學史教導我們，要我們警覺容許虛假共識、忽視洩露祕密的矛盾狀況。對既有學說過於堅持的可能性一直存在，因此面對批評者時，正確的反應是慎重檢視他們的論點，判定這些論點是否確實會

破壞標準的理論。科學家和經濟學家面對相反的論調時，必須像為自己的方法正確無誤辯護時一樣活力十足。

費曼的故事中的第二個教訓是提醒我們，良好的科學——不論是跟空間旅行有關的自然科學，還是經濟學之類的社會科學——應該怎麼進行研究。未來世界不會暖化的可能性雖然渺茫，卻總是存在；我們絕對不能肯定地說，全球暖化的理論百分之百正確。

相反地，比較好的說法應該是：「我們從基礎科學、世界各地的眾多氣候模型、假設測試和推理的科學任務之間的激烈競爭，以及證據確鑿的角度考慮之後，可以說這些理論非常可能正確無誤。我們或許只有95%的確定，但是我們不能等到百分之百確定的時候；因為在實證科學中，可能無法達成絕對確定的目標。而且等到我們完全確定時，一定已經來不及阻止全球暖化了。」

氣候變遷輿論

在民主制度中，延緩全球暖化政策要有效而持久，終究還是必須依賴大眾的支持。雖然這方面的科學依據日益增強，我們卻發現，氣候學家和美國輿論之間，存在一條不斷擴大的鴻溝。民眾對氣候變遷有什麼看法？大眾的理解差距擴大的原因何在？這些問題是我在本章要檢視的東西。

🌍 大眾對科學和全球暖化的看法

分析全球暖化的輿論前，我們要後退一步，探究大眾對科學的看法。氣候變遷屬於科學領域，看看大眾對其他科學領域的看法如何，或許可以有所啟發。其中有些看法具有爭議性，有些看法沒有爭議。

若干年來，美國國家科學基金會一直贊助稱為「科學素養指數」（indexes of scientific literacy）的調查，衡量大眾對重大

科學觀念的瞭解有多少。圖41所示，是受訪民眾對六個重要科學問題回答「正確」的百分比。[1]（我用「正確」這個字眼時，略感猶豫不決。調查說明「這些陳述是閱讀和瞭解當代議題知識基礎的基本構想」，如果我們沒有深入探討認識論（discussions of epistemology），我們可能會說，這些命題幾乎一定「正確無誤」。但是就像費曼在第24章提醒我們的一樣，這些陳述可能卻非常不可能不正確。[2]）

大家熟知若干觀念，例如日心說（heliocentric view）、輻射來源和大陸飄移（continental drift）現象。但是很多美國人不清楚演

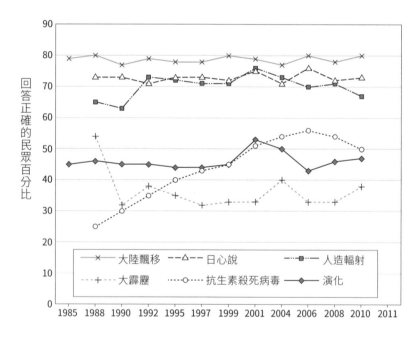

圖41 美國民眾對重大科學觀念的瞭解。大眾通常接受大陸飄移和日心說，然而正確瞭解宇宙起源於大霹靂理論和演化論的美國人不到半數。

化觀念。過去四分之一個世紀以來，知道大霹靂理論的美國人其實已經減少。另一方面，大家對抗生素對病毒效果的瞭解明顯改善。攸關個人生活時，民眾會像注意醫生一樣，注意科學家。

現在回頭看大眾對全球暖化的看法。美國從1997年起，開始針對這個主題進行調查。我收集了不同調查團體所做的重要調查，選擇了重複問這些問題好幾年的八次調查；其中五次是蓋洛普（Gallup）民調機構所做的訪調，兩次是皮尤研究中心（Pew Research Center）的調查，一次是哈里斯（Harris）民調機構的調查。舉例來說，皮尤研究中心的某次調查問，「從你閱讀和聽到的東西來說，是否有確實證據，證明過去幾十年內，地球平均溫度愈來愈溫暖？」我把這些訪調結合在一起，創造了一個綜合性的調查。下頁圖42所示，就是67次個別調查和我所做綜合調查的結果。[3]

調查資料顯示一個有趣的型態，是在瞭解科學程度問題的其他結果中沒有見到的情形。從1990年代晚期到2000年代中期，美國大眾對氣候科學的瞭解和同意程度明顯提高。然後在2006年後，同意氣候科學的比率劇降，同意綜合系列的比率從2007年58%的高峰，下降到2010年的50%以下。

科學家可能樂於指出，過去兩年內，大眾對基礎科學的同意似乎有點回升。從2011年初一直重複提問的十個問題中，受訪者認為全球暖化正在發生或值得憂心的比率，在每一次調查中都上升。

請注意，全球暖化趨勢和整體科學素養幾乎沒有變化之間的差異。以圖41調查所示的11個問題來說，平均答對比率幾乎毫無變化。[4]

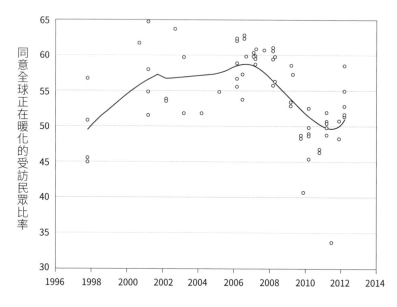

圖42　回答全球暖化千真萬確的民眾比率。本圖綜合美國民眾對全球暖化看法的資料，雖然訪調時提問的問題不同，但大致上都是問「你認為地球正在暖化嗎？」圓點是個別的調查，實線是統計配適度（statistical fit）。

🌐 瞭解誤解

　　教師每天必須在教室裡處理錯誤觀念。大多數剛入學的新生不知道失業率怎麼計算，也不知道美國聯邦準備理事會的任務是什麼。但是，他們的心胸廣闊，研讀教科書、到學校上課，而且問我問題。經過一學期的學習後，他們知道了這些問題的答案，還知道了更多其他東西。

　　我改考卷、打分數，發現有學生不知道聯準會的任務時，我希望知道原因。同樣地，我們必須知道為什麼大家抱持錯

誤的科學觀念。大眾對演化的看法從何而來的問題，已經經過謹慎的研究。國際社會調查計畫（International Social Survey Program）詢問30個國家受訪者：「人類是否從較早期動物物種演化而來」時，回答人類不是從較早期物種演化的美國人比率最高，達到54％，其次是菲律賓、波蘭和拉脫維亞（Latvia），駁斥演化學說比率最低的國家是日本（10％）。

研究發現，人的科學觀點是由不同的因素決定。[5] 就大部分和價值觀不衝突的事物而言，教育是決定正確觀點的重要因素。以演化論來說，宗教是十分重要的決定因素：具有強烈宗教觀念、認為《聖經》確實是上帝話語的人當中，有29％的人認為演化論正確無誤；認為《聖經》是古老寓言故事集的人當中，有79％認為演化論正確無誤。

政治有時候和科學看法科學觀點有關，有時候無關，和演化的信念卻確實有關。有68％的自由派認為，人類是從早期動物物種演化而來的；相形之下，只有33％的保守派抱持同樣的看法。然而，就其他很多科學問題來說，政治似乎毫無影響。例如，保守派在占星術和抗生素問題上，答對的比率通常稍高一點；自由派在輻射和化學問題上的表現，通常會稍微好一點。[6] 從這些研究得到的結論是：科學和深層信念（如宗教信仰和政治信念）衝突時，信念經常壓倒科學，連受過高等教育的人也是如此。

目前有關美國人依據什麼因素來決定自己對全球暖化看法的證據相當有限，但是，我們可以看看既有的調查，得知基本的結果。1997年時，美國大眾對全球暖化的觀點大致上沒有黨

派差異，隨後卻出現嚴重的黨派歧異。2010年，皮尤研究中心的調查發現，89%自稱自由派的民主黨人士認為，地球正在暖化，卻只有33%的保守派共和黨人士這樣認為。

另一個有趣的地方，是大眾認定的科學家看法。民主黨人中，有59%的人說，大部分科學家同意地球暖化的主因是人類活動；只有19%的茶黨共和黨人，認為科學家同意地球正在暖化。[7] 認為科學家意見分歧而且分歧程度擴大的民眾正在增加，但實際上，科學家對氣候變遷科學的共識卻是更趨一致。

我們可能希望教育會解決這個問題。然而，教育水準卻沒有造成多大的差別：61%受過高中以下教育的美國人認為，暖化的證據確實無疑；同時，有60%受過大學以上教育的美國人，抱持相同的看法。在這種情況下，意識形態壓倒了教育。[8]

圖42顯示大眾和科學界對氣候變遷看法的歧異擴大，這點正是認為應該迅速採取有力行動的人士的主要憂慮。受過高等教育的美國人，怎麼可能看來比沒有上過大學的人還不瞭解科學呢？到底是什麼原因，造成大眾對主流氣候科學的接受程度急劇下降呢？

要瞭解這種奇怪的趨勢，我們要求助於公眾意見形成的研究。首先，調查研究人員發現，大部分人對公共事務所知不多。例如，有一項研究發現，不到2%的美國人能夠說出至少五位美國最高法院大法官的姓名。鑒於大部分人必須擔心的事情太多，這一點可能是合理卻令人遺憾的無知。大家很清楚自己對很多事情的一般立場（例如，「我認為美國需要減少開支」或「情勢正偏離正軌」），對很多政治、經濟或科學問題的細節，所知卻通常

含糊不清，全球暖化科學似乎是這些細節中的一種。

第二項發現有一部分起源於第一項發現，就是大家通常靠聽說和採納自己所擁護的精英團體的觀點，形成自己對特定問題的看法。今天，大部分人從網際網路和電視上看到新聞，比較少人看報紙上的新聞；對充滿政治意味問題的看法之所以大不相同，要取決於他們瀏覽的網站，或取決於他們聽到的談話秀內容。

大家依賴精英的看法不足為奇，畢竟大家無法深入研究每一個問題，在政府角色和社會政策上，都有自己倚賴的專家。大家信任這些專家，所以在環境和外交政策方面，也可能採納這些專家的觀點。如果大家每個月只花十分鐘時間思考這些問題，情形更是如此，而且會相信化石燃料是恐龍的化石殘骸。9

現代輿論理論和約翰・札勒（John Zaller）大作中談到的東西一樣，強調剛剛作成的觀點，然後提出一種機制，讓大家據以在這些限制下，形成自己的意見。10 很多人起初對大部分技術性問題幾乎都一無所知，如果有一個問題的建構方式，能夠提醒他們想到自己知道和關心的事情，就會構成他們的答案。

全球暖化調查的其中一個問題是這樣問的：「你對全球暖化有多擔心？」假設這個問題提出時，你正好在暴風雪過後，剛剛花了一小時把你的汽車挖出來，你的答案可能是「一點也不擔心」，因為你對暴風雪並不陌生，而且正幻想自己就坐在海灘上。

另一方面，假設珊迪颶風摧毀了美國東北部有價值的部分，若干科學家正討論颶風和全球暖化之間的關係。或許今年是颶風破紀錄的年度，下一個全球暖化態度調查就在這種背景

下進行。問大家是否擔心全球暖化，大家會想起狂風怒號的回憶；一想到風暴，大家對全球暖化的憂慮就會提高。

然而，歷史遺漏了一些東西。為什麼過去十年內，輿論對全球暖化變得比較懷疑？劇烈的政治分歧從何而起？最有力的解釋是現代美國政治的動態。過去30年內，兩大黨在很多領域，例如在租稅政策、墮胎、管制性政策和環境政策方面，發展出日益明顯的意識形態。

隨著全球暖化的重要性日增，政治性企業家受到吸引，高爾（Albert Gore Jr.）是這種人當中最重要的一位。他曾經擔任美國民主黨參議員、副總統和總統候選人，他相信全球暖化是我們這個時代的決定性問題，高談闊論目前這種路線很危險。他建議利用能源稅、碳交易制度和碳稅等手段，減少排放量。他親身參與《京都議定書》的談判，因此，全球暖化加上氣候變遷這個科學問題，一躍而進入政治議程之中。

美國的其他民主黨人士堅定支持氣候變遷科學，以及強力降低二氧化碳排放量的政策。前美國總統柯林頓（Bill Clinton）曾經針對全球暖化問題發出警告，還批准了《京都議定書》，卻沒有把實施相關規定或批准公約的任何立法案，送交國會審議。然而，歐巴馬總統（Barack Obama）卻於2009年在大多數同黨國會議員的支持下，簽署一項強而有力的總量管制與排放交易法案。

大約同時，保守派轉向相反的方向。美國保守主義把重點放在反全球暖化的政策上，原因之一是自由市場哲學日漸得勢，對政府在所有領域的管制，都抱著懷疑態度。反全球暖化的觀點也

在競選時，得到主要工商團體和個人的支持，因為一般說來，他們會在減少環境成本和限制中，獲得龐大的經濟利益。

歐巴馬政府建議碳交易法案時，美國的兩黨分歧明顯浮現。這項法案2009年在眾議院通過時，只獲得八票共和黨的贊成票。如果我們檢視共和黨主要政治人物在2010年和2012年的聲明，會發現幾乎在所有的情況下，他們都拒斥氣候變遷科學或經濟學。因此，到2011年至2012年間，兩黨在全球暖化政策上顯然已經分道揚鑣。一些蓄勢以待、立場相反的科學家發出反對相關基礎科學的言論，為反對這些政策的論調提供了強而有力的支持（參見第24章）。

下頁圖43顯示兩黨在環境問題上的政策分歧擴大。圖中所示，是「保育選民聯盟」（League of Conservation Voters）利用環境計分卡，追蹤兩黨立場的紀錄。這個團體以0到100的評分，為國會議員在重要環境立法上的立場排比。立場兩極化程度升高程度劇烈期間，出現在全球暖化成為政治議題的1988年，到柯林頓政府談判《京都議定書》的1997年期間。眾院民主黨人和共和黨人之間的「環境分數」差距，從1970年代初期的20個百分點，激升到2000年代晚期的60到70個百分點。[11]

因此，政治精英發出的訊息變得愈來愈分歧。堅決保守的公眾人士從中得到的訊息是，全球暖化是不好的科學和政治問題；自由派人士卻從自由派領袖那裡得到相反的訊息。你可以在圖42看出輿論受到影響，看法急劇趨向懷疑的現象。在這麼短的時間內，輿論的變動相當明顯。

這裡清楚展現了有關輿論的標準理論。保守派精英趨向反

對全球暖化政策，歡迎協助破壞科學共識的唱反調科學家。保守派大眾以稍微落後的腳步，跟進精英的意見。像茶黨共和黨人之類涉入政治最深的人，轉變程度超過涉入政治比較淺的保守派。教育程度最高的保守派一如預期，轉向懷疑觀點的幅度最劇烈，因為他們更注意這個議題，可以瞭解為什麼全球暖化不符合「事理」。

氣候變遷是政治領袖主導輿論的領域。過去40年，兩黨立場分歧；輿論落後一段時間後，跟進這種分歧立場。到2013年，和氣候變遷有關的輿論大致上是反映政治意識形態，而非反映大家在學校或從環境科學家身上學到的東西。

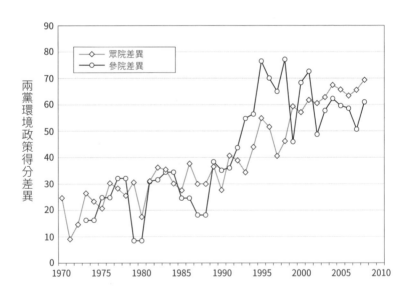

圖43　美國國會兩黨環境政策立場分歧擴大。本圖所示，是過去40年來，參眾兩院民主與共和兩黨環境得分的差異。早年兩黨的觀點重覆之處不少，但近年兩黨變得日漸兩極化。

這種評論清楚地提醒我們，科學觀點和輿論之間，怎麼可能產生如此大的分歧，而且開口愈變愈大，成為巨大的鴻溝，形成強大的經濟和政治力量聯手合力破壞主流科學的情形。人類致力於瞭解自然現象時，會受到自己的任性天性妨礙，全球暖化只是其中一個歷史例證。

🌐 彌平兩黨氣候政策歧異：保守政策

我們在本書的第一篇，看到氣候變遷在美國造成嚴重的政治分裂。有些人認為，延緩氣候變遷是敵視資本主義、是希望降服自由市場的人支持的自由派志業。另一些人則認為，懷疑派的人忘了很多寶貴的自然系統已經陷入險境。雖然氣候變遷最近成為美國共和黨與民主黨人士之間的戰場問題，我相信，如果我們考慮其中的高風險和潛在的解決之道，黨派之間的分歧應該可以彌合。

這一節要從不同角度檢視各種問題。假設我擁護保守、自由和小政府觀念，卻不是為大型石油公司辯護的人，我會認為我們不能容許任何人犧牲別人，隨意掠奪地球；我希望有一個有效而公平的政經體系，又擁有最大的個人自由。此外，我希望留給子孫更美好的世界。這些環境價值觀超越意識形態的疆界，就像保守的美國已故總統雷根所說：「如果說過去幾十年我們學到什麼教訓，或許其中最重要的教訓是：維護我們的環境不是專屬一黨一派的挑戰，而是共同意識。要永續維持我們的身體健康、社會的幸福安樂和大家的經濟福祉，只能靠我們

一心團結合作，以深思熟慮又有效的方式，管理我們的天然資源。」12

我以保守派人士的身分考慮全球暖化問題時，會怎麼做？首先，我會非常慎重地閱讀科學分析，檢視第24章所說懷疑氣候變遷人士的論證，尋找我所在之地教導地球科學的大學老師。我以開放的心胸研讀這門科學後，會得出結論，認定氣候變遷科學背後的證據很有說服力；好心地說，反派人士的論調很單薄。其中顯然有很多假設、而且和條件，但是全世界一大堆科學家編造一場超大騙局的想法，似乎真的愚不可及。

接著，我會閱讀跟衝擊有關的文獻。這方面的證據含糊多了，因為我們是在為快速變化的未來社會，進行不確定的氣候預測。但是我發現預測令人非常不安；我可能擁有一棟精美的海濱別墅，卻看到這棟別墅可能沉到海底的說法。或者我可能熱愛滑雪，卻得知滑雪季可能縮短的文字。我看到千百萬人可能被迫遷徙，猜想他們會不會擠滿我的城市、州省和國家。我擔心我們是否正在摧毀我希望帶子孫去造訪的很多世界天然奇觀。我斷定我們的問題已經夠多，不必再添加一大堆庸人自擾的問題。

最後，我轉向求助於決策官員。我知道很多積極分子贊成碳交易方法，就是訂定容許排放二氧化碳的配額，撥發給「值得發給」的對象。配額可能送給各種產業或環保團體，若干配額可能流入治理能力微弱的窮國。我也看到積極分子建議管制車輛、電廠、家電和燈泡。我聽到我喜歡的一位談話秀主持人，譴責這種做法是「燈泡社會主義」（lightbulb socialism）；

我覺得好笑,卻也覺得很有道理。身為保守分子,我不喜歡嚴密管制的氛圍,也不喜歡碳交易制度用政治分配的方式,把寶貴的許可分發下去的做法。

把這件事交給市場處理如何?我很快就知道,我們一定不能依靠自由市場式的解決之道,因為自由市場會把碳排放價格訂為零。價格訂為零是錯誤的解答,因為零碳價忽略了對其他人、其他國家以及對未來排放的外部成本。因此我承認,要延緩全球暖化,政府以某種形式介入市場確有必要。

我轉而看看經濟學家對這件事有什麼看法。很多經濟學家支持一種稱為碳稅的東西,就是對二氧化碳和其他重要溫室氣體的排放量課稅。這種稅會變成「皮古稅」(Pigouvian tax),就是對負外部性課徵的稅負。這種稅可以達成提高二氧化碳排放價格、彌補其社會成本的目標,聽起來像是好方法。

我想知道保守派經濟學家的看法,於是閱讀他們的著作,讀了馬丁・費爾德斯坦(Martin Feldstein,雷根總統的首席經濟學家)、麥可・博斯金(Michael Boskin,老布希總統的首席經濟學家)、格瑞戈・曼昆(Greg Mankiw,小布希總統的首席經濟學家)、凱文・哈塞特〔Kevin Hassett,美國企業研究所(American Enterprise Institute)〕、亞瑟・拉弗(Arthur Laffer,以提出拉弗曲線聞名)、喬治・舒茲(George Schultz,雷根政府時代的經濟學家和外交家)以及蓋瑞・貝克(Gary Becker,諾貝爾獎得主,芝加哥學派經濟學家)等人的作品,發現他們全都贊同碳稅是延緩全球暖化最有效的方法。[13]

我和保守派朋友討論這個問題時,發現他們對碳稅都不熱

衷。他們認為，這種政策只是反成長「收稅與支出」經濟哲學的另一個悲慘例子。有一位朋友在《華爾街日報》主張「徵稅會創造人為的誘因，誤導資本形成離開生產性的市場應用。」[14]

經過一番思考後，我認為這些論調都誤會了碳稅的經濟原理。燃燒化石燃料的人是在享受經濟補貼；事實上，是在全球的公有土地上吃草，卻不必付草料的錢。提高碳價會改善經濟效益，而不是減少經濟效益，因為這樣會矯正使用碳燃料的內含補貼。歐洲國家已經發現，可以徵收能源稅，降低勞動和其他有價值活動的稅負，減少二氧化碳排放量，改善整體經濟表現。此外，碳稅有助於減少政府債務，卻不會傷害工作和儲蓄的誘因。

我也思考政府在其他領域中的政策。我喜歡政府奉送國家的石油或土地嗎？我喜歡銀行在政府的保證下，甘冒過高的風險，然後在投資失利時，由納稅人為他們紓困嗎？身為保守分子，我對這些問題的答案都會說「不行！」我知道容許企業免費排碳到大氣層，類似寶貴的補貼，是損害別人的權利，就像我們拍賣公地上的油氣權利，就像我們對於號稱大到不能倒的銀行，應該終止它們的這種特權一樣。正是因為如此，我們才應該對排放溫室氣體的企業課稅。

我知道很多「保守的」企業團體反對政府限制它們的活動，尤其是跟環境有關的活動。但是，我也知道它們追求的其實是自己的私利，而非公益。

我的結論是：對關心維護美麗的地球，卻希望用經過妥善調整的經濟誘因，在政府儘量不干預人民生活和企業決策的情

況下，達成這個目標的保守派而言，碳稅是理想的政策，可以在不需煩瑣管制或限制下開徵。不必賭誰是未來能源科技的贏家，也不必把管制伸入社會的每一個角落，就可以用保守的方式，延緩全球暖化。

26

氣候變遷政策的阻礙

全球暖化科學與經濟學說得很清楚，除非我們採取有力措施，否則地球將繼續暖化，結果會對自然界和人類系統中脆弱的環節，造成愈來愈嚴重的損害。延緩氣候變遷的政策在政治上很困難，但在經濟上卻很簡單，涉及提高二氧化碳和其他溫室氣體的價格，並協調各國之間的價格。

我們在實施有效政策方面有多少進展？如果我們以碳價作為標準，那我們要說，進展少之又少。我的建議是：要把氣候變遷限制在攝氏2.5度內，必須把每噸二氧化碳的價格訂為25美元。今天，全球範圍內的實際碳價只有25美元的極小一部分——大約為每噸二氧化碳1美元。[1]真相是，國際社會只採取最微小的行動來延緩暖化。

進展為什麼這麼緩慢？加州大學聖地牙哥分校（University of California in San Diego）具有開創精神的政治學家大衛·維克多（David Victor）寫道，全球暖化政策陷在政治、經濟、短視和

民族主義交互影響、妨礙重大進展的特殊困境中。[2]本書最後這章要分析明智的全球暖化政策碰到的一些阻礙。

🌐 民族主義的囚徒

第一組妨礙是經濟民族主義的結果。因為減排成本要由國家負擔，延緩氣候變遷的好處卻分散於世界各地，各國政府因此面對兩難。這種成本由本地承擔、好處卻散在遠處的結構，提供了搭便車的強大誘因。個別的國家會從本身無所作為、全球卻努力行動減少二氧化碳排放中受惠。

這就是著名的「囚徒困境」。在這種情況中，稱之為「民族主義兩難」（nationalist dilemma）可能比較適當。如果每一個國家追求儘量提高它的國家福祉，視其他國家的政策為理所當然，那麼，因此而產生的減排規模，會比各國把全球福祉列入考慮時小得多了。

這個道理值得在這裡說明清楚，因為這點在國際全球暖化政策中是極為重要的因素。假設有五個相同的國家，而且額外排放一噸二氧化碳會對每個國家造成價值5美元的損害。每個國家如果從純粹理性的國家立場來計算，應該在減排成本低於每噸5美元時，要減少排放。如果所有國家都遵循這個道理，結果就是博弈理論中的「非合作賽局均衡」（non-cooperative equilibrium）。在這種均衡中，整體排放水準會到達每個國家排放成本為5美元的地方。

但是從全球觀點來看，這樣太少了。甲國一噸的排放會

對甲國造成5美元的損害，卻也對另外四國造成同等金額的損害；因此，全球的損害是每噸25美元，而不是每噸5美元。這表示，整個世界的減排數量太少了，額外減排一噸的成本只有5美元，整體好處卻有25美元。

有一些實證研究，曾經檢視民族主義兩難造成全球暖化策略效率稀釋的問題。整體而言，研究證實，針對氣候變遷的理性民族主義行為，將導致減排水準遠低於國家政策考慮到全球福祉時的情況。例如，我利用區域性DICE模型，計算2020年全球最適當的二氧化碳價格；如果每個國家在計算時只考慮本身的福祉，非合作的全球平均碳價大約應該是全球最適價格的十分之一。

民族主義困境對協議的實施也有影響。各國不但有強烈的誘因，藉著不參與或採取最少的政策行動，以便搭便車；各國在參與協議的情況下，也有誘因欺瞞。如果這些國家隱瞞排放量或誇大減排量，本國的經濟福祉會改善，他國的經濟福祉卻會減損。假設乙國同意減排到邊際成本到達每噸25美元的地步，對全世界而言，這樣是完美的結果；但是從乙國的角度來看，淨成本就是每噸20美元，因此乙國具有誇大減排、假裝它固守承諾的強烈誘因。[3]

民族主義困境是全球暖化政策固有的問題，卻不是致命難題。某些國家加入合作協議，目的是為了克服全球外部性時投資不足的傾向，逐步淘汰破壞臭氧層化學品的協議，是克服搭便車傾向的顯例。這種困境的解決之道是針對非參與國訂定罰則，以便克服搭便車的傾向。我在第20章探討過一種可能的解決方法，就是用貿易制裁支持氣候條約，可以克服民族主義困境。

🌐 現在的囚徒

　　民族主義困境會因為第二個因素而放大，就是減排的好處在遙遠未來出現的特性。氣候變遷政策要求各國在近期內推動成本高昂的減排，以便減少遙遠未來所受到的損害。第四篇曾經討論大略的估計，指出損害減輕的好處大約要在減排後半個世紀，才會出現。

　　下頁圖44根據《哥本哈根協議》提倡的排放量限制，說明世代之間的取捨。[4]圖中所示，是三類國家和全世界早期及後期得到的淨效益。這裡的淨效益是成本的負數，包括根據市場利率折現為2010年的損害和減排成本。這些數字主要是為了說明而已，因為各國之間並沒有簽訂特定協議，但結果還是類似根據其他政策所計算出來的金額。各國根據國民所得，分為富裕、中等所得和貧窮國家三類，圖中比較了2050年前和2050年至2200年間的淨效益。[5]

　　左側深色柱狀都落在零軸下方，顯示2010年至2050年間的淨損失估計。例如，《哥本哈根協議》為富國估計的近期淨成本大約為1兆美元，全球成本大約為1.5兆美元。

　　右側淺色柱狀全部是正值，顯示2050到2200年間的衝擊折現為2010年的淨衝擊。富國的淨效益為1.3兆美元，足以沖銷第一期的成本。另兩類國家2050年以後的效益，遠比早期的成本大得多了。總計所有國家的效益時，2050年以後期間的淨效益為7.4兆美元，2050年以前的淨成本則為1.6兆美元。

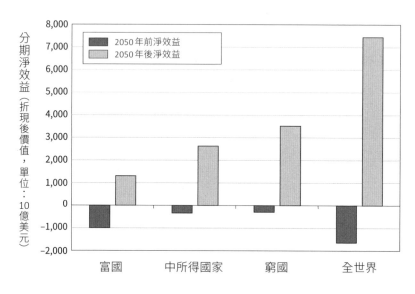

圖44　氣候變遷政策中的時間權衡。柱狀所示為兩段期間內不同類別國
　　　家的淨效益（等於損害加減排成本，所有金額都根據市場利率折
　　　現）。左側深色柱狀是前半個世紀的淨效益，右側淺色柱狀是2050
　　　年至2200年間的淨效益。

　　有一些重點會從這種討論中浮現。首先，長期而言，類似
《哥本哈根協議》所依據的合作協定，對全世界將非常有益，所
有國家最終都會受益。然而，這種投資要非常長期之後，才能
夠得到回報。大多數國家至少必須等待半個世紀，才能收獲投
資的成果。

　　從務實的角度來看，這樣會為跨世代政治帶來一個棘手的
問題。大家經常拒絕為未來世代犧牲。例如，我們應該減少老
人醫療保健支出，以便為年輕世代提供教育嗎？延緩全球暖化
時，同樣有時間權衡的問題。要求目前世代為未來世代承擔巨

額減排成本，將變成難題；在未來世代會變得比較富有的情況下，更是難上加難。延後得到回報，強化了民族主義困境的誘因，因此延後採取昂貴減排行動的誘惑力將加倍上升。

🌐 政黨偏見的囚徒

第三種妨礙牽涉到一種無法避免的現實，就是野心勃勃的全球暖化政策中，一定會有輸家和贏家。我已經說明過，大多數國家會從未來數十年的全球暖化政策中，感受到淨成本；若干有力的團體在經濟上也會遭逢不利的情勢，這些成本大致會集中於生產或使用化石燃料的領域。

例如，假設美國如2009年《哥本哈根協議》或歐巴馬政府的提議，採用排放限制，根據美國能源部的估計，未來十年內，煤炭的用量要減少一半；2011年時，美國有9萬個煤礦工人，因此，減少煤炭用量可能使礦工的就業機會大約減少4萬個。在擁有1.3億勞工的美國經濟中，每年喪失4000個就業機會，似乎不是什麼驚人的阻礙；但是煤礦業在國會擁有強大的民意代表和民眾的強力支持，因此訂定高昂碳價、從而減少煤炭產量和就業機會的全球暖化政策，一定會面對強大的反對力量。[6]

這個例子會在很多領域重覆出現。煤礦業和燃煤火力發電業者的獲利一定會下降，依靠其他化石燃料的產業將面臨規模比較小的類似衝擊。

下頁表15所示，是某個建模團隊依據每噸25美元的二氧化碳價格，計算全球暖化政策對主要產業將有何影響[7]。結果發現

電力、水泥製造和石化三種產業會受到嚴重影響,成本將提高10%以上。這張表也顯示,最不受影響的是零售、批發、房地產和金融業,這些產業的相對生產成本會因為二氧化碳價格而下降,產出和就業通常會擴張。

表15　碳價對產業的衝擊。本表所示,是受碳價影響最大和最小的產業。表中列出每噸25美元的二氧化碳價格,會使每一種產業增加多少生產成本。百分比反映整體的投入產出衝擊(即包括間接和直接成本)。

產業	生產成本增加比率 (單位:%)
影響最大	
電力	20.75
水泥製造	12.50
石化	10.50
鋁業	6.50
鋼鐵廠	5.75
石灰、石膏製造	5.25
肥料製造	4.50
紙廠	4.00
紙板廠	4.00
影響最小	
電腦與電子設備	0.75
其他運輸設備	0.75
批發零售業	0.50
資訊服務	0.50
企業服務	0.50
金融保險	0.25
不動產與租賃	0.25

民主國家的民意代表將面臨壓力，必須反對不利現有選民或捐款金主的措施。因此，出身產煤州和產煤國的代表，必然特別強力反對會抬高煤價的全球暖化政策。這樣的產煤國包括美國、中國和澳洲。美國的產煤州包括西維吉尼亞州（West Virginia）、肯塔基州（Kentucky）和懷俄明州（Wyoming）。同樣地，石油輸出國組織（OPEC）之類的石油出口大國通常會發現，減碳將造成國家的收益減少，所以會反對大力抑制二氧化碳排放量的措施。

英國、瑞典和西班牙之類的國家，以煤炭為基礎的產業和就業少之又少，政府比較不必擔心國內的反彈，可以支持強而有力的全球暖化政策。同樣地，能源燃料大都依賴進口的國家，國內企業對氣候變遷政策的反對聲浪會比較少。

長期而言，強力的全球暖化政策很可能造福美國之類國家的大多數人民。然而，應該會從碳稅回流中得到好處的金融或製藥等產業，卻因為太忙於對抗管制改革，無法支持強而有力的氣候變遷政策。因此，獲得民意代表強力支持的少數產業，在資金豐沛遊說團體的配合下，能夠阻擋長久之後應該會造福現有及未來世代大多數人的政策。

🌐 經濟自利心的囚徒

代議民主制（representative democracy）的障礙是開放社會基本要素的一環，但更有害的妨礙，起源於娜歐蜜·歐蕾斯柯斯（Naomi Oreskes）和艾瑞克·康威（Erik Conway）所說「販賣

懷疑的人」（merchants of doubt）。[8]他們認為，科學或偽科學的主張會侵害正常的科學程序，這種程序和民主程序不同。在民主程序中，互相競爭的利益集團和價值觀會爭奪選票；但是在製造懷疑的程序中，利益團體會破壞、扭曲或編造事實和理論，以便駁斥主流科學，混淆大眾視聽，防止政治行動。

製造懷疑的做法記錄在案的最佳案例，是菸草公司對抗抽菸引發癌症醫學證據的宣傳行動。抽菸和癌症有關的科學證據從一世紀前就已經記錄在案；到了1950年代，證據堆積如山。美國最大的菸草公司從1953年起發動宣傳攻勢，破壞抽菸是危險行為的科學證據。這種宣傳中最陰險的部分是大力宣揚支持業界說法的研究人員。某家菸草公司高級主管文雅地說明這種做法：「懷疑是我們的產品。因為要跟大眾心中既有的事實對抗的話，懷疑是最好的方法，也是建立爭議的手段。」[9]

我們在有關全球暖化的辯論中，發現有人在製造懷疑的類似證據；但是這件事的全貌現在還無法瞭解，因為製造懷疑的機器是什麼樣貌還不清不楚。有一個記錄在案的例子之所以公諸於世，是因為一位有企圖心的記者查對埃克森美孚公司（Exxon Mobil）的撥款紀錄，發現該公司撥出800萬美元的款項給多個機構，其中很多機構都挑戰全球暖化的科學或經濟學。[10]〈16位科學家的意見投書〉是類似的例子，本書第24章已經分析過他們的反向論調。這16位科學家當中，積極研究氣候變遷科學或經濟學的人少之又少——在製造混淆方面卻是例外。

利益團體對氣候科學與政策的攻擊，有一個令人擔心的地方，就是全球暖化涉及的利益遠比抽菸大得多了。美國的香菸

年銷售額大約為300億美元；相形之下，所有能源產品與服務的支出大約為1兆美元。[11]碳稅大到足以把目前頂多攝氏2到3度的暖化曲線壓低下來，會對很多勞工、企業和國家都有重大影響。全球暖化是規模上兆美元的問題，需要的是上兆美元的解決之道，因此跟爭取人心、思想和選票的戰鬥將十分激烈。

🌏 克服障礙

前兩章分析了發展理性、有效氣候變遷公共政策的阻礙。即使科學觀點指向一個方向，輿論和美國政治的一大陣營卻指向另一個方向。反對氣候變遷科學的強大經濟力量已經吹皺一池春水，而且用誤導的論調和貌似科學的說法，混淆大眾視聽。

這不是科學發現遭到強烈反對的第一個例子，也不會是最後一個。前面我們已經看到，香菸產業如何變成販賣懷疑的人，如何混淆大眾的視聽、阻擋有關抽菸的公共政策。

香菸的故事後來結果如何？最後，醫生和科學家藉著不厭不倦的努力，終於在抽菸是否致癌的問題上，贏得人心。下頁圖45所示，是大眾對癌症和抽菸問題看法的演變；經過半個世紀的教育，現在連老菸槍都承認抽菸有害健康。[12]

菸稅在遏止抽菸之餘，目前是政府的主要歲入來源。和菸稅相比，高碳稅的經濟邏輯更有吸引力——可以增進人類和地球的健康，同時增加政府的預算收入。

對科學家來說，其中的教訓很清楚。面對唱反調者的攻擊和反駁，沒有什麼東西可以取代科學清楚而持久的解釋。這方

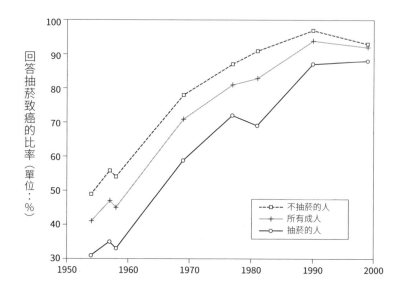

圖45　即使菸草產業發動欺騙攻勢，美國人還是逐漸接受抽菸致癌的科學
觀點。

面的證據會跟抽菸一樣，一年比一年清楚。蓄意阻撓的人將發現自己像是站在融化中的浮冰，政治風向最後一定會改變。

🌏 最後的判決

　　本章針對令人不快卻符合現狀的辯論狀況，說明實施有效能又有效率的延緩全球暖化政策。政府在實施政策方面毫無進展，有些阻撓屬於結構性妨礙，衝擊遍及全球的性質、昂貴政策和終極效益之間長久的時間落差，就是明顯的例子。其他阻撓具有經濟性質，販賣懷疑的人試圖混淆大眾，以便維持自己

的利潤時就是例子。

　　現在終點在望，公正無私的陪審團會有什麼發現？公平的判決應該是發現地球正在暖化的證據明確而有力；發現除非我們採取強力行動，否則的話，地球將碰到遠高於過去50萬年的暖化問題；會發現人類社會要面對代價高昂的變遷後果，很多未管理的地球系統要面對嚴峻的局面；而且風險平衡顯示，我們應該立刻採取行動，延緩二氧化碳和其他溫室氣體的排放，並且以停止排放作為最後目標。

　　這些基本發現必須經過評核，還要不斷更新。因為從經濟成長、排放和氣候變遷，到衝擊與政策之間關係中的所有階段，都充滿不確定性。但是基本發現已經承受時間的考驗和反證，也經受千百位自然與社會科學家的多次評估，根本沒有理由忽視基本結果，沒有理由把這些事情稱為騙局，或是主張我們要再等半個世紀才開始行動。

　　人類把地球推入險境。但是，人類既可以製造共業，也可以消除共業。此外，如果大家接受全球暖化的實質威脅，就可以用相當低的成本，達成消除共業的目標；也可以制定懲罰排碳的經濟機制，採取大力發展低碳科技的做法。透過採取這些行動，我們可以保護並維持我們寶貴的地球。

謝辭

作者希望推崇史丹佛大學已故經濟學家阿倫·曼內（Alan Manne）在建立能源模型上的卓越貢獻，他率先用多種方法和實證模型，推動這個領域的研究。參與推動這個領域的進步、針對現有成果不吝提出建議和指教的名家，包括 George Akerlof, Lint Barrage, Scott Barrett, Joseph Boyer, William Brainard, William Cline, Noah Diffenbach, Jae Edmonds, Alan Gerber, Ken Gillingham, Jennifer Hochschild, Robert Keohane, Charles Kolstad, Tom Lovejoy, David Mayhew, Robert Mendelsohn, Nebojsa Nakicenovic, David Popp, John Reilly, Richard Richels, John Roemer, Tom Rutherford, Jeffrey Sachs, Herbert Scarf, Robert Stavins, Nick Stern, Richard Tol, David Victor, Martin Weitzman, John Weyant, Zili Yang, Janet Yellen, Gary Yohe，以及名字沒有公開的多位評審與編審。

　　本書最後能夠臻於如此完美，完全要歸功紐哈芬（New Haven）耶魯大學出版社的員工，他們持續不懈地本著高明的功力，指導作者，提出無數建議，改善本書的形式與內涵。作者要特別感謝執行主編Jean Thomson Black，他從本書電子檔的草稿開始，始終鼎力協助，到全書出版之後。編輯助理Sara Hoover善於解決問題，文稿編輯Mary Pasti、設計師Lindsey Voskowsky和生產經理Maureen Noonan都同樣大力鼎助。Bill Nelson負責美編，Debbie Masi和Westchester出版服務公司負責把電子檔印成美觀的文本。書籍出版藝術再度讓人想到亞當‧史密斯（Adam Smith）所說：「勞工生產力最大的改善（是）分工的效果。」

　　我要向氣候變遷經濟學發展相關領域中，開創研究且既是我恩師、有時也是我同事的諸多大師，尤其是對特亞林‧柯普曼斯（Tjalling Koopmans）、羅伯‧梭羅（Robert Solow）、詹姆斯‧托賓（James Tobin）和保羅‧薩繆森（Paul Samuelson）表達特別的致敬與懷想。本書的研究得到耶魯大學、美國國家科學基金會、美國能源部與格萊瑟基金會（Glaser Foundation）的大力支持。本書意在針對這個領域進行研究調查，而不是當成原創的研究專著。書中很多章節曾經以專文的形式刊登於過去的出版品，但絕大多數的解釋、圖表及表格都是為本書而特別設計。

注釋

第1章

1. 這些引述取材自不同來源，包括蓋洛普民調、某一保守智庫的報告、某一探討科學觀點的報導，以及美國某大報。

第2章

1. 史蒂芬·古德(Stephen Jay Gould)在名著《奇妙的生命：伯吉斯頁岩》(*The Burgess Shale and the Nature of History*)中強調這一點。

2. 參見美國鹽池聯盟(Salt Ponds Coalition)的簡短說明：www.saltpondscoalition.org。

3. 有關鹹海過去和現在的景象，參見美國太空總署的地球觀測站(Earth Observatory) 2003年8月25日貼出的〈鹹海〉照片：http://earthobservatory.nasa.gov/IOTD/view.php?id=3730。

4. 參見著名環境科學家Michael H. Glantz於2004年9月9日針對鹹海和非洲查德湖發表的短文 "Lake Chad and the Aral Sea:A Sad Tale of Two Lakes," Fragilecologies，參見www.fragilecologies.com/archive/sep09_04.html。

第3章

1. 作者的計算。

2. 圖2與圖3的排碳量資料參見Carbon Dioxide Information Analysis Center, http:// cdiac.ornl.gov/，以及美國能源資訊管理局(U.S. Energy Information Administration)，www.eia.doe.gov。GDP資訊取自回溯到1929年的經濟分析局(Bureau of Economic Analysis)資料，1929年以前的資料取材自民間學者，兩種資料經過作者的整合。

3. 以下是最簡單的氣候方程式：$(1-a)^S = 4\varepsilon\sigma T^4$。這個方程式把地球溫度和太陽常數、地球的反射率及若干物理參數之類的因素聯結在一起。我們可以解決這個方程式，得到最接近地球溫度的狀況，卻因為其中沒有大氣、海洋和冰等項目，因而少了很多細節。你可以把氣候模型看成是在這個最簡單方程式上，添加進一步的層面——例如，添加不同層次的大氣、海洋、冰、風等項目。所有這些因素加進氣候模型後，由此所得的計算會為所有變數得出一套預測。

4. 在探討氣候建立模型的諸多大作中，參見Paul Edwards的大作：*A Vast Machine: Computer Models, Climate Data, and the Politics of Global Warming*、Spencer Weart的線上歷史：*Discovery of Global Warming*，美國物理學會藏有該書，參見www.aip.org/history/climate/pdf/Gcm.pdf 或www.aip.org/history/climate/GCM.htm。

5. 為求簡便，我在書中指出，所有結果都出自DICE模型，實則結果偶爾如來源注釋所示，出自不同版本的模型。

6. 要瞭解氣候與經濟動態整合模型(DICE)，參見耶魯大學經濟系我個人網頁上的dicemodel. net，上面也有運用方法的說明。

7. 喜歡方程式的人把這種情境叫做「茅陽一公式」(Kaya identity)或「茅陽一恆等式」(Kaya equation)。意思是我們可以把排碳量，當成是三個條件(要項)的乘積：人口×人均GDP ×GDP碳密集度，即：

$$CO_2 = Pop \times (GDP/Pop) \times (CO_2/GDP)$$

其中CO_2是二氧化碳排放量，Pop是人口，GDP是實質GDP或實質世界生產，實際數字取材自 RICE-2010年模型。簡單的微積分會顯示，二氧化碳的對數或幾何成長率等於人口成長率加人均GDP成長率加碳密集度成長率之和。嚴格來說，因為二階項(second-order terms)的關係，成長率之和略低於實際數字，但這一點在此處所用的例子中，是可以忽略不計的差別。所有計算係由作者負責執行。

8. 我一直依賴綜合評估模型的預測，因為我發現這些模型是最科學、最透明，又以實證為基礎的方法。自然科學中的很多研究，尤其是氣候模型，都依賴一種標準化的成套預測，這種預測名叫「排放量情境特別報告」(SRES)，是為聯合國政府間氣候變遷專門委員會」(IPCC)準備的，參見Nebojsa Nakicenovic和Rob Swart主編的IPCC Special Report on Emissions Scenarios (Cambridge: Cambridge University Press, 2000)，www.ipcc.ch/ipccreports/ sres/emission/ index.htm。

9. 圖5所示的，是EMF-22計畫11個模型的調查結果，加上耶魯大學RICE-2010年模型(加註圓圈的線條)調查的結果。EMF計畫的調查結果刊在L. Clarke, C. Bohringer與T. F. Rutherford的論文 "International,U.S. and E.U. Climate Change Control Scenarios: Results from EMF 22," Energy Economics 31, suppl. 2 (2009)：S63–S306中，詳細結果由Leon Clarke提供，RICE與DICE模型的結果和參考資料，參見dicemodel.net。

第4章

1. 參見Richard Alley的大作Earth: The Operators' Manual (New York: Norton, 2011)；Stephen H. Schneider, Armin Rosencranz, Michael D. Mastrandrea, and Kristin Kuntz-Duriseti等人主編的Climate Change Science and Policy (Washington, DC: Island Press, 2010)；James Hansen的 大 作Storms of My Grandchildren: The Truth about the Coming Climate Catastrophe and Our Last Chance to Save Humanity (London: Bloomsbury, 2009)。

2. 政府間氣候變遷專門委員會(IPCC)曾出版一系列論氣候變遷、減緩、衝擊與因應的報告，1990年出版的是《第一次評估報告》，1995年出版的是《第二次評估報告》，2001年出版的是《第三次評估報告》，2007年出版的是《第四次評估報告》，第五次評估報告從2013年秋季開始出版。每本評估報告都部分科學、衝擊和減緩三大部分，參見www.ipcc.ch/publications_ and_data/publications_and_data_reports.shtml。精裝版由英國劍橋大學出版社(Cambridge University Press)出版，後文將以第幾次報告與篇名稱之，例如稱之為《第四次評估報告科學篇》第若干頁。

3. 資料出自美國海洋暨大氣總署(NOAA)「地球系統研究實驗室」(ESRL)全球監測處(Global Monitoring Division)之"Trends in Atmospheric Carbon Dioxide"，參見www.esrl.noaa.gov/ gmd/ccgg/trends/。大氣層的二氧化碳資料取材自現有多處網站，數字和莫納羅亞天文臺的

數字緊密符合。本討論過度簡化二氧化碳在不同儲藏庫中的分布。此外，這種計算省略了這段期間內土地利用的變化，因為土地利用變化的估計非常不當。

4. 下文是對有興趣的人所做的詳細解釋：留在大氣層的二氧化碳排放量叫做「懸浮部分(比率)」。碳循環模型估計，懸浮比率會隨著時間下降，因為二氧化碳會被海洋上層吸收，然後逐漸擴散到較下層的海洋。此外，有些二氧化碳會由樹木和植物吸收。吸收時程涉及化學、海洋動力學和生物學，因此估計起來很麻煩。如果想略微瞭解一下動力學，可以檢視德國和瑞士一群科學家利用自行設計的碳與氣候模型所做的研究。他們利用自己的電腦模型，計算1200年期間二氧化碳脈動的衝擊。假設第0年有X公噸的二氧化碳注入，這個模型算出：經過50年後，有50%至75%的二氧化碳仍然留存；經過100年後，有35%至50%留存；200年後，有28%至45%留存；1200年後，大約有15%留存。特定年度留存比率的上下限要看二氧化碳注入規模而定；注入小量二氧化碳，留存量會留在下限數字上；注入量大的話，會留在比較接近上限的數字上。參見G. Hoss等人的大作"A Nonlinear Impulse Response Model of the Coupled Carbon Cycle- Climate System (NICCS)", Climate Dynamics 18 (2001)：189–202。政府間氣候變遷專門委員會的估計是，經過100年後，大氣層中二氧化碳排放的留存比率為30%至50%。耶魯大學(DICE- RICE 2010年整合模型)利用一種經過調整的模型，算出的結果是經過一世紀後，還有41%的排碳量留存。

5. 特別有用的摘要刊於Benjamin D. Santer的大作"Hearing on 'A Rational Discussion of Climate Change: The Science, the Evidence, the Response,' " House Committee on Science and Technology, November 17, 2010, http://science.house.gov/sites/republicans.science.house.gov/files/documents/hearings/111710Santer.pdf。

6. 技術性說明有助於你瞭解基本氣候科學以及「輻射強迫」作用(radiative forcing)增加的衝擊。全球大氣層頂部的太陽輻射為每平方公尺341瓦，大約三分之二的入射輻射是由大氣層或地表吸收，再以長波(或紅外)輻射的形式，反射回太空。溫室氣體濃度提高造成的衝擊是增加長波輻射的吸收量，增加程度的量度方式叫做「輻射強迫」作用的變化，衡量的是二氧化碳和其他因素的濃度增加在改變地球的能源平衡方面會有什麼衝擊。這樣通常是計算對流層(大氣層中最低層的大氣)淨輻射量的變化，例如，標準的計算是：如果大氣層中的二氧化碳倍增，將導致對流層的輻射增加每平方公尺大約4瓦當量。根據估計，所有的互動都發生時，將造成全球地表平均溫度大約提高攝氏3度，因此你可以把溫室效應想成類似(但不等於)太陽輻射增加。

7. 本圖曲線的繪製，係依據IPCC第四次評估報告中科學篇的詳細模型估算數字。為該委員會第五次評估報告進行的模型運作顯示，受調查模型的平衡暫能氣候敏感度，比起第四次報告中為後來年度版本的模型所做評估，幾乎完全沒有變化。第五次評估報告進行的18個模型檢討中，得到的平衡氣候敏感度範圍為攝氏2.1度到4.7度。為了簡化說明，我對這些曲線做過平滑處理，我在平滑處理時，假設這些估計值的分布是對數常態分配，跟模型結果一樣，具有相同的平均值和分散度。參見Timothy Andrews, Jonathan M. Gregory, Mark J. Webb和Karl E Taylor的大作"Forcing, Feedbacks and Climate Sensitivity in CMIP5 Coupled Atmosphere-Ocean Climate Models," Geophysical Research Letters 39 (2012)：L09712, doi:10.1029/2012GL051607, 2012。

8. 美國國家科學院1979年進行第一次有系統的調查，得到的估計值近似IPCC最新的評估，參見Carbon Dioxide and Climate: A Scientifi c Assessment (Washington, DC: National Academies Press, 1979)。

9. 中長期的反應並未經過精確的判定，因為這樣涉及很多緩慢回饋機制，如大型冰層的融解和海洋環流之類的複雜系統。

10. 溫度資料取材自戈達德太空研究中心(Goddard Institute for Space Studies)、美國國家氣候資料中心(NCDC)，以及哈德利氣候預測研究中心(Hadley Centre for Climate Prediction and Research)。

11. 模型假設除了二氧化碳外，所有其他因素在 2010 年的全球水準上的影響都很小，而且在下一個世紀裡將緩慢成長。二氧化碳以外因素的影響很小，主因是氣膠(微粒)的冷卻效果抵銷了其他氣體的暖化效果。氣膠的量化衝擊是近期暖化中的主要不確定性。

12. 我要為專家提供一些技術性說明。雖然若干EMF-22的綜合評估模型提供了溫度軌跡，卻排除了壽命短的溫室氣體或氣膠，因此不能提供精確的溫度預測。圖9所示模型運作採用模型中的工業二氧化碳濃度，然後，我們把這些項目跟土地利用的二氧化碳排放量估計值結合，也結合RICE-2010模式中的其他溫室氣體的輻射強迫。然後把一切放進RICE-2010模型的氣候模組中。十個模型分別為ETSAP-TIAM、FUND、GTEM、MERGE Optimistic、MERGE Pessimistic、MESSAGE、MiniCAMBASE、POLES、SGM和WITCH。這些模型的完整說明參見 L. Clarke, C. Bohringer 和 T. F. Rutherford 的大作 "International, U.S. and E.U. Climate Change Control Scenarios:Results from EMF 22," Energy Economics 31, suppl.2 (2009)：S63–S306。

13. 大多數觀點出自IPCC, Fourth Assessment Report, Science, Chapter 8。跟氣膠有關的最後一點出自Jeff Tollison的大作"Climate Forecasting: A Break in the Clouds," Nature 485 （May 10, 2012)：164–166。極端狀況的討論出自Christopher B. Field 等人主編的 Managing the Risks of Extreme Events and Disasters to Advance Climate Change Adaptation: Special Report of the Intergovernmental Panel on Climate Change (Cambridge：Cambridge University Press, 2012)，www.ipcc-wg2.gov/SREX/。

14. 麻省理工學院輪盤的相片參見 David Chandler 大作"Climate Change Odds Much Worse Than Thought," MIT News, May 19, 2009, http://web.mit.edu/newsoffice/ 2009/roulette-0519. html。

第5章

1. 替代性溫度估計值是取材自在格陵蘭所採取GISP2冰蕊樣品的分析，計算溫度。資料取材自R. B. Alley的大作 GISP2 Ice Core Temperature and Accumulation Data, IGBP PAGES/World Data Center for Paleoclimatology Data Contribution Series #2004-013, NOAA/NGDC Paleo-climatology Program, Boulder, CO, 2004, ftp://ftp.ncdc.noaa.gov/pub/data/paleo/icecore/greenland/summit/gisp2/isotopes/gisp2_temp_accum_alley2000.txt.

2. 這個觀念來自Johan Rockstrom 等人所著 "Planetary Boundaries: Exploring the Safe Operat-ing Space for Humanity," Ecology and Society 14, no. 2 (2009)，參見www.ecologyandsociety. org/vol14/iss2/art32/。

3. 感謝我在耶魯大學的學生協助製作這張圖表。

4. 以下定義有助於掌握突然氣候變遷的時間層面：「嚴格地說，突然氣候變遷發生的時機，是在氣候系統被迫跨越某種門檻，引發氣候系統以自行決定、又比起因還快的速度，過渡到新狀態的時候。」參見國家科學院的 Abrupt Climate Change: Inevitable Surprises (Washington,

DC: National Academies Press, 2002），14。我特別感謝 Richard Alley 從地球物理變化的角度，為我解釋很多這種現象。

5. 唐步奇的妙語其實是跟臨界點和「災難系統」有關的深入觀察。參見 Rudi Dornbusch 和 Stanley Fischer 的大作 "International Financial Crises," CESIFO Working Paper No. 926, Category 6：Monetary Policy and International Finance, March 2003。我們經常可以預測到危險的狀況會發生，卻不能預測災難發生的時機，這就是獨木舟翻覆的原因；如果我們很容易就可以預測到獨木舟翻覆的正確時點，也就可以避免獨木舟翻覆。瞭解這一點的方式之一，是記住金融危機和突然事件跟高潮不同的地方，在於本身具有無法預測的性質。大家經常宣稱自己預測到2007年至2009年的經濟危機，但是如果你小心檢視，就會發現他們大都是定期預測實際上並沒有發生的崩盤。保羅·薩繆森（Paul Samuelson）的評斷掌握了這一點：「大家正確預測到過去五次經濟衰退中的九次股市（崩盤）。」

6. Jonathan T. Overpeck 等人的大作刊載了有用的證據摘要，參見 "Paleoclimatic Evidence for Future Ice-Sheet Instability and Rapid Sea-Level Rise," Science 311, no. 5768 (2006)：1747–1750。例子之一是1萬4600年前，海平面非常快速地升高，每一個世紀大約上升13英尺，總共上升了50英尺。原因到現在還沒有人瞭解，但可能跟西南極大冰層不穩定有關，參見 Pierre Deschamps 等人的大作 "Ice-Sheet Collapse and Sea-Level Rise at the Bølling Warming 14,600 Years Ago," Nature 483 (March 2012)：559–564。

7. 參見 IPCC, Fourth Assessment Report, Science, Table 7.4, p. 535 及相關討論。

8. 這種論點參見 James Hansen 等人的大作 "Target Atmospheric CO_2：Where Should Humanity Aim?" Open Atmospheric Science Journal 2 (2008)：217–231。

9. 這項討論的基礎是 "The Coral Reef Crisis: Scientific Justification for Critical CO_2 Threshold Levels of <350ppm," 這份報告是倫敦皇家學會技術工作小組2009年7月6日會議的成果，參見 www.carbonequity.info/PDFs/The-Coral-Reef-Crisis.pdf。

10. 參見 Timothy M. Lenton 等人的大作 "Tipping Elements in the Earth's Climate System," Nature 105, no.6 (2008)：1786–1793。

11. 表註一（N-1）列出臨界點及時機的詳細清單。

重大臨界點已經根據臨界點可能發生的時間尺度排序。有一個重要的因素是：可能觸及臨界點的暖化量。請注意，臨界的發生可能非常緩慢——可以說是像慢動作一樣——而不是像獨木舟翻覆那般突然發生。第一欄列出的是臨界點的簡表，其中有些臨界點前面已經解釋過，其他臨界點通常都不用解釋就很清楚，下面會提出比較詳細的描述。我已經根據第二欄中的時間尺度，將這些臨界點依據近期到長期分類。有些臨界因素可能在非常近期內就會發生，例如大部分或全部北極夏季海冰的減少或消失。其他臨界因素的時間尺度可能是一個世紀，跟格陵蘭和南極巨大冰層有關的因素就是如此。

第三欄特別有意思，顯示的是臨界點可能發生時的暖化值。請注意，大部分臨界因素的臨界值範圍都很大，我們根本不知道冰層之類重要臨界因素過程中的動態。第四欄顯示每一個因素的重要性評估，星星的數目顯示通過臨界點時引發的憂慮水準，大家應該特別注意三星級的因素。

下文是每一個臨界因素的簡短描述，大部分描述都直接取材自 Lenton 等人的大作 "Tipping Elements"，但是為了簡短起見，文字經過若干修訂。(一)北極夏季海冰：北極區域夏季時的

海冰消失。(二)撒哈拉／薩赫勒(撒哈拉的海岸)和西非季風：撒哈拉／薩赫勒區域的降雨量變化，可能造成這個區域的綠化。(三)亞馬遜雨林：亞馬遜雨林的枯樹病，將導致至少一半的現有雨林區變成綠雨林、莽原或草原。(四)北方森林：北方森林(極北針葉林)的枯樹病，會導致北方森林的全球分布範圍——包括暖化氣候造成植物向北方遷徙而可能增加的額外範圍——會因為北方森林普遍變成開放林地或草原而至少減少一半。(五)大西洋溫鹽環流：大西洋經向翻轉環流的重新整頓，涉及拉布拉多海的對流永遠停止，以及溢流過格陵蘭一蘇格蘭海脊的深層海水至少劇減80%。(六)聖嬰－南方震盪(ENSO)：聖嬰－南方震盪氣候平均狀態，朝向類似聖嬰現象的情況發展。(七)格陵蘭冰層：格陵蘭冰層融解到大致上沒有冰的另類狀態。(八)西南極大冰層：西南極大冰層解體到南極大陸西部變成群島的另類狀態。

上述討論有一部分根據Lenton等人的大作"Tipping Elements"，參見該書後來由Katherine Richardson, Will Steffen和Diana Liverman編輯、更新和簡化後出版、書名為Climate Change: Global Risks, Challenges and Decisions （New York: Cambridge University Press, 2011），186。

表注 N-1

臨界因素	時間尺度 (年)	門檻 暖化值	擔心程度 (最擔心＝三顆星)	關注焦點
北極夏季海冰	10	+0.5–2°C	*	放大暖化、 生態系統
撒哈拉／薩赫勒 和西非季風	10	+3–5°C	**	潮溼期
亞馬遜雨林	50	+3–4°C	***	生物多樣性喪失
北方森林	50	+3–5°C	*	生物群系交換
大西洋溫鹽環流	100	+3–5°C	**	區域性冷卻
聖嬰—南方震盪	100	+3–6°C	**	乾旱
格陵蘭冰層	>300	+1–2°C	***	海平面 上升2至7公尺
西南極大冰層	>300	+3–5°C	***	海平面 上升5公尺

12. 參見IPCC第四次評估報告科學篇p. 342 (冰層資料)。

13. 同上，第六章與第十章。

14. 有一項研究在目前冰量20、60和100%狀況下，發現三種穩定平衡，參見Alexander Robinson, Reinhard Calov和Andrey Ganopolski的大作"Multistability and Critical Thresholds of the Greenland Ice Sheet," Nature Climate Change 2 （2012）：429–432。

15. 參見Frank Pattyn大作"GRANTISM: An Excel Model for Greenland and Antarctic Ice-Sheet Response to Climate Changes," Computers and Geosciences (2006)：316–325。

16. 滑溜斜坡是高度格式化、顯示有「滯後現象」的系統如何運作的例子，「滯後現象」表示結果具有路徑依賴(path dependence)性質。例如，如果把一支棍子折彎，然後放開，最後狀況取決於你是否把棍子彎到斷開點。

第 6 章

1. 這些是 IPCC 第四次評估報告《衝擊篇》的章節標題。

2. 參見賈德‧戴蒙著作《大崩壞》(*Collapse: How Societies Choose to Fail or Survive*)，New York: Viking, 2005。

3. 然而，表 2 的重點和政府間氣候變遷專門委員會報告中的重點略有不同，因為 IPCC 報告中找出的若干重大問題，其實是受到嚴格管理的問題，因此似乎比較不可能成為長期問題。例如，大部分衝擊研究跟農業有關，農業受到的管理卻日益嚴格，而且在經濟與人類活動中所占的比重日益降低。同樣地，對健康後果的強調中，IPCC 對健保制度抱持非常靜態的看法（參見第八章）。有幾份報告也強調移民的害處，卻沒有考慮移民也是一種寶貴的安全閥，可以減輕受到所得或環境震撼侵害區域的壓力。本表主要取材自 IPCC, Climate Change 2007: Impacts, Adaptation, and Vulnerability (Cambridge: Cambridge University Press, 2007)，請特別注意其中的〈Summary for Policymakers〉和生態系統篇章。

4. 氣候學家 J. Hansen, M. Sato, R. Ruedy, P. Kharecha 等人，在《大氣化學與物理學報》*Atmospheric Chemistry and Physics*，7 (2007)：2287–2312 發表的論文 "Dangerous Human- Made Interference with Climate: A GISS Model Study" 中，用詳細的論證，力主很低的目標（大約比工業化前的水準高出攝氏 1.5 度）。

第 7 章

1. 跟經濟成長和氣候變遷有關的這些結論，是所有綜合評估模型的共議，並非專屬於 RICE-DICE 模型，有兩個例子說明這一點：在公認非常悲觀、以專研氣候變遷經濟學聞名的《史登報告》(*Stern Review*) 中，預測的 21 世紀和 22 世紀平均產出成長率，甚至比耶魯大學的 DICE 模型還快。即使在《史登報告》描述的損害估計情況下，平均生活水準還是會比目前這段期間，至少成長 11 倍以上。參見 Nicholas Stern 的大作 *The Economics of Climate Change: The Stern Review* (New York: Cambridge University Press, 2007)，Chapter 2。另一個例子是 EMF-22 模型比較研究所用的模型群組（參見第一篇中的討論）；在這些研究中，2000 年至 2100 年間所假設的人均國民所得 (GDP) 年成長率為 1.7%；任何模型為任何區域所預測的最低成長年率為 0.7%（這是 MESSAGE 模型為美國所做的預測）。對低所得國家來說，研究中假設的平均成長年率為 2.3%。

2. 消費和氣候資料取材自耶魯大學 RICE-2010 模型的計算。

3. 這是利率和成長率複合成長魔力的範例，本書中經常會看到這樣的例子，你可以經常用「70 法則」（臺灣都說 72 法則），估計一些東西的成長率。這個法則表示：如果某個數量以一定比率的年率成長，那麼經過 (70/x) 年後，數量就會倍增。舉例來說，如果人均產出每年成長 2%，那麼 35 年會增加一倍。因此要計算成長六個 35 年、即成長 210 年後的數量時，可以用 2 的六次方算式 (2×2×2×2×2×2) 計算，得到的答案是 64。200 年內成長 15.3 倍的因數是每年 1.37%。

4. 分析師赫曼‧戴利 (Herman Daly) 主張這種路線，參見他主編的書籍 *Steady-State Economics*, 2nd ed. (Washington, DC: Island Press, 1991)。

5. 參見 2011 年 6 月 4 日《紐約時報》記者賈斯汀‧吉理斯 (Justin Gillis) 的報導〈A Warming Planet Struggles to Feed Itself〉。

6. 參見 Stern, The Economics of Climate Change, 85–86。

7. 參見 IPCC, Fourth Assessment Report, Impacts, pp. 10–11。

8. 參見 Robert Mendelsohn and Ariel Dinar 的大作 Climate Change and Agriculture: An Economic Analysis of Global Impacts, Adaptation, and Distributional Effects （London: Edward Elgar, 2009）；以及 Ariel Dinar, Robert Mendelsohn, R. Hassan, and J. Benhin 的大作 Climate Change and Agriculture in Africa: Impact Assessment and AdaptationStrategies（London: EarthScan, 2008）。

9. 參見 Norman Rosenberg 有關農業適應的絕佳研究〈Adaptation of Agriculture to Climate Change〉, Climatic Change 21, no. 4（1992）：385–405。

10. 本圖是作者根據 IPCC 資料重繪而成，資料出處為 IPCC, Climate Change 2007：Impacts, Adaptation, and Vulnerability （Cambridge: Cambridge University Press, 2007）, p.286。

11. 我們從圖中可以看出，和不採取因應措施相比，採取因應措施後，產量大約可以增加20%。除了增加大氣中的二氧化碳施肥外，還有什麼重要的因應措施？事實上，這些研究通常只考慮一套相當有限的因應措施，通常不包括改變作物或改用新的基因改造品種，而且幾乎從來不包括把土地變更為非農業用途。此外，也沒有考慮科技變化可以改善因應措施的因素。從經濟觀點來看，如果好幾年內都沒有出現因應措施，其實會讓人很驚訝；而且事實上，和實際的期望相比，大部分研究中假設的因應措施數量都偏少。這些研究可能低估了未來數十年內，管理良好農場實際採取的因應措施多寡。

12. 資料參見 Bureau of Economic Analysis, Table 1.3.4, www.bea.gov。指的是農業部門加值價格和整體 GDP 的比率。

13. 參見 IPCC 第四次評估報告衝擊篇 297頁。暖化攝氏 3 度時，有兩種模型顯示食物價格大約會上漲15%；另兩個模型顯示大約會下跌10%，一個模型顯示不會變化。

14. 理由如下：2008 年世界小麥產量為 6.8 億公噸，其中1000 萬噸產自堪薩斯州，堪薩斯州產量減少一成，估計會造成價格上漲 0.5%，從而使小麥產品價格上漲不到 0.1%。

15. 美國的資料取材自美國經濟分析局的 NIPA Table 1.3.5（www.bea.gov）。其他國家資料取材自世界銀行的世界發展指標（World Development Indicators）http:// data.worldbank.org/data-catalog/world-development-indicators。

16. 這項計算假設消費者福祉是農產品和非農產品的線性對數效用函數，效用函數的比率是用農業生產毛額占 GDP 的比率測定（取材自美國經濟分析局 NIPA Table 1.3.5），食物價格中，包含相當多的非農業輸入，因此所占比率較大。這個模型假設食物原料的價格彈性為負1，如果假設的彈性變小，那麼震撼和下降的規模大小，將出現等比例的增大。

第8章

1. 下面是 IPCC 探討這個主題的章節摘要：「和人類暴露在氣候變遷中有關的健康風險趨勢，預期將造成營養失調和相關疾病的增加，包括跟兒童成長和發展有關的疾病增加；還會造成因熱浪、洪水、風暴、火災和乾旱之害而死亡、生病和受傷的人數增加；會繼續改變某些傳染病媒介的影響範圍；會對瘧疾產生混雜不一的影響；某些地方的地理範圍會縮小，某些地方會擴大，傳染季節可能改變；會增加腹瀉的負擔；會增加跟地面臭氧有關的心肺疾病發病率

和死亡率；會提高感染登革熱風險的人數；會為健康帶來若干好處，包括因感冒而死亡的人數減少，但預期這些好處將不敵世界性氣溫升高、尤其是開發中國家氣溫升高的不利影響。」參見 IPCC 第四次評估報告第 393 頁。

2. 參見 Nicholas Stern 大作《氣候變遷經濟學》(*Economics of Climate Change*)第 89 頁。

3. 這個方法的詳細討論參見 Anthony J. McMichael 等人主編的 *Climate Change and Human Health: Risks and Responses*（2003 年 WHO 出版）。

4. 下列數字的細節詳如下述：估算數字時，是根據採用低度因應措施與排放沒有限制的情境，世界衛生組織假設的溫度，符合第一篇檢討過的 2050 年前後經濟模型中的排放與溫度預測，因此我大致把這些數字當成 2050 年的衝擊狀況。研究報告中提出低、中、高三種衝擊範圍，我提出高衝擊範圍的說明，同時也就其他狀況進行若干討論，這些估計是根據 2004 年的人口與死亡率數字，但假設半個世紀內所得將有若干成長。

5. 估計全球疾病負擔時，係採用失能調整後生命年的觀念，參見 Christopher J. L. Murray and Alan D. Lopez 的大作 Global Health Statistics (Cambridge, MA: Harvard School of Public Health, 1996)。失能調整後生命年的資料係由世界衛生組織出版，參見 www.who.int / healthinfo/global_burden_disease/estimates_regional/en/index.html。有些學者偏愛生活品質調整後生活年數(QALY，quality-adjusted life years)，但公共衛生專家通常注重失能調整後生命年，原因之一是健康的「品質」極為難以衡量。

6. 參見 Guy Hutton 等人的大作〈Cost-Effectiveness of Malaria Intermittent Preventive Treatment in Infants (IPTi) in Mozambique and the United Republic of Tanzania〉，該文刊於世衛組織公報 Bulletin of the World Health Organization 87, no. 2（2009）：123–129。

7. 作者根據 Anthony J. McMichael 等人主編的 *Climate Change and Human Health* 中的資料，自行計算而得。

8. 為了準備這些估計數字，我從 McMichael 等人主編的 *Climate Change and Human Health* 中，取用他們為每一個主要來源推算的 2030 年上限相對風險估計值，拿來和世界衛生組織引用的 2004 年基線死亡風險資料比較（世界衛生組織引用的資料出自 McMichael 等人主編、世界衛生組織 2003 年出版的 Climate Change and Human Health: Risks and Responses）。溫度資料估計取材自 Yale-RICE 2010 基線資料，耶魯大學的資料和 McMichael 等人的資料估計溫度時，都認定 2050 年的氣溫會達到相同水準，因此我們把這些資料標明為「2050 年衝擊」。其中有一些不一致的地方，原因出在研究時針對 GDP 成長率採用不同的假設。就三大疾病中的每一種疾病，我們採用上限反應，作為「未減緩排放」的情境。請注意，其中健康衝擊有兩個估計值，第一種估計值提供零衝擊的估計值，第二種是「中庸」估計值；上限估計值只是中庸估計值的兩倍。如果我們把兩個源頭估計值平均一下，得出的數字應該大約等於表中所示數字的一半。為所有區域計算的估計值請參見表注 N-2（取材自世界衛生組織研究，以及 Christopher J. L. Murray and Alan D. Lopez 所著 Global Health Statistics [Cambridge, MA:Harvard School of Public Health, 1996]）。

表注 N-2

氣候變遷造成的風險提高	整體風險	腹瀉	瘧疾	營養失調
每1000人喪失的失能調整後生命年數				
非洲	14.91	6.99	7.13	0.80
東地中海地區	1.06	0.61	0.06	0.39
拉丁美洲	0.26	0.24	0.03	0.00
東南亞	4.53	2.34	0.02	2.18
西太平洋	0.35	0.27	0.08	0.00
北美與西歐	0.02	0.02	0.00	0.00
世界平均值	3.09	1.56	0.85	0.69

增高的風險占基線死亡率比率	整體風險	腹瀉	瘧疾	營養失調
氣候變遷造成的喪失占喪失總數的百分比（單位：%）				
非洲	2.92	1.37	1.40	0.16
東地中海	0.61	0.35	0.04	0.22
拉丁美洲	0.16	0.14	0.02	0.00
東南亞	1.71	0.88	0.01	0.82
西太平洋	0.23	0.18	0.05	0.00
北美與西歐	0.01	0.01	0.00	0.00
世界平均值	1.31	0.66	0.36	0.29

9. 平均壽命資料取自世界銀行的 World Development Indicators。

10. 作者自行計算的結果。

11. 這項估計利用詳細的區域性人口和所得估計數字，而且估算基礎是「地理基礎經濟資料集」（Geographically Based Economic Data，G-Econ）中、以 1 度 ×1 度的解析率計算的人口與人均國民所得資料；估算時，假設每一方格的所得，會以 RICE-2010 年模型中的漠南非洲區域平均成長率成長，其中有 2597 項觀察。G-Econ 資料請參見 gecon.yale.edu。

12. 參見 IPCC 第四次評估報告衝擊篇 409 頁。這是很多說法中的一種，其中有些說法互相矛盾。

13. 參見 Robert W. Snow 與 Judy A. Omumbo 的大作 "Malaria," in Disease and Mortality in Sub-Saharan Africa, 2nd ed., ed. D. T. Jamison et al. (Washington, DC: World Bank, 2006), Chapter 14。

14. 參見世界衛生組織出版的 World Malaria Report 2011 (Geneva: WHO Press, 2011)。

第9章

1. 參見第15章。要看不同氣候模型差異的圖表，請參見IPPC第四次評估報告科學篇812頁的圖10.31。A1B情境對2100年海洋熱膨脹的估計範圍為14至38公分，我認為範圍會這麼大，主要是溫度軌跡差異造成的。

2. 參見 Christian Aid, Human Tide: The Real Migration Crisis, May 2007, www.christianaid.org. uk/images/human-tide.pdf。

3. 參見海軍分析中心(Center for Naval Analyses)的 National Security and the Threat of Climate Change (Alexandria, VA: CNA Corporation, 2007),www.cna.org/nationalsecurity/climate/。

4. 目前的海平面上升估計來自多個來源。最近的一項研究顯示，陸地積冰造成的升高大約為每年1.5公釐，熱膨脹的速度約為每年0.5公釐。圖16所示，是RICE和IPCC情境的比較。這些估計都取材自IPCC第四次評估報告的《科學篇》，第五章和第十章已經根據目前的估計更新，21世紀的估計請見 IPCC-SRES scenario A1B, Table 10.7, ibid, p. 820；為情境B2所做的估計結果類似。多個模型所顯示的一個世紀熱膨脹範圍介於0.12至0.32公尺之間。

5. Stefan Rahmstorf的研究廣受引用，他估計的海平面上升速度比較快，參見Sea- Level Rise: A Semi-Empirical Approach to Projecting Future Sea-Level Rise, Science 315 (2007)：368– 370。我曾經設法重新估計報告中的等式，發現這些等式在統計上都不可靠，溫度的相關係數的p值為0.26，21世紀海平面上升預測的預測錯誤大約為正負二公尺。這項研究的相關討論請參見拙作 William D. Nordhaus,"Alternative Policies and Sea-Level Rise in the Rice-2009 Model," Cowles Foundation Discussion Paper No. 1716, August 2009。2013年的進一步估計指出，錯誤比先前的估計還大。

6. 「不可避免的驚異」是美國國家科學院(National Academy of Sciences)某個委員會報告的醒目標題 ——Abrupt Climate Change: Inevitable Surprises (Washington, DC: National Academies Press, 2002)。

7. 2011年區域性氣候與經濟整合模型預測，到2100年，海平面會升高0.73公尺，這項預測屬於現有模型預測中的高標，但略低於藍斯多夫(Rahmstorf)大作 "Sea-Level Rise," n. 89中的預測。

8. 這是作者依據耶魯大學地理經濟資料庫(G-Econ database)計算的結果，這個資料庫含有全世界各地區、人口和產出的資料集，參見 Geographically Based Economic Data (G-Econ), http://gecon.yale.edu。

9. 耶魯大學RICE模型的海平面上升模組說明，參見耶魯大學經濟系作者個人網站http://nordhaus.econ.yale.edu/RICEmodels.htm。

10. 參見 James Hansen 等人的大作"Target Atmospheric CO2: Where Should Humanity Aim ？" Open Atmospheric Science Journal (2008)：217–231。

11. 這是作者依據耶魯大學地理經濟資料庫計算的結果，這個資料庫含有全世界各地區、人口和產出的資料集，參見 Geographically Based Economic Data (G-Econ),http:// gecon.yale.edu。

12. 海拔和所有人口稠密區域國民所得之間的相關性為 -0.09，危險區2000年平均國民所得為6550美元，地勢高於危險區的區域平均國民所得為6694美元。

13. 參見世界遺產公約中的《實施世界遺產公約作業指南》(*Operational Guidelines for the Imple-*

mentation of the World Heritage Convention），網址 http://whc.unesco.org/en /guidelines。

14. 這些個案研究可以參見聯合國教科文組織《世界遺產公約》的 Case Studies on Climate Change and World Heritage（Paris: UNESCO World Heritage Centre, 2007），unesdoc.unesco.org/im-ages/0015/001506/150600e.pdf。

15. 例如，Andrea Bigano、Francesco Bosello、Roberto Roson 和 Richard S. J. Tol 等人的大作 "Econo-my-wide Impacts of Climate Change: A Joint Analysis for Sea Level Rise and Tourism" Mitigation and Adaptation Strategies for Global Change 13（2008）: 765–791 頁中，預測 2050 年時，損失比世界產出的 0.1% 還少。

16. 這個重點是尤赫和同事在一系列開創性研究中發現的，參見 Gary Yohe 等人的大作 "The Economic Cost of Greenhouse-Induced Sea-Level Rise for Developed Property in the United States," Climatic Change（1996）: 1573–1580。

17. 海洋碳化是新的研究領域，是肯恩・柯德拉（Ken Caldeira）大約十年前在近乎偶然的情況下發現的，最早的研究報告包括 Ken Caldeira 和 Michael E. Wickett 合寫的 "Oceanography: Anthropogenic Carbon and Ocean pH," Nature 425（2003）: 365。以下是這種化學性質的的暖化解釋：大氣層中的二氧化碳和海水化合，形成碳酸（H_2CO_3），這種化合物會釋出正氫離子到水中，從而降低 pH 值（轉向酸性），這種趨勢通常由水中的碳酸根負離子（CO_3^{2-}）的緩衝效果平衡。但是進入系統中的二氧化碳增加時，緩衝用的硝酸鹽下降，這樣也會導致碳酸鈣（$CaCO_3$）的飽和狀態降低。

18. 最早的研究之一是理察・費理（Richard A. Feely）等人的 "Impact of Anthropogenic CO_2 on the $CaCO_3$ System in the Oceans," Science 305（2004）: 362–366 頁。關於這個問題，有一篇非常可讀的非技術性調查報告可以參看，就是史考特・杜尼（Scott C. Doney）等人的大作 "Ocean Acidification: The Other CO_2 Problem," Annual Review of Marine Science（2009）: 169–192 頁。

19. 例子可參見 C. L. Sabine, R. A. Feely, R. Wanninkhof, and T. Takahashi 等人的大作 "The Global Ocean Carbon Cycle," Bulletin of the American Meteorological Society 89, no. 7（2008）: S58。在 S. Neil Larsen 的大作 "Ocean Acidification—Ocean in Peril," Project Groundswell, January 24, 2010, http://projectgroundswell.com/2010/01/24/ocean-acidification-ocean-in-peril/ 中，可以找到數字。

20. 參見 Philip L. Munday 等人的大作 "Replenishment of Fish Populations Is Threatened by Ocean Acidifi cation," Proceedings of the National Academy of Sciences 107, no. 29（2010）: 12930–12934。他們指出：「暴露在濃度升高二氧化碳的幼蟲會比較活躍，在天然珊瑚棲地中表現出比較高風險的行為，因此，牠們遭到捕食的死亡率比現有對照組高出五到九倍，死亡率會隨著二氧化碳濃度提高而增加。」

第10章

1. 本章內容取材自拙作 William Nordhaus "The Economics of Hurricanes and Implications of Global Warming," Climate Change Economics 1, no. 1（2010）。引用的重要科學研究包括 Kerry A. Emanuel 的大作 "The Dependence of Hurricane Intensity on Climate," Nature 326（1987）: 483–485；Thomas R. Knutson and Robert E. Tuleya 的大作 "Impact of CO2-Induced Warming on Simulated Hurricane Intensity and Precipitation: Sensitivity to the Choice of

Climate Model and Convective Parameterization," Journal of Climate 17, no. 18 (2004)：3477–3495。

2. 資料由作者搜集，估計取材自美國國家氣象局與國家颶風中心檔案。

3. 參見 Robert Mendelsohn, Kerry Emanuel, Shun Chonabayashi 和 Laura Bakkensen 的大作 "The Impact of Climate Change on Global Tropical Cyclone Damage," Nature, Climate Change, published online January 15, 2012, doi:10.1038/nclimate1357。資料由這些作者提供。

4. 可能受害資本的估計值參見拙作 William Nordhaus "The Economics of Hurricanes and Implications of Global Warming"。資本存量的估計值參見美國經濟分析局的 "National Economic Accounts" (www.bea.gov/national/index.htm#fixed)。折舊率出自 Barbara M. Fraumeni 的大作 "The Measurement of Depreciation in the U.S. National Income and Product Accounts," Survey of Current Business （July 1997）：7–23, www.bea.gov/scb/pdf/NATIONAL/NIPA-REL/1997/0797fr.pdf.。Gary Yohe 等人的大作 "The Economic Cost of Greenhouse-Induced Sea-Level Rise for Developed Property in the United States," Climatic Change （1996）：1573–1580 中，也採用這種重置估計的方法。

第11章

1. 參見 Anthony D. Barnosky 等人的大作 "Has the Earth's Sixth Mass Extinction Already Arrived?" Nature 471 (2011)：51–57。本文的討論十分完善，參考文獻中更列出了重要的背景文件。

2. 參見 M. E. J. Newman and Gunther J. Eble 的大作 "Decline in Extinction Rates and Scale Invariance in the Fossil Record," Paleobiology 25, no. 4 (1999, Fall)：434–439。

3. 目前滅絕率的估計差異很大，有一項估計算出，從1600年以來，實際上紀錄到的滅絕物種大約有1100種，也就是每年有三個物種滅絕。參見 Fraser D. M. Smith 等人的大作 "How Much Do We Know about the Current Extinction Rate?" Trends in Ecology and Evolution 8, no. 10(1993)：375–378。有一項利用某種模型所做的理論性計算估計，每年有12萬個物種消失，參見 N. Myers 的大作 "Extinction of Species," in International Encyclopedia of the Social and Behavioral Sciences (New York：Pergamon, 2001), 5200–5202。最後，我們可以檢視「國際自然保護聯盟」(IUCN) 所編纂「紅色名錄」(Red List) 中的詳細計算，從2011年到2012年間，有九個物種從「滅絕」重新歸類為「極危」(critically endangered) 或較低的層級，四個物種從「極危」重新歸類為「滅絕」或「可能滅絕」。估計數字的高低差距大約達到10萬倍；因此，重要的是，實際滅絕的估計極不精確。

4. 物種所受威脅的估計值特別不確定，原因在於要指認滅絕或判定滅絕可能性很難。國際自然保護聯盟「紅色名錄」是最完整的估計，而且該聯盟提供好幾種不同的類別，包括滅絕、野外絕滅、極危、瀕危、易危、低風險等等。

大部分滅絕威脅分析包括從極危到易危的一切生物，下面要簡短說明一下各種類別。滅絕和野外絕滅原則上很明顯，卻像注3中說的一樣，經常難以判定。其他定義很複雜，「極危」的定義是符合下列五項簡略標準中的任何一項：(一)最近或最近的將來期間，種群至少減少80%；(二)分布區域估計少於100平方公里，或占有面積小於10平方公里；(三)種群成熟個體數小於250隻，而且數量持續減少；(四)成熟個體數小於50隻；(五)量化分析顯示，十年

或三代內，視孰長而定，野外絕滅的機率超過50%。

「瀕危」的狀況類似，在五項類似的數量標準符合時，例如，第五項的量化分析顯示，20年或五代內，視孰長而定，野外滅絕機率至少20%，就達到瀕危狀態。「易危」具有類似的標準，第五項標準為在100年內，野外絕滅機率至少有10%。這種分類法有一個重大缺失，就是考慮的主要是野外的種群，因此植物在野外可能受威脅，在栽培的花園中卻欣欣向榮。2012年，IUCN總共評估6萬3837個物種，指出其中1萬9817種受到滅絕的威脅，IUCN在受威脅的物種中，說明有3947種「極危」，5766種「瀕危」，其餘物種則為「易危」。

5. 數字改編自Anthony D. Barnosky等人的大作"Has the Earth's Sixth Mass Extinction Already Arrived?" Nature 471 (2011)：51–57。受威脅的物種是由IUCN判定屬於極危、瀕危或易危物種。這些群體的生物學名稱由左至右，分別為鳥綱、軟骨魚綱、十足目、哺乳綱、石珊瑚目、爬行動物、松柏綱、兩棲動物。為了參考起見，已知的物種數目包括哺乳類5490種、鳥類10027種、珊瑚837種、針葉樹618種。就某些類群而言，已知物種的數目遠比估計的數目小多了。

6. 參見Chris D. Thomas等人的大作"Extinction Risk from Climate Change," Nature （2004）：145–148。

7. 顯示這種方法的典範研究是Kent E. Carpenter等人的"One-Third of Reef-Building Corals Face Elevated Extinction Risk from Climate Change and Local Impacts," Science 321 (2008)：560–563。

8. 這種說法常常可以看到，卻沒有文件證明，而且顯然錯誤。

9. 參見David J. Newman和Gordon M. Cragg的大作"Natural Products as Sources of New Drugs over the 30 Years from 1981 to 2010," Journal of Natural Products 75, no. 3 (2012)：311–335。我也從耶魯大學學生楊和樹(Hesu Yang，譯音)和陳剛(Gang Chen，譯音)準備的未出版研究報告"Economic Aspects of Natural Sources of New Drugs," April 2012中獲益良多，這一段文字就是從他們的報告中取材。

10. 本段大部分取材自Paul Samuelson和William Nordhaus合著的《經濟學》教科書(Economics，New York: McGraw-Hill, 2009)第19版。

11. 我很感謝Kerry Smith針對我先前的草稿提出評論，還對如何改善目前的章節提出建議。National Research Council, Valuing Ecosystem Services: Toward Better Environmental Decision-Making （Washington, DC: National Academies Press, 2004)是一份有用的評估。

12. 參見D. F. Layton、G. M. Brown和M. L. Plummer的大作"Valuing Multiple Programs to Improve Fish Populations,"，這篇論文是三人在1999年4月為華盛頓州生態廳編撰的作品，相關網站為www.econ.washington.edu/user/gbrown/valmultiprog.pdf。

13. Journal of Economic Perspectives 26 (2012, Fall)刊載過一篇跟這種辯論有關的總結文章，參見www.aeaweb.org/articles.php?doi=10.1257/jep.26.4。其中有一個跟不確定性有關的鮮明例子：1989年埃克森瓦德斯號(Exxon Valdez)油輪發生石油溢出事件後，兩個專家小組受邀提供訴訟用的不同損害估計，其中一個小組估計的經濟價值損失為4900萬美元，另一個組估計的損失只有380萬美元。差異這麼大，原因是第一個小組納入了非使用或外部性價值，第二個小組沒有納入這種價值。要瞭解相關的討論，請參見Catherine L. Kling、Daniel J. Phaneuf和Jinhua Zhao的大作"From Exxon to BP: Has Some Number Become Better Than No

Number?" *Economic Perspectives* 26 (2012, Fall)：3–26。

14. 參見 Sean Nee 和 Robert M. May 大作 "Extinction and the Loss of Evolutionary History," Science 278, no. 5338（1997）：692–694。

15. Martin Weitzman 所做的一系列研究特別有趣，包括他對自己稱之為「諾亞方舟問題」的研究，這樣做涉及選擇哪些物種並予以保護。參見他的大作 "Noah's Ark Problem," *Econometrica* 66（1998）：1279–1298。要瞭解有關替代標準的重要研究，參見 Andrew Solow, Stephen Polasky 和 James Broadus 的大作 "On the Measurement of Biological Diversity," *Journal of Environmental and Economics Management* 24（1993）：60–68。到目前為止，把這些標準應用在估價工作上、獲致成功的情形少之又少。

16. 參見叔本華（Arthur Schopenhauer）的大作《論死亡率的基礎》（*On the Basis of Morality*）。

第12章

1. 資料是指部門的附加價值（銷售總額減去向其他企業的採購額），因此就農業來說，附加價值減掉了燃料與肥料的購買金額。其中有一個重大的統計決定，就是如何把不動產業區分為受到中度衝擊和輕度衝擊的不同部門；我假設低窪地區不動產容易受風暴和洪水侵害，因此具有中度脆弱性質。我利用耶魯大學的地理經濟資料庫，估計美國有6%的產出和人口來自海拔低於十公尺的地方（參見表4），因此我以這一點為基礎，判定不動產受到中度衝擊的比率。產業產出資料出自美國經濟分析局的 "Gross-Domestic-Product-by-Industry Accounts, 1947–2010," www.bea.gov/industry/gpotables/gpo_action.cfm. 空間資料出自耶魯大學 "Geographically Based Economic Data(G-Econ)," http://gecon.yale.edu.。

2. 資料出自世界銀行，參見 World Bank, World Development Indicators, http://data.worldbank.org/data-catalog/world-development-indicators。

3. 本圖是作者利用理察·陶爾（Richard Tol）的資料繪製，參見 Richard Tol 的大作 "The Economic Impact of Climate Change," *Journal of Economic Perspectives* 23, no.2（2009）：29–51。RICE-2010 模型中的估計是由作者自行估算，IPCC 的估計出自該委員會的第三次評估報告，第四次評估報告中的 Impacts, Section 20.6.1. 也引用這項估計。

4. 有些研究會對估計數字採用「權益加權」（equity weights），因此低所得區域1美元的損失，在高所得區域會計算為超過1美元，因此通常會提高損害比率（damage ratio）。以下將為有興趣的讀者解釋這一點：假設我們有甲、乙兩個區域要計算，兩個區域的人均國民所得分別為1萬美元和5000美元，那麼，為了反映權益，我們可能把乙區域的損失加權計算為甲區域的二倍（如果社會福利函數具有對數性質，社會福利就是消費的函數）。RICE-2010 模型中的相對函數略微不同，但是答案對這裡報告的計算不會造成什麼差異。如圖22所示的未加權計算只是把損失總金額，除以全球所得總額，權益加權計算是估算每一個人的損失金額（比較實際的方式是估算每一個區域的損失金額），然後用權益加權法進行加權計算。

5. 下面的表注 N-3 顯示暖化造成的遞增損害（參見陶爾的大作 "The Economic Impact of Climate Change"）。這張表計算溫度每升高一度的額外損害，這些估計採用符合陶爾估計所用的二次函數，推演到氣溫升高到攝氏4度。請注意，這些資料只涵蓋升溫到攝氏3度，因此超過3度後的估計都是推斷。遞增的損害顯示氣溫的每度變化會造成損害變化，還計算了氣溫比升溫數字低攝氏0.5度和高0.5度所增加的數值；也就是說，為升高攝氏3度所做的估計，等於

增溫攝氏3.5度的損害減去增溫攝氏2.5度的損害。括弧中的數字是每一度溫度最小平方迴歸估計的標準差。

表注N-3

氣溫	遞增損害 （每一攝氏度數占產出的百分比）
1	-0.2 (±1.5)
2	2.0 (±1.5)
3	4.2 (+1.5)
4	6.3 (+3.2)

註：括弧中的數字是每一度溫度估計的標準差。

6. 根據賓州大學的 World Table 6.3，1950年到2010年間，印度的實質國民所得成長5.9倍，中國的國民所得成長15到33倍，倍數多少取決於所用的衡量標準。參見 Alan Heston, Robert Summers 和 Bettina Atenp 的 大 作 "Penn World Table Version 7.1," Center for International Comparisons of Production, Income and Prices at the University of Pennsylvania, November 2012, https://pwt.sas.upenn.edu/php_site/pwt71/ pwt71_form.php。

第13章

1. 參見 William Easterling, Brian Hurd 和 Joel Smith 的大作 *Coping with Global Climate Change: The Role of Adaptation in the United States, Pew Center on Global Climate Change*, 2004, http://www.pewclimate.org/docUploads/Adaptation.pdf。他們寫道，「文獻顯示，整體而言，如果暖化發生在預測規模比較下限的地方，假設氣候的變化性沒有改變，而且大家對因應措施通常偏向樂觀的假設也沒有改變，那麼美國社會可以在適應之餘，獲得淨利得（net gain）或是只要耗費若干成本。然而，如果暖化的幅度變得大很多，即使大家針對因應措施做假設時相當樂觀，很多部門還是會出現淨損（net loss）和較高的成本。氣候變遷的規模或速度（包括可能的非線性反應）會讓人難以因應的門檻並不確定。此外，美國對極端天氣事件頻率、強度或持續時間的容忍度可以提高多少，一樣不確定。」

2. 考慮把足量的海水抽上1000英尺高度，再倒在南極冰層上，以便抵銷預測中的海平面上升，到底要耗費多少成本。我假設幫浦的運作效率為85%，每分鐘把每加侖海水揚升一英尺揚程，需要0.00369度的電。我假設這項作業需要消除10公分海平面當量，每年總共需要抽取8乘10的17次方（8×10^{17}）加侖的海水；把這個年度數量的海水插進方程式中，得到的每年電力需求大約為5乘10的13次方（5×10^{13}）度，大約是目前全球總發電量的兩倍，大約要耗費今天世界 GDP 的10%。

3. 第一份有關地球工程的詳盡討論，出自美國國家科學院一個委員會針對氣候變遷所做的報告，參見 National Research Council, Policy Implications of Greenhouse Warming: Mitigation, Adaptation, and the Science Base（Washington, DC: National Academies Press, 1992）。英國皇家學會一份比較新近的報告中，針對不同的地球工程策略以及太陽輻射管理和消除二氧

化碳之間的區別，提出了很有用的討論，參見 Geoengineering the Climate: Science, Governance and Uncertainty, September 2009, RS Policy document 10/09。

4. Katharine L. Ricke, M. Granger Morgan 和 Myles R. Allen 曾經針對這個問題，做過有用的模型運作和討論，參見 "Regional Climate Response to Solar-Radiation Management," Nature Geoscience 3（August 2010）：537–541。

5. 參見 John von Neumann 大作 "Can We Survive Technology," Fortune （June 1955）。

6. 地球工程不只涉及氣候科學或設計聰明的太空鏡子，Edward A. Parson 和 David W. Keith 曾經在一篇重要的評論中，強調地球工程的政治和社會層面，參見 "End the Deadlock on Governance of Geoengineering Research," Science 339（2013）：1278–1279；以及 www.keith.seas. harvard.edu/preprints/163.Parson.Keith.DeadlockOnGovernance.p.pdf。

第14章

1. 長期預測來自戈達德太空研究中心，參見 "Forcings in GISS Climate Model," http://data.giss. nasa.gov/modelforce/ghgases/。

2. 資料取材自二氧化碳資訊分析中心（Carbon Dioxide Information Analysis Center），參見 "Fossil-Fuel CO2 Emissions," http://cdiac.ornl.gov/trends/emis/meth_reg. html。

3. 價格是根據燃料原料的批發價格計算，排放速度和價格取材自美國能源資訊管理局（Energy Information Administration）2011年的資訊，參見 www.eia.doe.gov.，排放量取材自 www.eia. gov/environment/data.cfm #intl，價格資訊取材自年度能源展望及其相關資料，參見 www. eia.gov/forecasts/aeo/er/index.cfm。

4. 表中的估計數字是由作者自行計算。因為經濟體中的交互作用很複雜，結果計算起來難得驚人，我先從能源資訊管理局居民部門的能源消耗量開始計算，假設二氧化碳排放量是跟能源的使用成比例關係──這樣其實不是十分精確的假設。航空旅遊和汽車的估計數字取材自能源資訊管理局。

5. 美國的不同產品與服務中，包含多少二氧化碳與其他溫室氣體的資訊，並沒有經過統計機構詳細計算過；例如，這種計算要用到不同產業的投入產出分析，判定有多少石油進入你所穿步行鞋中的橡膠裡，以及鞋子的耐用年限。大部分估計都排除資本投入。如果是進口產品，就得不到其中所含二氧化碳的資料。文中的估計採用美國商務部（U.S. Department of Commerce）準備的二氧化碳投入產出表，但是這些表格解釋起來有很多問題。參見美國商務部的 "U.S. Carbon Dioxide Emissions and Intensities over Time: A Detailed Accounting of Industries, Government and Households," Economics and Statistics Administration, September 20, 2010, www.esa.doc.gov/Reports/u.s.-carbon-dioxide for the background documents, especially Table A-63。

6. 美國國家科學院一個小組的報告是很好的出發點，參見 Limiting the Magnitude of Future Climate Change（Washington, DC: National Academies Press, 2010），也可免費參見 www.nap. edu.。讀者可以特別參看第三章的摘要；另外，小組針對不同部門所做的報告還會提供更多細節。

7. 參見美國能源資訊管理局的 "Levelized Cost of New Generation Resources in the Annual En-

ergy Outlook 2011," 和 www.eia.gov/oiaf/aeo/electricity generation.html.。每度電排放量的估計出自美國環保署,參見www.epa.gov/cleanenergy/energy-and-you/affect/air -emissions.html.。

8. 這些數字都是用耶魯大學DICE-2012模型計算出來的。另外五種中度複雜的模型針對這種情境所做的估計,可以參見IPCC, Fourth Assessment Report, Science, p.826。

9. 參見The Future of Coal: Options for a Carbon- Constrained World, Massachusetts Institute of Technology, 2007,http://web.mit.edu/coal/The Future of Coal.pdf。

10. 同上

11. 要尋找科技方面的說明和多種有用的參考資料,參見D. Golomb 等人的大作"Ocean Seques-tration of Carbon Dioxide: Modeling the Deep Ocean Release of a Dense Emulsion of Liquid CO2-in-Water Stabilized by Pulverized Limestone Particles," Environmental Science and Technology 41(2007):4698–4704, http://faculty.uml. edu/david_ryan/Pubs/Ocean% 20Se-questration% 20Golomb% 20et% 20al% 20EST% 202007.pdf。

12. 參見戴森的大作"The Question of Global Warming," New York Review of Books 55, no. 10(June 12, 2008)。

13. 合成樹處在「資訊」階段已經有好幾年,目前的建議是真正的工業化學製程,需要大量的土地和設備,才能降低二氧化碳濃度,這種方法還沒有經過大規模的證明。跟雷克納合成樹有關的討論,參見他在2010年2月4日所撰、但沒有出版的大作"Air Capture and Mineral Se-questration", http://science.house.gov/sites/republicans.science.house.govfiles/documents/hearings/020410_Lackner.pdf。

14. 參見庫茲威爾(Ray Kurzweil)的大作The Singularity Is Near: When Humans Transcend Biology (NewYork: Viking, 2005)。懷疑的人應該記得,1960年時,功能比一支行動電話還小的電腦,就可以塞滿整個房間。庫茲威爾認為,薄膜太陽能板(thin-film solar panel)會變得極為便宜,以致於我們可以把太陽能板加在衣服上,用來發電。此外,我們可以在太空中放置巨型太陽能板,用微波把電力發送回地球。庫茲威爾要怎麼把材料送到太空呢?用的是太空電梯,他形容這種電梯像「薄薄的彩帶,從船載船錨(shipborne anchor)延伸到地球同步軌道(geosyn-chronous orbit)以外的反重力井(counterweight well),製造這些設備的材料叫做奈米碳管複合材料(carbon nanotube composite)。」為了把這種討論帶回現實,最近針對太空電梯所做的研究顯示,這種電梯幾乎會和太空飛機一樣貴,將一公斤的材料送到太空要花1000到5000美元。因此這些構想要發揮什麼影響力之前,在學習曲線上,還有很長的路要走。

第15章

1. 計算細節如下:(1)我的舊電冰箱每年用電1000度,新電冰箱每年用電500度,因此每年節省用電500度。(2)假設每發1000度電會排放0.6噸的二氧化碳,那麼我的新電冰箱每年大約節省0.3噸的二氧化碳。(3)每度電的成本為0.1美元,我的新電冰箱成本為1000美元,我十年的總成本(不考慮折現)為新電冰箱成本的1000美元,減去每年節省電費50美元,新電冰箱的總成本為500美元。(4)因此,在不考慮折現的情況下,節省一噸二氧化碳的成本為500/3＝167(每噸二氧化碳的成本為167美元)。(5)折現將使事情變得複雜,因為用電節省和二氧化碳排放量的節省都是未來的事情。我們考慮換掉舊電冰箱成本的現值,這樣等於V

$=1000-50/(1.05)-50/(1.05)^2-...-50/(1.05)^9=595$；因此，在折現的狀況下，二氧化碳的節省為$595/3=198$（每噸二氧化碳為198美元）。這項計算沒有把二氧化碳的減少納入折現。

2. 作者自行計算。

3. Drew Shindell等人的大作，是針對減少甲烷和「碳煙」（black carbon）衝擊的重要研究，參見"Simultaneously Mitigating Near-Term Climate Change and Improving Human Health and Food Security," Science 335, no. 6065 (2012)：183–189。採取所有措施的話，估計在2070年前，大約會降低全球平均溫度攝氏0.5度，跟一套昂貴多了的減少排放二氧化碳措施達成的成就相同。報告作者建議的措施如下：控制牲畜排放甲烷，主要透過農場級（farm-scale）牛糞與豬糞厭氧消化（anaerobic digestion）所排放的甲烷；公路與越野車輛裝置柴油微粒濾清器（diesel particle filter），作為世界性採用歐盟6/VI標準（Euro 6/VI standards）行動的一環；禁止露天焚燒農業廢棄物；開發中國家用潔淨燃燒的現代燃料爐灶，取代傳統燃燒生質材料的爐灶；擴大石油與天然氣生產相關氣體的回收利用，而不是予以排放，改善石油與天然氣生產中意外散逸排放氣體的控制；透過回收利用、堆肥製造、厭氧消化、垃圾掩埋場氣體收集、燃燒與利用，分類處理可生物分解的城市垃圾。其中部分措施會廣泛干預數億萬戶的活動，其他做法比較容易實施（本段是幾乎原封不動取材自同上研究報告中的Supporting Online Material, Table S1。）

4. 此一估計拿參考運算和沒有國際抵銷的運算（no-international-offsets run）來比較，資料來源：參見美國能源資訊管理局文件"Energy Market and Economic Impacts of H.R. 2454, the American Clean Energy and Security Act of 2009," Report SR-OIAF/2009-05, August 4, 2009,www.eia.doe.gov/oiaf /servicerpt/hr2454/index.html。

5. 這些曲線取材自作者整理過的不同來源，由下而上模型主要取材自IPCC第四次評估報告Mitigation, p. 77。由上而下模型係結合RICE-2010模型和EMF-22研究的結果。

6. 這是由下而上模型有時候會低估成本的例子。估計發電廠二氧化碳排放減量成本時，這些模型經常假設所有發電廠都是新建電廠，這樣會導致低排放量的燃氣電廠比高排放量的燃煤電廠，獲得龐大優勢。實際上，就現有資本來說，煤炭發電成本低於新的燃氣電廠；因此，由下而上模型也會發現減排的負成本，但實際上，這種負成本不適用在經濟的實際資本結構中。

7. 計算由作者利用2010年版的區域性RICE模型算出。

8. EMF的結果參見Leon Clarke等人的大作"International Climate Policy Architectures:Overview of the EMF 22 International Scenarios," Energy Economics 31 (2009)：S64–S81。跟RICE模型的比較很難，因為EMF-22的估計只包括《京都議定書》中的氣體，不包括氣膠和其他影響，因此EMF中的計算可能高估溫度的上升。

第16章

1. 經濟上的折現（economic discounting）和視角（visual perspective）之間，有一個有趣的差別，空間中物體的大小和距離成反比，在財務學中卻和時間的冪數（exponential of time）成反比，因此金融視角具有曲線的形狀。

2. IPCC的第二次評估報告中，曾經針對描述性觀點和規範性觀點，提出深思熟慮的說明和分析，參見Kenneth J. Arrow等人的大作"Intertemporal Equity, Discounting, and Economic

Efficiency," in Climate Change 1995。IPCC第二次評估報告第三工作小組對這份報告的貢獻如何，參見J. Bruce, H. Lee和E. Haites主編的Economic and Social Dimensions of Climate Change, 125–144 (Cambridge: Cambridge University Press, 1995)。

3. 最早主張極低折現率的人是威廉·柯萊恩(William Cline)，參見The Economics of Global Warming (Washington, DC: Institute of International Economics, 1992)。規範性方法另一位著名的支持者是史登，參見The Economics of Climate Change: The Stern Review (New York: Cambridge University Press, 2007)。這兩項研究都支持把經濟成長和世代中立的兩種假設結合起來，利用從中得出的極低商品折現率。有興趣瞭解《史登報告》研究報告中計算細節的人，可以參考下述簡單摘要。我們假設人口成長率為0，人均消費持續成長率為 g，沒有外部性、風險、租稅或市場崩盤的問題。這項分析依賴Ramsey-Cass-Koopmans的最適經濟成長(optimal economic growth)模型。這個模型依賴兩種偏好參數：一是純粹的時間偏好率(ρ)，一是消費邊際效用或不均趨避彈性(α)。後者是描述較高的消費時，人均消費邊際效用下降速度的參數，如果社會福利最優化，那麼這種最適長期均衡最優化路徑就是$\gamma = \alpha g + \rho$，其中r是資本報酬率。在《史登報告》的安排中，每年的 $g = 0.013$，$\alpha=1$。純粹的時間偏好率假設為每年 $\rho=.001$，以便反映慧星撞地球、造成人類滅絕的可能性，這樣會導出每年1.4%的實質折現率。這種低折現率假設的核心特性是低落的純粹時間偏好率，以及低落的不均趨避比率。英國政府已經採用這種方法，參見HM Treasury, The Green Book: Appraisal and Evaluation in Central Government (London: TSO, 2011)，www.hm-treasury.gov.uk/d/green_book_complete.pdf。

4. 請回想氣候模型研究中採用的大部分經濟預測，都是假設未來數十年內生活水準將快速成長。為了用數字說明這一點，假設下一個世紀裡，平均消費每年成長1.5%，那麼全球國民所得應該會從大約1萬美元，增加到4萬4000美元。因此，比較成本效益時，我們比較的是今天相當貧窮和一個世紀後相當富有的人。

5. 要瞭解替代性資產的投資報酬率分析，參見Arrow等人略嫌過時的大作"Intertemporal Equity, Discounting, and Economic Efficiency"。

6. 第一則引文出自美國行政管理和預算局(Office of Management and Budget) 1992年10月29日的通報Circular A-94修正版。第二則引文出自2003年9月17日的通報 Circular A-4，參見白宮網站www.whitehouse.gov/omb/circulars_a094。

7. 參見世界銀行World Development Indicators, http://databank.worldbank.org /ddp /home. do。

8. 折現專家在這裡提出了兩個進一步的問題。第一、折現率應該長期不變嗎？第二、折現率應該如何反映比較長期的不確定性。你在這些問題上，找不到大家一致的看法，但是大多數負責實務的人，大致上都主張折現率長期間可能走低。主要原因是大部分成長預測都認為，人口成長率會下降；有些預測也認為，比較長期的科技變化會放慢下來。隨著經濟走緩，我們會有更多的儲蓄儲存起來，進行資本深化，從而降低資本報酬率。不確定性的處理更複雜，取決於不確定性的來源和風險。如果我們不能確定未來的經濟成長，我們在計畫時，通常會把比較大的權數放在折現率比較低的結果上，因為這種結果的權重高於折現率比較高的路徑。在很多建立模型的方法上，這樣通常會降低不同情境的平均折現率。這兩種影響會出現在非常長的期間裡——投資期間長到涵蓋幾十年，甚至涵蓋好幾個世紀。淨衝擊(net impact)通常是提高所防止的遠期損害的價值。要瞭解這個主題的深入分析，參見Christian

Gollier, Pricing the Planet's Future: The Economics of Discounting in an Uncertain World (Princeton, NJ: Princeton University Press, 2012)。

9. 參見 Tjalling C. Koopmans 的大作 "On the Concept of Optimal Economic Growth," Academiae Scientiarum Scripta Varia 28, no.1 (1965)：225–287。

第17章

1. 參見美國國家研究委員會文件 Limiting the Magnitude of Future Climate Change, America's Climate Choices series (Washington, DC: National Academies Press,2010)，http://dels.nas.edu/resources/static-assets/materials-based-on-reports /reports-in-brief/Limiting_Report_Brief_final.pdf。

2. 全文參見 "United Nations Framework Convention on Climate Change," 1992, Article 2, http://unfccc.int/resource/docs/convkp/conveng.pdf。

3. 《京都議定書》初步目的聲明表示「為了追求公約第二條聲明的終極目標」。參見 "Kyoto Protocol to the United Nations Framework Convention on Climate Change," 1997,http://unfccc.int/resource/docs/convkp/kpeng.html。

4. 相關聲明內容如下：「為達成公約的終極目標，把大氣層中溫室氣體濃度穩定在一定水準上，以便防止人為危險干預氣候系統，我們要在平等、永續發展、加強長期合作行動、對抗氣候變遷的基礎上，承認全球升溫應該限制在攝氏2度以下的科學看法。」參見 Copenhagen Accord, December 12, 2009, http://unfccc.int/files/meetings/cop_15/application/ pdf/cop15_cph_auv.pdf。

5. 參見歐盟 "Limiting Global Climate Change to 2 Degrees Celsius," January 10, 2007, http://europa.eu/rapid/pressReleasesAction.do?reference= MEMO/07/16，以及八大工業國 Information Center,"Declaration of the Leaders: The Major Economies Forum on Energy and Climate," L'Aquila Summit, July 9, 2009, www.g8.utoronto.ca/summit/2009laquila/2009-mef.html。

6. 攝氏2度的完美歷史參見 Carlo Jaeger 和 Julia Jaeger 的大作 "Three Views of Two Degrees," Climate Change Economics 1, no. 3 (2010)：145–166。

7. 參見美國國家科學院(National Academy of Sciences) Limiting the Magnitude of Future Climate Change (Washington, DC: National Academies Press, 2010)。

8. 南極洲冰蕊(ice core)資料提供南極洲溫度的估計值，顯示2萬年前的上次最大冰川期時，平均溫度大約比現在低攝氏8度，末次冰盛期全球暖化程度如何，現在並不確定,IPCC的第四次評估報告估從當時到現在，暖化程度介於攝氏4度到7度之間，參見 IPCC, Climate Change 2007: The Physical Science Basis (Cambridge: Cambridge University Press, 2007)，451。最近針對上次冰河循環的研究推估，溫度的差異略低於攝氏4度，參見 Jeremy D. Shakun, Peter U. Clark, Feng He, Shaun A. Marcott, Alan C. Mix, Zhengyu Liu 等人的大作 "Global Warming Preceded by Increasing Carbon Dioxide Concentrations during the Last Deglaciation," Nature 484 (2012)：49–54。我認為，攝氏5度的數值是合理的共識值，然後我把南極洲氣溫以八分之五的假設性比例，轉變成全球平均溫度，這樣可能可以得到廣泛的涵蓋範圍，卻不會精確代表比較高解析度的變動。感謝 Richard Alley 建議我採用這種方法。

9. 現代期間(modern period)以前的溫度估計採用溫度「代用值」(proxy),針對遠古時代最廣泛使用的代用值,是採自格陵蘭、南極洲和其他冰層的冰蕊。這些資料是由多個科學團隊努力多年製作出來的,主要來源是 J. R. Petit 等人的大作 "Climate and Atmospheric History of the Past 420,000 Years from the Vostok Ice Core, Antarctica," Nature 399(1999):429–436。詳細資料取材自美國能源部 Carbon Dioxide Information Analysis Center,參見 "Historical Isotopic Temperature Record from the Vostok Ice Core," http://cdiac.ornl.gov/ftp/trends/temp/vostok/vostok.1999.temp.dat。

10. 參見拙作 William Nordhaus, "Economic Growth and Climate: The Carbon Dioxide Problem," American Economic Review 67 (February 1977):341–346。本論文強調此一目標「令人十分不滿」,因為這個目標完全沒有涵蓋成本效益的權衡。然而,當時還沒有全球暖化損害的估計,因此這個目標是權衡成本與損害方法的替代品。

11. 參見德國全球變遷諮詢委員會(German Advisory Council on Global Change,WBGU)文件 Scenario for the Derivation of Global CO2 Reduction Targets and Implementation Strategies,這份文件是1995年3月,該委員會在柏林召開《氣候變遷綱要公約》締約方第一屆會議的聲明,參見 www.wbgu.de/wbgu_sn1995_engl.pdf。

12. 參見 IPCC, Fourth Assessment Report, Impacts, Technical Summary, p. 67。

第18章

1. 絕佳的成本效益分析闡述參見 E. J. Mishan 和 Euston Quah 的大作 Cost-Benefit Analysis, 5th ed.(Abington, UK: Routledge, 2007)。

2. 以下是這些曲線製作方法的一些額外細節,我利用 DICE-2012 模型,估計不同溫度門檻在全面參與以及有限參與情況下的成本與損害,然後把成本與損害年化,再以年化總所得(annualized total income)的函數表現出來。

3. 為了計算落差,2015年時,我在 DICE-2010 模型中加上一種排放脈動(pulse of emission),然後計算損害落後排放的落差年數,答案是47年,四捨五入後,變成50年。

4. 4%是計算產品與服務時所用的長期折現率,是結合3%年度經濟成長率的算法。有關折現角色的討論,參見第16章。

5. 臨界成本(tipping cost)或災難性損害函數(catastrophic damage function)式子為 $D/Y = .006(T/3.5)^{20}$。其中 006 表示在攝氏3.5度的臨界點時,臨界損害為世界所得的0.6%。$T/3.5$ 表示門檻為攝氏3.5度,20次方表示攝氏3度時將造成劇烈的不連貫性。

6. 其中的代數很簡單,但是結果可能令人驚訝。假設總成本為 $C(T) = A(T) + \theta D(T)$,其中 C、A、D 和 T 依序代表總成本、減排成本、損害和溫度,θ 是不確定參數,那麼把 θ 訂為期望值時,就會得到最低成本。

7. 1992年6月3日至14日於里約熱內盧舉行的聯合國環境與發展會議(United Nations Conference on Environment and Development)報告,參見 www.un.org/documents /ga/conf151/aconf15126-1annex1.htm。

8. 這是重要的統計點。如果我們回頭看表注 N-1,我們會發現,西南極大冰層的門檻為攝氏3度到攝氏5度,為了簡單起見,假設這樣是這種範圍內的均勻分配,或者3和5之間的每一個

值，都同樣可能有機會變成門檻，從機率的有利角度來看，這樣已經不再是門檻，出現這種危險結果的機率將逐漸升高，而不是在諸如攝氏4度中間值等溫度水準上，出現急劇增加的結果。

第19章

1. 參見Amber Mahone, Katie Pickrell和Arne Olson等人的大作"CO₂ Price Forecast for WECC Reference Case," Scenario Planning Steering Group, report of Energy + Environmental Economics, May 21, 2012, www.wecc.biz/committees/BOD/TEPPC/SPSG/SPSG ％ 20Meeting/Lists/Presentations/1/120522_CO2_Forecast_PPT_SPSG.pdf。

2. John Broome在大作Climate Matters: Ethics in a Warming World（New York: Norton, 2012）中，以深思熟慮的方式，處理氣候變遷倫理。如果你閱讀和認真看待這本書，就會看出在排出大量二氧化碳時，要在這個暖化的世界以合乎倫理道德的方式行動有多難。如果能夠適當地為碳訂價，Broome提到的很多倫理道德困境就可以消除。

3. 參見跨部會工作小組(Interagency Working Group)的報告"Interagency Working Group on Social Cost of Carbon, United States Government," Technical Support Document: Social Cost of Carbon for Regulatory Impact Analysis Under Executive Order 12866, 2010, www.epa.gov/oms/climate/regulations/scc-tsd.pdf。

4. 進一步的討論參見拙作William Nordhaus,"Estimates of the Social Cost of Carbon: Background and Results from the RICE-2011 Model," Cowles Foundation Discussion Paper No. 1826, October 2011，http://cowles.econ.yale.edu/P/cd/cfdpmain.htm。

5. 本圖取材自各種來源，並經作者核對Leon Clarke等人大作"International Climate Policy Architectures: Overview of the EMF 22 International Scenarios," Energy Economics 31 (2009)：S64–S81中的圖表。

6. 多項實驗係根據「輻射強迫」(radiative forcing)的角度、而非根據溫度的角度建構，要瞭解輻射強迫的說明和基本觀念，參見第四章注6。這是EMF-22為長壽溫室氣體輻射強迫限於3.7瓦／平方公尺的情境下所做的估計數字。這些模型只包括長壽輻射強迫，不包括氣膠(aerosol)和其他輻射強迫，因此通常會高估溫度軌跡；EMF-22的預測顯示，3.7瓦／平方公尺的情境應該等於溫度大約上升攝氏3度。然而，如果把氣膠納入，應該會接近攝氏2.5度。相關討論參見Leon Clarke等人的大作"International Climate Policy Architectures"。

7. 估計碳稅對物價的衝擊時，假設需求的反應很遲鈍(價格彈性為零)，供應價格不會改變(供應具有完美的價格彈性)這種情形可能高估價格的衝擊，尤其是高估國際貿易中罕見、常遭政府課徵重稅的品項，更是如此。作者計算價格時，係根據美國能源部能源資訊管理局提供的美國消費水準。

8. 這張表拿代表性美國家戶的消費，計算每噸25美元碳價的衝擊。請注意碳密集度較高的項目，如汽車用汽油或電力遭到的衝擊，遠高於資訊或金融服務。這張表排除了政府之類其他部門的排放量，因此總量低於注6。計算時，假設發電廠一半用煤炭、一半用天然氣發電。計算航空旅遊時，用的是國際民航組織(ICAO)的「排碳計算機」，參見www2.icao.int/en/carbonoffset/Pages/default.aspx。機票價格取材自Expedia.com，每趟飛行雙程票價為300美元。財務與資訊業二氧化碳密集度資料取材自Mun S. Ho, Richard Morgenstern和Jhih-Shy-

ang Shih的大作"Impact of Carbon Price Policies on U.S. Industry," Resources for the Future Working Paper, RFF DP 06-37, November 2008。所有消費資料取材自經濟分析局,且假設個人消費占GDP的比率為67%,美國家戶總數為1.25億戶,並假設消費和GDP的二氧化碳密集度相同。

9. 參見Congressional Budget Office, The 2012 Long-Term Bud get Outlook, January 2013,www. cbo.gov/publication/43907。

第20章

1. 本圖由作者根據歐洲洲際期貨交易所(ICE)資料繪成,參見https://www.theice.com/。價格是由不同年度許可證的價格拼接而成。

2. 要瞭解碳稅設計詳情,參見Gilbert E. Metcalf和David Weisbach的大作"The Design of a Car- bon Tax," Harvard Environmental Law Review 33(2009):499–566。

3. 較詳細的碳稅和碳交易制度比較,參見拙作William Nordhaus, A Question of Balance(New Haven, CT: Yale University Press, 2007), Chapter 7。相反的觀點參見Robert Stavins的研究報告 A U.S. Cap-and-Trade System to Address Global Climate Change, the Hamilton Project, Brookings Institution, October 2007。我省略了若干技術性原因,例如跟成本和效益函數有關的線性與非線性,參見此處所引述出版品中針對這些東西的討論。

4. 要瞭解一些好的開始,參見Gilbert Metcalf的大作"A Proposal for a U.S. Carbon Tax Swap: An Equitable Tax Reform to Address Global Climate Change," Hamilton Project, Brookings Institu- tion, November 2007, www.hamiltonproject.org/files/downloads_and_links/An_Equitable_ Tax_Reform_to_Address_Global_Climate_Change.pdf; Metcalf and Weisbach,"The Design of a Carbon Tax." 。

第21章

1. 要瞭解與此有關的有趣研究,參見Inge Kaul, Isabelle Grunberg, and Marc Stern等人主編的 Global Public Goods: International Cooperation in the 21st Century(Oxford: Oxford Universi- ty Press, 1999)。

2. 特別請參見Scott Barrett的大作Environment and Statecraft: The Strategy of Environmental Treaty- Making(Oxford: Oxford University Press, 2003)。

3. 參見"United Nations Framework Convention on Climate Change," 1992, http:// unfccc.int/resource/ docs/convkp/conveng.pdf。

4. 資料大多出自美國能源部二氧化碳資訊分析中心(CDIAC),同時配合作者的估計。

5. 各次會議和報告清單詳見"United Nations Framework Convention on Climate Change," http://unfccc.int/2860.php。

6. 作者根據世界發展指標資料自行計算,參見http://databank.worldbank.org/ddp/ home.do。

7. 量化制度(quantitative system)中的貪腐問題是重點。碳交易之類數量形式的制度爆發貪腐問題的可能性,遠超過價格形式的體制。排放量交易制度(emission trading system)會以分

配「可交易排放許可證」給各國的形式，創造寶貴的資產。限制排放量將創造前所未有的稀有性，而且是一種創租（rent-creating）計畫。經常有人把數量和價格方法相比時的危險，用國際貿易干預中的配額和關稅相比來說明；計算顯示，在國際性的碳交易體制下，會有價值幾百億美元的許可證可以賣給外國。鑒於寶貴公共資產以人為壓低價格民營化的歷史，碳市場如果爆發捲入貪腐做法、破壞這種程序合法性的問題，也就不足為奇了。看看奈及利亞的例子，近年奈及利亞每年的二氧化碳排放量約為4億噸，如果奈及利亞分配到等於最近排放量、又可以買賣的許可證，然後可以用每噸二氧化碳25美元的價格，把這些許可證賣掉，在2011年非石油出口只有30億美元的奈及利亞，光是出售減排許可證，每年就可以賺到大約100億美元的強勢貨幣。碳稅可以上下其手、遂行貪腐的空間比較小，因為碳稅不會創造人為的稀少性、獨占或租金。對企業和政府來說，逃稅是零和遊戲，逃避排放量對國內雙方來說，卻是正和遊戲，在碳稅制度下，不會有許可證移轉給各國或各國領袖，因此不能把許可證賣給外國，換取美酒或槍炮。碳稅制度中沒有新的尋租機會，任何收入都必須靠著對國內燃料消費徵稅而來，碳稅對各國今天擁有的產生租金的工具，絕對不會有所添加。

8. 有關國際環境協議查核歷史的有用分析，參見 Jesse Ausubel 和 David Victor 的大作 Verification of International Environmental Agreements," Annual Review of Energy and Environment 17（1992）：1–43, http://phe.rockefeller.edu/verification/。

9. 和擴大討論與綜合條約清單有關的資料，參見 Barrett 的大作 Environment and Statecraft。

10. Peter Drahos 做了一項有趣的研究，比較氣候變遷和其他有外部性問題領域的執法機制問題，參見 Peter Drahos 的大作 "The Intellectual Property Regime: Are There Lessons for Climate Change Negotiations?" Climate and Environmental Governance Network（Cegnet）Working Paper 09, November 2010。有關不同國家、國際法、國際機構的規定，以及動用貿易制裁案例的檢討，參見 Jeffrey Frankel 的大作 "Global Environmental Policy and Global Trade Policy," John F. Kennedy School of Government, Harvard University, October 2008, RWP08-058。

第22章

1. 參見前美國總統歐巴馬（Barack Obama）2013年2月12日國情咨文，www.whitehouse.gov/state-of-the-union -2013。

2. 此處和稅有關的討論掌握了最好的狀況，精深的經濟分析會考慮租稅可能造成的扭曲，從租稅經濟學得到的教訓是：現有的租稅扭曲（tax distortion）可能大幅改變最好的氣候政策。馬里蘭大學經濟學家林特·巴瑞吉（Lint Barrage）的研究顯示，在歲入因為租稅或拍賣而提高的狀況下，現有的租稅扭曲可能促使最適合碳價大約降低三分之一（參見 Carbon Taxes as a Part of Fiscal Policy and Market Incentives for Environmental Stewardship," Ph.D. dissertation, Yale University, May 2013）。如果許可證以免費的方式發放，最適當價格應該再降低多少，將變成有爭執的問題；但情形很清楚，自由發放會造成最適合的碳價更進一步的降低。

3. 這部分取材自管制分析 Final Regulatory Impact Analysis Corporate Average Fuel Economy for MY 2017–MY 2025 Passenger Cars and Light Trucks, August 2012，參見 www.nhtsa.gov/static-files/rulemaking/pdf/cafe/FRIA_2017- 2025.pdf。這份管制分析有1178頁，而且跟支持者愛引用的證據幾乎毫無關係。幾乎所有效益（大約6000億美元）都屬於民間部門，出自燃料節省的效益大於改善燃料經濟時增加的成本。6000億美元的效益中，總共只有50億美元

的淨額來自外部性。此外，這 50 億美元是 500 億美元減碳正數效益，加上 450 億美元外部性負值效益，所得到的正數之和。如果比較民間科技成本和二氧化碳與其他汙染的效益，成本會高於效益，這種發現符合未來資源研究所的研究（參見注 n.4）。

4. 參見 Alan J. Krupnick, Ian W. H. Parry, Margaret A. Walls, Tony Knowles, and Kristin Hayes 的大作 Toward a New National Energy Policy: Assessing the Options（Washington, DC: Resources for the Future, 2010），www.energypolicyoptions.org。

5. 同上，附錄 B。

6. 各項研究選擇的政策基準是歐巴馬政府的氣候變遷提案，這份提案類似美國眾議院 2009 年通過的法案。前面的第 18 章和第 21 章曾經探討這個政策，其目標是在 2010 年至 2030 年間，平均減少二氧化碳排放量 10%，其中大部分的減碳出現在末期。

7. 參見國家研究會議（NRC）的 Effects of U.S. Tax Policy on Greenhouse Gas Emissions（Washington, DC: National Academy Press, 2013）。

8. 能源成本近視（energy-cost myopia）有很多個名稱，也叫做能源效率缺口（energy efficiency gap）和能源矛盾（energy paradox）。要瞭解懷疑的看法，參見 Hunt Allcott and Michael Greenstone 的大作 "Is There an Energy Efficiency Gap?" Journal of Economic Perspectives 26, no. 1（2012）：3–28。麥肯錫顧問公司（McKinsey）強力支持這種缺口，參見 Unlocking Energy Efficiency in the U.S. Economy, 2009, www.mckinsey.com。

9. 這種計算類似我換電冰箱的故事（參見第 15 章）。為了簡單起見，這裡假設汽油和柴油價格相同——長久以來一直是如此。為了簡單起見，這裡也假設實質折現率為 0。假設實質折現率為每年 5%，那麼折現後的節省就是 3164 美元。但是重點基本上相同，要做一筆損益平衡的交易，實質折現率必須提高為每年 17.3%。

10. 2010 年柴油和汽油車銷售資料，參見 BMW Blog, www.bmwblog.com/wp-content /uploads/2010-Diesel-Economics2.png。

11. 喬治・艾克羅夫（George A. Akerlof）和諾貝爾經濟學獎得主羅伯・席勒（Robert J. Shiller）的一本大作，闡明了行為經濟學中的很多見解，參見 Animal Spirits: How Human Psychology Drives the Economy, and Why It Matters for Global Capitalism（Princeton, NJ: Princeton University Press, 2009）。

12. 取材自 Alan J. Krupnick 等人的大作 Toward a New National Energy Policy, Appendix B.

第 23 章

1. 參見 2012 年 11 月 29 日《自然》雜誌。

2. 實際速度為五年移動平均線（5-year moving average），是假設 2050 年前的 GDP 年平均成長率略超過 2%。

3. 參見拙作 William Nordhaus, "Designing a Friendly Space for Technological Change to Slow Global Warming," Energy Economics 33（2011）：665–673。數字係取材自該文，但經過更新，以便適用於本書。

4. 計算參見注 3。

5. 參見美國能源資訊管理局(U.S. Energy Information Administration) Annual Energy Review 2009, DOE/EIA-0384（2009）, Washington, DC, August 2010。

6. 很多潛在新科技及其推廣策略的資料，參見 Energy Economics 33, no. 4 (2011)。

7. 供應日期與狀態是由作者自行估計。和碳捕捉與封存有關的估計參見美國能源資訊管理局的 "Levelized Cost of New Generation Resources in the Annual Energy Outlook 2011," www.eia.gov/forecasts/aeo/electricity_generation.html。

8. 參見 Leon Clarke, Page Kyle, Patrick Luckow, Marshall Wise, Walter Short, Matthew Mowers 等人的研究報告 "10,000 Feet through 1,000 Feet: Linking an IAM (GCAM) with a Detailed U.S. Electricity Model (ReEDS)," August 6, 2009, emf.stanford.edu/files/docs/250/Clarke8-6.pdf。

9. 資料由美國國家可再生能源實驗室(National Renewable Energy Laboratory)的 Doug Arent 提供。

10. 參見 John Jewkes、David Sawers、Richard Stillerman 的大作 The Sources of Invention, 2nd ed. (London: Macmillan, 1969)。

11. 此處探討的很多理念參見拙作 William Nordhaus, "Designing a Friendly Space."

12. 氣候變遷科學的估計，參見 Howard Herzog 的大作 "Scaling-Up Carbon Dioxide Capture and Storage (CCS): From Megatonnes to Gigatonnes," Energy Economics 33, no. 4(2011)。

13. 參見 John P. Weyant 的絕佳分析 "Accelerating the Development and Diffusion of New Energy Technologies: Beyond the 'Valley of Death,' " Energy Economics 33, no. 4（2011）: 674–682。

14. 參見 F. M. Scherer 的大作 New Perspectives on Economic Growth and Technological Innovation（Washington, DC: Brookings Institution Press, 1999）, 57。

15. 此一計畫參見其年報 Advanced Research Projects Agency-Energy, "FY 2010 Annual Report," http://arpa-e.energy.gov/sites/default/files/ARPA-E % 20FY % 202010 % 20Annual % 20Report_1.pdf。

第24章

1. 參見 Ron Paul （www.foxnews.com/us/2012/01/23/republican-presidential-candidates-on-issues,www.npr.org/2011/09/07/140071973/in-their-own-words-gop-candidates-and-science, and http://ecopolitology.org/2011/08/22/republican-presidential-candidates-on-climate-change/）; James Inhofe, The Greatest Hoax: How the Global Warming Conspiracy Threatens Your Future（Washington, DC: WND Books, 2012）; James M. Taylor, "Cap and Trade—Taxing Our Way to Bankruptcy," Heartland Institute, May 5, 2010, http://heartland.org/policy-documents/cap-and-trade-taxing-our-way-bankruptcy。

2. 參見 Andrey Illarionov, http://repub.eur.nl/res/pub/31008/; and Vaclav Klaus, www.climatewiki.org/wiki/Vaclav_Claus。

3. 參見維基百科「氣候變遷」條(Climate Change)，http://en.wikipedia.org/wiki /Climate_change。

4. 參 見 William J. Baumol 和 Alan S. Blinder 的 大 作 Economics: Principles and Policies, 11thed.

（Mason, OH:South-Western Cengage, 2010），6。

5. 參見 National Academy of Sciences,"About Our Expert Consensus Reports," http://dels.nas.edu/global/Consensus-Report。

6. 參見 Strengthening Forensic Science in the United States: A Path Forward （Washington, DC: National Academies Press, 2009），www.nap.edu/catalog.php?record_id =12589 #toc。如果參看美國國家學院出版社(National Academies Press) www.nap.edu/，你一定會找到最近的一些非常有趣的研究報告。

7. 參見 National Research Council, Climate Change Science: An Analysis of Some Key Questions （Washington, DC: National Academies Press, 2001）。

8. 見 Committee on Stabilization Targets for Atmospheric Greenhouse Gas Concentrations, National Research Council, Climate Stabilization Targets: Emissions, Concentrations, and Impacts over Decades to Millennia （Washington, DC: National Academies Press, 2011）。

9. 參見 IPCC, Fourth Assessment Report, Impacts, "Summary for Policymakers," pp.5, pp.10。

10. 參見 "No Need to Panic about Global Warming," Wall Street Journal, January 27, 2012.

11. Climate Change Skeptic 是個有用的網站，網站中有很多抱持懷疑觀點的文章，參見 http://climatechangeskeptic.blogspot.com/。目前有很多網站回應唱反調者的觀點，"How to Talk to a Climate Skeptic: Responses to the Most Common Skeptical Arguments on Global Warming"，Grist 網站特別有用，參見 www.grist.org/article/series/skeptics/。

12. 本章摘自拙作 William Nordhaus,"Why the Global Warming Skeptics Are Wrong," New York Review of Books, March 22, 2012 和一篇進一步的回應 "In the Climate Casino: An Exchange," New York Review of Books, April 26, 2012，參見 www.nybooks.com。我省略了兩篇基本上是雄辯滔滔的論說，質疑懷疑派氣候學家活在類似史達林時代蘇聯生物學家懷抱恐懼的體制中；另一個論說是：主流氣候學家的觀點主要是基於希望得到財務利益。和這些觀點有關的討論，參見我在 New York Review of Books 發表的文章。

13. 想知道統計學家怎麼處理溫度上升問題的人，可以參考這個例子。很多氣候學家認為，從 1980 年起，二氧化碳引發的暖化變得特別快速。我們可以用統計分析，測試 1980 年到 2011 年間的全球表面溫度上升速度，是否比 1880 年到 1980 年間快。

回歸分析判定，答案是肯定的；1980 年後，溫度上升速度確實比歷史趨勢快，這種分析的進行方式如下：TAV_t 系列是 GISS、NCDC 和 Hadley 三種全球溫度系列的平均值，我們以 $TAV_t = \alpha + \beta Year_t + \gamma$ (Year since 1980) $_t + \varepsilon_t$ 的形式，估計回歸；在這種公式中，$Year_t$ 是該年度，而 (Year since 1980) t 是 0 到 1980 年，(Year − 1980) 是 1980 年以後的歲月。希臘字母 α、β、γ 是係數，ε_t 是殘差誤差(residual error)。

估計的方程式該年度的係數為 0.0042 (t − 統計量 = 12.7)，(Year since 1980)的係數為 0.0135 (t − 統計量 = 8.5)。其中的解釋是 1880 到 1980 年間，溫度每年上升攝氏 0.0042 度，其後的期間裡，每年上升的速度快多了，達到攝氏 0.0135 度。括弧中的 t- 統計量顯示，1980 年後的期間裡，係數是標準差的 8.5 倍。採用統計意義的標準測試，這麼大的溫度係數(t − coefficient)的可能性低於百萬分之一。我們可以利用從 1930 年到 2000 年的其他年度做為轉折點，答案還是相同：最近的期間裡，全球平均溫度上升的速度比先前的期間快。

14. 要瞭解如何區別人類所引發變化和背景雜音的技術，參見 B. D. Santer, C. Mears, C. Doutriaux, P. Caldwell, P. J. Gleckler, T. M. L. Wigley 等 人 的 大 作 "Separating Signal and Noise in Atmospheric Temperature Changes: The Importance of Timescale," Journal of Geophysical Research 116(2011):1–19。

15. 這裡要為有興趣的人說明如何利用氣候模型，區隔人為因素和自然力量的影響。建模人員在多次實驗中，根據不同的因素，計算歷史溫度觀察的一致性，並在實驗時利用這些模型，在納入和不納入二氧化碳以及其他人為因素的兩種假設中，模擬從1900年到現在的歷史溫度軌跡。說得更精確一點，他們首先做一套運算，計算只納入火山爆發和太陽活動之類自然力量的結果(模擬「不納入溫室氣體的狀況」)，然後進行納入二氧化碳和其他溫室氣體的另一套試算，再拿兩組試算結果，跟實際溫度紀錄比較，發現這些實驗一貫顯示：只有在納入二氧化碳和其他溫室氣體累積的情況下，才能解釋20世紀的溫度趨勢。到2010年為止，不納入溫室氣體的模擬預測的升溫幅度少了攝氏1度以上。模型試算另一個有趣的地方，是顯示氣膠的重要性，如果不納入氣膠的影響，模型通常會預測高於實際路徑的溫度軌跡(要看不同試算和實際溫度的圖表，請參見 IPCC, Fourth Assessment Report, Science, p.685f)。Olivier Boucher 等人的大作 "Climate Response to Aerosol Forcings in CMIP5," CLIVAR Exchanges 16, nos. 2 and 56 [May 2011])中指出，比較新近的一套試算也得到相同的結果。

16. 參見 IPCC, Fourth Assessment Report, Impacts, p. 687。

17. 參見 Massachusetts v. Environmental Protection Agency, 549 U.S. 497 (2007)一案中的最高法院意見。

18. 參見 Richard S. J. Tol的大作 "The Economic Effects of Climate Change," Journal of Economic Perspectives 23, no. 2 (2009)。

19. 我們從適用於延緩氣候變遷投資的簡單例子，可以看出這一點。假設我們在考慮兩種政策，甲政策在減少二氧化碳排放量上要有小小金額的投資，成本相當少(算10億美元好了)，卻能產生龐大的效益(算100億美元好了)，淨效益(net benefit)為90億美元。現在拿甲政策跟非常有效但金額較大的乙政策相比，乙政策的投資比較多(例如說100億美元)，但是效益龐大(例如說500億美元)，淨效益為400億美元。乙政策是優先選擇，原因是淨效益比較高(乙政策的淨效益為400億美元，甲政策的淨效益為90億美元)，但是，甲政策的成本效益比率比較高(甲政策的成本效益比率為10倍，乙政策的成本效益比率為5倍)。這個例子顯示為什麼在設計最有效的政策時，我們應該重視效益減去成本的數值，不該重視效益除以成本的數值。

20. 這是 IPCC, Fourth Assessment Report, Science, p. 10中的主要結論；IPCC 報告中的定義非常精確：「可能性……是指若干定義明確的結果過去或未來發生的機率估計。」「非常可能」一詞的意義是「可能性大於90%」。

21. 參 見 Richard Feynman 的 大 作 The Character of Physical Law (Cambridge, MA: MIT Press, 1970)。

第25章

1. 這些科學素養問題取材自美國國家科學基金會(National Science Foundation) Science and Engineering Indicators, 2012, Appendix Table 7–9, www.nsf.gov/statistics/seind12/。問題如下：

大陸飄移(正確):「我們居住的各大陸位置已經移動了千百萬年,將來會繼續移動。」

日心說(正確,地球繞日運行):「是地球繞日運行,還是太陽繞著地球運行?」

輻射(錯誤):「所有輻射都是人造的。」

抗生素會殺死所有病毒(錯誤):「抗生素會殺死病毒和細菌。」

大霹靂(正確):「宇宙始於一次極大的爆炸。」

演化(正確):「我們今天所知道的人類,是從早期的動物物種演化而來的。」

也參見 Jon Miller 的大作 "Civic Scientific Literacy: The Role of the Media in the Electronic Era," 刊於 Donald Kennedy and Geneva Overholser 主編的 Science and the Media, 44–63 (Cambridge, MA:American Academy of Arts and Sciences, 2010)。全球暖化問題出自 Harris Interactive, "Big Drop in Those Who Believe That Global Warming Is Coming," New York, December 2, 2009, www.harrisinteractive.com/vault/Harris-Interactive-Poll-Research-Global-Warming-2009-12.pdf。

2. 參見 Miller 大作 "Civic Science Literacy"。

3. 我從 www.pollingreport.com/enviro2.htm. 網站,收集 1997 年到 2012 年的民調資料(感謝 Jennifer Hochschild 指點我這個資料來源)。下面是計算細節,哈里斯公司的民調沒有納入根據 pollingreport.com 網站資料編纂的內容中,而是附加在本研究的樣本和圖 42 中。所有觀察一共有 103 次,但是我們只採納蓋洛普(Gallup)、哈里斯(Harris)和皮尤(Pew)三家的重複性訪調,這樣一共產生 67 次觀察。我們計算針對類似問題、回答認為全球暖化正在發生或類似答案的受訪者比率,然後為每一次訪調進行虛擬迴歸(反映問題的不同),估計符合殘差的核心,再加上平均數,在圖中產生平滑線條。2007 年到 2011 年間,哈里斯的民調顯示的降幅最劇烈,針對下述問題「你是否相信:如果不加約束,進入大氣層中的二氧化碳與其他溫室氣體增加,將導致全球暖化和平均溫度上升的理論?」回答「是」的比率,從 71% 下降到 44%。

4. 1992 年內,11 個問題都答對的平均比率為 56%,2001 年為 60%,2010 年為 59%。

5. 這一段的基本資料取材自 Allan Mazur 的大作 "Believers and Disbelievers in Evolution," Politics and the Life Sciences 23, no. 2 (2004):55–61;以及 Darren E. Sherkat 的大作 "Religion and Scientific Literacy in the United States," Social Science Quarterly 92, no. 5 (2011):1134–1150。

6. 這裡的結果全都具有「雙變項關係」(同時考慮兩個變數)。但是通常在利用所有解釋性變數的多變項統計分析(multivariate statistical analyses)中,也同樣保持不變。然而,對關心統計方法的人來說,這裡應該指出,這些關係當中的因果關係並沒有經過慎重控制。因為宗教和政治觀點會進而由其他變數決定(如父母的政治、宗教觀念和教育),我們對科學觀點的決定因素,不能明確的陳述其中的因果關係。

7. 參見皮尤研究中心的 "Little Change in Opinions about Global Warming," October 10, 2010, http://people-press.org/report/669/。

8. 蓋洛普民調參見 Jeffrey M. Jones 的大作 "In U.S., Concerns about Global Warming Stable at Lower Levels," March 14, 2011, www.gallup.com/poll/146606/concerns-global-warming-stable-lower-levels.aspx。有關比較長期分歧的探討,參見 Riley E. Dunlap and Aaron M. McCright 的大作 "A Widening Gap: Republican and Democratic Views on Climate Change," Environmental Magazine (September–October2008), http://earthleaders.org/projects/psf/Dunlap %20% 20McCright% 202008% 20A% 20widening% 20gap % 20Environment.pdf。

9. 將近一半(47%)的受訪者說，化石燃料是恐龍的化石殘骸，參見 Anthony Leiserowitz, Nicolas Smith, and Jennifer R. Marlon 等人的大作 Americans' Knowledge of Climate Change (New Haven, CT : Yale Project on Climate Change Communication, 2010), http://environment.yale.edu/climate/files/ClimateChangeKnowledge2010.pdf。

10. 查勒(Zaller)是洛杉磯加州大學的政治學家，曾經就這個主題撰寫經典研究報告，參見 John Zaller, The Nature and Origins of Mass Opinion (Cambridge: Cambridge University Press, 1992)。

11. 參見 Shaun M. Tanger, Peng Zeng, Wayde Morse, and David N. Laband 等人的大作 "Macroeconomic Conditions in the U.S. and Congressional Voting on Environmental Policy:1970–2008," Ecological Economics 70 (2011)：1109–1120。感謝 Shaun M. Tanger 提供原始資料。2010 年的記分卡可以當作記分卡建構的例子，這一年的記分卡檢視了推翻美國環保署全球暖化危害研究修正案的兩次投票，三次和能源有關財政措施的投票，一次有關含鉛油漆管制的投票，以及一項在美國南部建造圍欄法案的投票。請注意，分數不代表議題在特定年度的重要性，只是代表投票型態而已。

12. 1984 年 7 月 11 日，前美國總統雷根簽署「環境品質諮詢委員會」(Council on Environmental Quality)年報時的談話。

13. 曼昆(Greg Mankiw) 在「皮古俱樂部宣言」(Pigou Club Manifesto) 中，列出贊成碳稅的經濟學家名單，參見 Greg Mankiw's Blog, October 20, 2006, http://gregmankiw.blogspot.com/2006/10/pigou-club-manifesto.html。要瞭解他們的觀點概要，參見 "Conservatives," Carbon Tax Center, www.carbontax.org/who-supports/conservatives/。

14. 參見 "Blinder's Carbon-Tax Plan Provokes Strong Responses," Letters, Wall Street Journal, February 7, 2011。

第 26 章

1. 但是，如圖 33 和附帶討論所示，價格估計的範圍很大；2010 年實際碳價請參見拙作 William Nordhaus, "Economic Aspects of Global Warming in a Post-Copenhagen Environment," Proceedings of the National Academy of Sciences (US) 107, no. 26 (2010)：11721–11726。

2. 參見 David Victor, Global Warming Gridlock: Creating More Effective Strategies for Protecting the Planet (Cambridge: Cambridge University Press, 2011)。

3. 不合作價格的估計，參見拙作 William Nordhaus, "Economic Aspects of Global Warming"。

4. 根據《哥本哈根協議》(Copenhagen Accord)情境估計的淨效益，參見拙作 William Nordhaus, "Economic Aspects of Global Warming in a Post-Copenhagen Environment," Proceedings of the National Academy of Sciences (US), June 14, 2010。

5. 感謝 Nat Keohane 建議我在本圖中說明清楚。

6. 就業資料取材自美國勞工部勞工統計局(Bureau of Labor Statistics)，參見 www.bls.gov/oes/current/naics4 212100.htm。煤炭用量結果取材自美國能源部能源資訊管理局，參見 www.eia.gov/coal/。

7. 估計值取材自 Mun S. Ho, Richard Morgenstern, Jhih-Shyang Shih 的大作 "Impact of Carbon Price Policies on U.S. Industry," Discussion Paper RFF DP 08-37 (Washington, DC：Resources for the Future, November 2008)。

8. 參見 Naomi Oreskes and Erik Conway 的大作 Merchants of Doubt (New York: Bloomsbury, 2010)。

9. 參見 Brown and Williamson Tobacco Corporation 的文件 "Smoking and Health Proposal," 1969, available at Legacy Tobacco Documents Library, http:// legacy.library.ucsf.edu/。有大量文獻探討菸草業扭曲科學紀錄，推銷對抽菸有利觀點的策略，參見 Stanton Glantz, John Slade, Lisa A. Bero, and Deborah E. Barnes 的大作 The Cigarette Papers (Berkeley: University of California Press, 1996) 以及 Robert Proctor 的大作 Cancer Wars: How Politics Shapes What We Know and Don't Know about Cancer (New York: Basic Books, 2007)。

10. 參見 Chris Mooney 的大作 "Some Like It Hot," Mother Jones (May–June 2005)，http://motherjones.com/environment/2005/05/some-it-hot。名單參見 http://motherjones.com/politics/2005/05/put-tiger-your-think-tank。埃克森美孚(ExxonMobil)所支持機構更完整的機構名單參見 "Organizations in Exxon Secrets Database," www.exxonsecrets.org/html/listorganizations.php。

11. 能源支出參見美國能源資訊管理局 "Annual Energy Review," August 19, 2010, www.eia.doe.gov/aer/txt/ptb0105.html。香菸銷售額不含稅負和流通。

12. 問的問題是：「你有什麼看法——你認為抽菸是肺癌的原因之一嗎？」參見 Lydia Saad, "Tobacco and Smoking," Gallup, August 15, 2002, www.gallup.com/poll/9910/tobacco -smoking.aspx#4。

視野84

氣候賭局

延緩氣候變遷vs.風險與不確定性，經濟學能拿全球暖化怎麼辦？

原著書名：The Climate Casino: Risk, Uncertainty, and Economics for a Warming World
作　　者：威廉‧諾德豪斯 William Nordhaus
譯　　者：劉道捷
責任編輯：林佳慧
校　　對：葉政昇、林佳慧
封面設計：莊謹銘
內頁排版：洪偉傑
寶鼎行銷顧問：劉邦寧

發 行 人：洪祺祥
副總經理：洪偉傑
副總編輯：林佳慧
法律顧問：建大法律事務所
財務顧問：高威會計師事務所
出　　版：日月文化出版股份有限公司
製　　作：寶鼎出版
地　　址：台北市信義路三段151號8樓
電　　話：(02) 2708-5509　　傳真：(02) 2708-6157
客服信箱：service@heliopolis.com.tw
網　　址：www.heliopolis.com.tw
郵撥帳號：19716071 日月文化出版股份有限公司

總 經 銷：聯合發行股份有限公司
電　　話：(02) 2917-8022　　傳真：(02) 2915-7212
製版印刷：中原造像股份有限公司
初　　版：2019年11月
初版五刷：2021年 1 月
定　　價：480元
I S B N：978-986-248-830-0

© 2013 by William D. Nordhaus
Originally Published by Yale University Press
Published by arrangement with Yale University Press
through Bardon Chinese Media Agency
Complex Chinese translation copyright © 2019 by Heliopolis Culture Group
All Rights Reserved

國家圖書館出版品預行編目（CIP）資料

氣候賭局：延緩氣候變遷vs.風險與不確定性，經濟學能拿全
球暖化怎麼辦？／威廉‧諾德豪斯（William Nordhaus）著；
劉道捷譯. -- 初版. -- 臺北市：日月文化, 2019.11
448面；14.7 × 21公分. --（視野；84）
譯自：The Climate Casino : Risk, Uncertainty, and
Economics for a Warming World

SBN 978-986-248-830-0（平裝）

1. 氣候變遷 2. 環境社會學 3. 環境保護

328.8018　　　　　　　　　　　　　　108012248

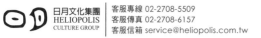

日月文化集團
HELIOPOLIS
CULTURE GROUP

感謝您購買 氣候賭局：延緩氣候變遷vs.風險與不確定性，經濟學能拿全球暖化怎麼辦？

為提供完整服務與快速資訊，請詳細填寫以下資料，傳真至02-2708-6157或免貼郵票寄回，我們將不定期提供您最新資訊及最新優惠。

1. 姓名：＿＿＿＿＿＿＿＿＿＿＿＿　　性別：□男　　□女

2. 生日：＿＿＿＿年＿＿＿＿月＿＿＿＿日　　職業：＿＿＿＿

3. 電話：（請務必填寫一種聯絡方式）

　（日）＿＿＿＿＿＿　（夜）＿＿＿＿＿＿　（手機）＿＿＿＿＿＿

4. 地址：□□□＿＿＿＿＿＿＿＿＿＿＿＿＿＿＿＿＿＿

5. 電子信箱：＿＿＿＿＿＿＿＿＿＿＿＿＿＿＿＿＿＿

6. 您從何處購買此書？□＿＿＿＿＿＿縣/市＿＿＿＿＿＿書店/量販超商

　□＿＿＿＿＿＿網路書店　□書展　□郵購　□其他

7. 您何時購買此書？　年　月　日

8. 您購買此書的原因：（可複選）

　□對書的主題有興趣　□作者　□出版社　□工作所需　□生活所需

　□資訊豐富　□價格合理（若不合理，您覺得合理價格應為＿＿＿＿）

　□封面/版面編排　□其他＿＿＿＿＿＿＿＿＿＿＿＿

9. 您從何處得知這本書的消息：　□書店　□網路／電子報　□量販超商　□報紙

　□雜誌　□廣播　□電視　□他人推薦　□其他

10. 您對本書的評價：（1.非常滿意 2.滿意 3.普通 4.不滿意 5.非常不滿意）

　書名＿＿＿　內容＿＿＿　封面設計＿＿＿　版面編排＿＿＿　文/譯筆＿＿＿

11. 您通常以何種方式購書？□書店　□網路　□傳真訂購　□郵政劃撥　□其他

12. 您最喜歡在何處買書？

　□＿＿＿＿＿＿縣/市＿＿＿＿＿＿書店/量販超商　□網路書店

13. 您希望我們未來出版何種主題的書？＿＿＿＿＿＿＿＿＿＿＿＿

14. 您認為本書還須改進的地方？提供我們的建議？

＿＿＿＿＿＿＿＿＿＿＿＿＿＿＿＿＿＿＿＿＿＿＿＿

＿＿＿＿＿＿＿＿＿＿＿＿＿＿＿＿＿＿＿＿＿＿＿＿

＿＿＿＿＿＿＿＿＿＿＿＿＿＿＿＿＿＿＿＿＿＿＿＿

＿＿＿＿＿＿＿＿＿＿＿＿＿＿＿＿＿＿＿＿＿＿＿＿

視野　起於前瞻，成於繼往知來

Find directions with a broader VIEW

寶鼎出版